지도 패러독스

지도 패러독스

초판 1쇄 발행 2023년 10월 31일

지은이 제러미 크램턴
옮긴이 이건학·이재열
펴낸이 김선기
펴낸곳 (주)푸른길
출판등록 1996년 4월 12일 제16-1292호
주소 (08377) 서울시 구로구 디지털로 33길 48 대륭포스트타워 7차 1008호
전화 02-523-2907, 6942-9570-2
팩스 02-523-2951
이메일 purungilbook@naver.com
홈페이지 www.purungil.co.kr

ISBN 978-89-6291-972-8 93980

A
Critical
Introduction
to Cartography
and GIS

Mapping

지도 패러독스

지도는 투명한가, 불투명한가? 지도학과 GIS에 관한 비판적 접근

푸른길

역자 서문

나는 대학 강단에서 컴퓨터 지도학을 가르치고 있다. 디지털 지리정보를 컴퓨터로 매핑하고 시각화하며 그 속의 공간적 패턴을 읽고자 한다. 즉 '지도 과학'을 가르치고 있는 중이다. 그러면서 동시에 색상 조합이나 디자인, 기호 등을 통해 지도의 가독성을 살펴보며, 지도의 크기와 범례의 조화로운 배치에 대해 고민한다. 즉 '지도 예술'도 함께하는 중이다. 지도와 지도학은 과학이자 예술이다. 그런데 여기에서 하나가 빠진 것 같다. 본질적으로 정치적이라는 점이다. 지도가 3차원의 실세계 정보를 그대로 복사하는 것이 아니라 제작자의 의도와 목적이 담긴 정치적 산물일 수밖에 없으며, 결국 지식의 권력을 스스로 드러내게 된다. 실제 우리는 많은 '지도 정치'를 경험해 왔다.

 이 책은 지도의 부적절한 사용에 대한 '지도학적 불안'으로부터 시작한다. 바로 지도가 정치적 선동과 이념적 도구로 활용되는 것에 대한 우려와 불안함이다. 서구 제국주의, 인종 차별, 자본주의 확장과 재생산을 위한 착취, 전쟁과 같은 헤게모니 권력과의 결탁은 우리가 몸소 경험한 불안의 단면들이다. 역사학자 아르노 페터스가 촉발한 메르카토르 지도에 대한 지도 전쟁은 너무나 잘 알려져 있는 지도의 정치성이다. 둥근 지구를 사각형으로 재현하는 과학적 근거와 항해를 위한 유용성에도 불구하고, 북반구의 강대국을 위한 교묘한 거짓말이자 동시에 불평등을 조장하는 것처럼 보이는 메르카토르 지도에 대한 비판은 충분히 이해된다.

 지도의 정치성을 극복하는 최선의 방편은 지도와 매핑을 중립 지대에 두는 것이다. 옳고 그름의 가치를 평가하지 말고 세상을 있는 그대로 정확하게 보여 주는 창이 되는 것이다. 하지만 현실에서 매핑은 필연적으로 정치를 벗어날 수 없는 사회적 부산물이다. 오히려 무미건조한 지도 과학은 사회로부터 스스로를 고립시키고 진정한 지도학의 진보를 방해할 수도 있다. 바로 '지도 패러독스'이다. 이러한 지도학적 불안에도 불구하고 사실은 매핑이 반(反) 헤게모니적일 수도 있다는 점에서 지도 정치에 대한 선과 악의 이분법적 대립은 더 이상 무의미한 논쟁일지 모른다.

저자가 언급하는 것처럼 기존의 정치지리, 사회지리, 문화지리 등의 인문지리 교과서에서 지도에 관한 진지한 논의는 없었고, 마찬가지로 지도학, GIS 교과서에도 지식, 정치, 권력, 저항, 실천에 관한 이야기를 찾아보기 어렵다. 말 그대로 모두 '침묵'하고 있는 것이다. 이러한 침묵에 대해 망설임 없이 손을 들어 질문하고 있는 사람이 바로 지도학자이자 사회이론가인 제러미 크램턴이다. 제러미 크램턴은 미국 켄터키대학교 지리학과 교수로 재직하고 있고 GIS와 비판 지리학의 '셔틀 외교가'라 자칭하는 것처럼 두 분야를 넘나들며 지도와 매핑에 관한 다면적 이해를 추구하는 저명한 학자이다. 크램턴은 지도란 무엇인가에 대해 명확하게 답하지 않고 있다. 오히려 매핑을 세계를 이해하기 위해 노력하는 인간의 활동인 동시에 세상에서 길을 찾는 방식이라고 이해한다. 따라서 이 책의 진정한 매력은 지도의 패러독스를 말하고자 하는 것이 아니라 예술과 과학, 과학과 정치의 이분법을 넘어 지도가 만들어 내는 지식과 그 지식의 역사적 맥락에 따른 영향을 비판적으로 살펴보는 데 있다. 즉 지도, 매핑, GIS가 무엇인지에 대한 성찰이며, 비판 지도학, 비판 GIS에 대한 분명한 인식이라 할 수 있다. 웹, SNS, 모바일 등과 같은 새로운 플랫폼과 공간 미디어의 등장은 21세기 '지도 혁명'을 이끌고 있다. 지도 과학에 신기술의 날개를 달아 주기보다 창의적 매핑과 실천이 가능한, 진정한 '지도학의 민주화'를 실현해 가고 있다. 매핑은 이제 세상을 단순히 보여 주는 것이 아니라 세상에 관해 이야기해 주고 있다.

명실공히 지금은 '지리의 시대'이다. 복잡하고 어려운 세상 속의 길을 지리와 지도가 보여 주고 있다. 지도학적 불안 속에 더 이상 침묵할 필요는 없다. 오랫동안 지리학이 환경결정론의 불안과 굴레에서 벗어나지 못하고 있었던 것을 반복할 필요는 없는 것이다. 오히려 지리학 외부에서는 지리와 환경이 인간에 미치는 상호작용과 영향에 대한 관심이 그 어느 때보다 높고, '지리의 힘'을 깨닫고 지리의 모든 것을 재발견하는 중이다.

이 책이 세상에 나온 지는 꽤 지났지만 번역을 결심한 것은 오래되지 않았다. 최근 들어 지도의 정치 권력, 특히 지정학이나 지경학적 이슈에 열광하는 대중서가 많이 출판되었지만, 지도와 매핑에 관한 진지한 비판적 고찰을 시도하는 책은 여전히 찾기 어렵다는 것을 지금에서야 인식했기 때문이다. 확실히 이 책은 전통적인 지도와 매핑에 대해 무척 과감하고 직접적인 도발을 시도한 최초의 노력이라 여겨진다. 이 책의 번역 작업은 오랜 동료이자 항상 지리학을 함께 고민해 온 이재열 교수와의 의기투합으로 시작되었다.

지도 패러독스

한 명은 공간 조직의 법칙을 추구하고 지도 과학을 강조하는 계량지리학자이고, 한 명은 공간 현상을 어떻게 다 일반화할 수 있냐며 질적 접근을 강조하는 정통 인문지리학자이다. 닿을 수 없는 평행선을 달리는 듯한 우리가 매핑과 GIS는 세상을 보는 창이자 사회적 산물이라는 접점에서 만난 것이다. 문득문득 나태해지는 서로를 격려하며 마지막 탈고의 시간을 함께한 이재열 교수에게 다시금 감사의 인사를 전한다. 시간 들여 고생하지만 잘 알아주지 않는 번역 왜 자꾸 하냐고 타박하면서도 언제나 책의 가치를 함께 고민해주었던 아내에게도 감사의 말을 전하고 싶다. 이 책을 통해 벽면 어느 구석에 걸려 있는 세계지도를 다시 한번 돌아볼 수 있는 1인이 있다면 그만큼 가치는 충분하리라. 마지막으로, 하루가 다르게 급격히 변화하는 불확실성의 시대 속에서도 언제나 지리학의 해방구가 되어 주는 푸른길 김선기 사장님과 너저분했던 초고가 빛나도록 다듬어준 편집부에게도 고마운 마음을 전하고 싶다.

이 책은 과학적 지식체로서 지도와 매핑에 관심을 가진 사람뿐 아니라, 지도의 역사적 맥락과 지식, 권력, 사회적 관계에 대한 실천을 탐구하려는 사람들에게 유용한 비판서가 될 것이다. 그뿐만 아니라 다양한 사회적 현상을 매핑하고, 분석하고, 해석하고자 하는 대학생과 대학원생에게 좋은 참고서가 될 수 있을 것이다. 물론 지도로 세상을 보고, 읽고 싶어 하는 많은 일반 독자에게도 새로운 지적인 희열을 전해 줄 수 있을 것이다. 항상 내 지도학 강의에서는 지도 과학에 집중한 나머지, 지도학에 대한 비판적 관점을 제대로 살피지 못하는 아쉬움이 있었다. 3차원 지구를 2차원 평면으로 바꾸기 위한 정교하고도 복잡한 지도 투영법에 헤매고, 지도의 꽃이라 할 수 있는 주제도 매핑의 시각화 기법에 흠뻑 빠져 있다 보면 한 학기의 배움으로는 한참 모자랄 것이다. 그런 부족함을 메울 수 있는 즐거운 읽기가 되기를 바라며, 지도 패러독스, 비판의 세계에 온 것을 다시 한번 환영하는 바이다.

#지도 패러독스 #지도 과학 #지도 정치 #비판 지도학 #비판 GIS #지도 혁명

2023년 9월 2일
'지도의 날' 제정을 기리며, 관악산에서 이건학

감사의 글

몇 년 전 처음으로 이 책을 부탁받았지만 다행히 다른 프로젝트를 하고 있어서 거절할 수 있었다 – 구글 어스와 지오웹을 통해 매핑의 급진적 변화가 오기 전 이 책이 발간되었다면 얼마나 관련성을 가질 수 있을지 상상할 수도 없다! 그래서 나는 우선 존스J.P. Jones와 Blackwell의 편집부(특히, 저스틴 본Justin Vaughan과 벤 대처Ben Thatcher)가 인내심을 갖고 나에게 이 부분에 대해 재고해 달라고 부탁한 것에 대해 감사한다. 나는 1990년대 초반에 영국 왕립지리학회의 프랜시스 허버트Francis Herbert의 도움을 받아 페터스 세계지도의 논쟁에 대해 처음으로 썼다. 프랜시스 허버트는 런던의 서점에서 골의 『쉬운 별자리 안내서Easy Guide to the Constellations』 원본을 발견했고, 영국 왕립지리학회(RGS)에서 내가 골의 서신에 접근할 수 있도록 도와주었다. 이 책의 새로운 자료들과 관련하여, 에든버러의 카러버스 크리스천 센터Carrubber's Christian Centre에 있는 트레버 굴드Trevor Gould에게 이전에 출판되지 않았던 제임스 골 목사에 대한 내부 문서에 대해 감사하며, 그리고 아르노 페터스Arno Peters의 마지막 인터뷰 DVD를 제공한 ODT 사의 밥 아브람스Bob Abramma에게도 감사한다. 또한 데이비드 리빙스턴David Livingstone은 나에게 선아담론자들과 그들의 인종적 담론과의 관계에 대한 정보를 제공해 주었다. 데이비드 우드워드David Woodward와 달리아 바란카 Dalia Varanka는 브라이언 할리Brian Harley에 대한 많은 기억을 함께 했고, 매슈 에드니Matthew Edney는 나에게 할리, 우드워드, 그리고 지도학의 역사에 대해 가르쳐 주었다. 그들이 나의 친구라는게 정말 기쁘다. 지난 15년간 데니스 우드Denis Wood와 수없이 나누었던 활발한 대화들은 나에게 엄청난 도움이 되었다. 나에게 있어 가장 크고 유일한 지적 빚은 대학원에서 처음 만났고 그 이후 지적 도발의 지속적인 원천이 되어 온 존 크리지어John Krygier에게 있다.

미국 지리학회(AAG)의 기록 보관 담당자이자 서던코넷티컷 주립대학교의 명예 교수인 조프리 마틴Geoffrey Martin은 늘 자기 집을 방문할 수 있게 해 주었고, 개인적으로 수집했던 많은 것들을 나에게 제공해 주었다(어떤 것은 미국 지리협회(AGS)가 여러 기록을 파괴한 후 현재 유일하게 남아 있는 사본도 있음). 영미 지리학에 대한 그의 내적 지식은 최근 AAG에서 미국 지리학사상(American Geographical History Award)을 수상하며 인정받았다. 한편, 예일대학교, 이스턴미시간대학교, 존스홉킨스대학교, 미국 지리협회 도서관, 국립기록보관소의 기록 보관 담당자들은 자료에 대한 방향을 잡는데 크게 도움을 주면서 내 방문이 헛되지 않도록 해 주었다.

데어드레 켈리Deirdre Kelly, 로버트 데르Robert Derr, 닉 실러Nik Schiller, 스티븐 할러웨이Steven R. Holloway, 매슈 크누젠Matthew Knutzen, 본명이 캐서린 디냐치오Catherine D'Ignazio인 카나린카Kanarinka를 포함하여, 지도를 가지고 실험하고 작업하는 여러 예술가들이 자신들의 작품을 나에게 공유해 주었다. 브라이언 할리의 사진에 대해서는 에드 달Ed Dahl에게 감사하다.

매핑에 대한 존 피클스John Pickles의 기여는 더 이상 말할 필요가 없다. 존은 좋은 친구이자 멋진 동료이다. 나는 그와 에릭 셰퍼드Eric Sheppard 그리고 톰 포이커Tom Poiker가 1993년에 프라이데이 하버Friday Harbor 미팅을 기획한 것에 대해 감사를 표하고 싶다.

카라 후버Kara Hoover는 내가 저지른 끔찍한 인류학적 오류들에 대해 스스로 한 발 물러날 수 있도록 해 주었다. 남아 있는 모든 것은 나 자신의 결점의 결과이다.

제1장과 제2장의 일부는 *ACME: The Journal for Critical Geographies*에 게재되어 있다. 제6장은 이전에 *Cartographica*에 출판된 자료를 인용한 것이며, 제8장의 이전 버전은 *Geographical Review*에 있는 것이다. 이 자료를 사용할 수 있게 해 준 이 저널들의 편집자와 출판사 관계자들에게 감사를 전한다.

마지막으로, 거의 40년 전에 나를 데리고 자전거를 타며 오파의 방벽Offa's Dyke과 하드리아누스의 성벽Hadrian's Wall을 달렸던, 그리고 영국 지리원의 지도를 읽을 수 있도록 가르쳐 주었던 나의 아버지, 윌리엄 조지 크램턴William George Crampton(1936-1997)에게 이 책을 바친다.

제러미 크램턴Jeremy Crampton

애틀란타, 2009년 4월

차례

그림 차례

표 차례

제1장

지도: 부적절한 사용에 대한 불편한 시선

이 책은 전통적인 지도학 및 GIS 분야의 비판적 접근을 다루고 있다. 즉 전통적인 지도학과 GIS에 대한 비판적 입문서로, 일반적인 교과서나 소프트웨어 매뉴얼과는 다르다. 이 책의 목적은 비판 사회이론부터 지도 해킹map hacking, 지리공간웹geospatial web과 같은 아주 흥미롭고 새로운 매핑mapping 방법까지 매핑과 관련한 이론과 실천의 다양한 측면을 살펴보는 데 있다. 이는 지도학과 GIS를 보다 비판적으로 바라볼 때 가능하다.

왜 이 책이 중요할까? 그것은 바로 다른 책들이 모두 침묵하고 있는 지도에 대한 이야기를 하고 있기 때문이다. 문화지리학, 정치지리학, 사회지리학 분야의 유명한 교과서 속에서 지도 제작이나 지도학, 또는 GIS에 관한 논의는 거의 찾기 힘들다. 예컨대 가장 인기 있는 정치지리학 교과서(Jones et al. 2004)에도 지도에 관한 어떤 형태의 언급도 찾아볼 수 없다. 분명 책의 부제를 "공간, 장소, 그리고 정치"라고 명시했음에도 말이다. 또한 이 책이 포함된 시리즈의 전신인 돈 미첼Don Mitchell의 유명한 문화지리학 책에도 경관,

재현, 인종과 민족에 관한 지리는 아주 길게 다루고 있지만, 매핑의 역할에 대해서는 정말 일언반구조차 없다. 심지어 미첼은 문화를 정치에서 분리하지 말라고 '신 문화지리학'을 주창했는데도 말이다. 『지리학의 핵심 개념Key Concepts in Geography』에서 "지리학자들은 … 제국주의 권력의 목적이든 포스트식민주의 저항을 위한 목적이든 지도가 생산되고 사용되는 모든 방식을 연구해 왔다"(Holloway et al. 2003: 79)고 말하지만, 어느새 주어가 소리 소문 없이 사라졌다. 이처럼 지도와 매핑이 중요한 지리학적 질문으로 고려되지 않았다는 것은 저자들의 잘못일까 아니면 관련 학자들의 잘못일까?

여기 또 다른 형태의 침묵이 존재한다. 지도학자나 GIS 전문가들 역시 정치, 권력, 담론, 포스트식민주의 저항, 그 외 지리학이나 사회과학의 큰 흐름을 이끄는 다른 주제에 대해 거의 말하지 않았다. 어떤 지도학이나 GIS 교과서를 펼쳐보더라도 이러한 주제들에 대한 논의는 전무하다. 국토 안보에 관한 GIS와 매핑 효과를 조사하는 지도학 연구는 거의 없고, 문화지도학이나 정치지도학 학술지도 찾아보기 힘들다. 빈곤에 관해 얼마나 많은 GIS 연구가 수행되고 있을까? 페미니스트 매핑이라는 게 존재할까? 만약 GIS와 매핑이 늘 기업이나 군사 분야와 함께 공존해 왔다면 과연 얼마나 많은 GIS 전문가들이 이러한 관계들에 대해 비판적으로 분석하고 있을까? 가장 흥미로운 것은 GIS와 매핑이 지리학 전체에서 점차 분리되고 있다는 점이다. 다시 말하면, GIS와 매핑이 지리학적 방법론이라기보다 기술 기반의 학문적 성격을 가진 지리정보과학으로 진화하고 있다는 것이다(예를 들어, 공식적인 '실체'로서 지리정보과학). 결국, 매핑은 위와 같은 이슈들을 다룰 수 있는 능력이 없거나 아니면 다루기 싫은 것으로 결론 지을 수밖에 없다.

이 책은 이러한 질문들에 대한 문제 제기이자 일부는 비판적 관점에서 해답이 될 수 있다. 또한 지도학과 GIS가 앞에서 언급한 지리적 이슈에 대해

별로 관심이 없다는 일반적인 인식에 대한 반기일 수 있다. 이 책의 기본적인 관점은 매핑, 즉 지도학과 GIS 모두 이와 같은 중요한 이슈들에 관여할 수 있고 실제로 종종 다루어 왔다는 점이다. "비판적"이라는 단어가 과다하게 사용될 수 있고 그 자체는 역설적이게도 무비판적으로 사용될 위험이 있지만(Blomley 2006), 매핑에 그 단어를 사용하는 것은 유익하고 흥미로울 것이다. 최신 유행의 새로운 용어보다 지도학과 GIS 분야에 이미 주목할 만한 오랜 비판적 전통이 있다. 물론 소소하면서 통제된 방식으로 이루어졌고 1980년대 후반 무렵에는 시들해졌지만(제4장 참고), 매핑과 다른 분야의 지리학적 질문이 어떻게 오랫동안 공조할 수 있었는지를 보여 준다(종종 역사적 계보에서 확인할 수 있음).

매핑 역사를 돌이켜 보면 "지도학자"가 되는 것은 마치 지도를 그리는 것이 직업인 지도 제작자가 되는 것처럼 보인다. ["지도학"이라는 용어는 19세기 초반에 사용되었지만 "지도"는 보다 오랜 역사를 가지고 있다(Krogt 2006)] 지도를 **연구**하지만, 지도를 반드시 만들 필요는 없는, 또는 지도 제작 기술을 가지고 있을 필요가 없는 지도학자가 될 수 있었던 것은 20세기부터이다. 즉, 20세기에 이르러 지도학은 온전히 지식 탐구의 학문 분야로 발달할 수 있었다. 이런 면에서 지도학은 시간이 갈수록 지도 제작과 점차 멀어지기 시작했다. 다소 이상해 보일지 모르지만, 결국 지리학을 '하는' 지리학자가 없고 지리학과 지리학이 어떻게 작용하는지를 '연구'하는 학계의 사람들만 남았다. 지리학자가 되기 위해서는 지리학을 **해야** 하고, 물리학자나 화학자가 되기 위해서는 물리학이나 화학을 해야 한다.

하지만 지도 제작과 학문으로서 지도학의 구분을 계속 유지하기는 어려울 것이다. 펜, 지도 용지, 육분의, 워터마크, 고도의 수작업을 통한 투영 등이 모두 필요한 전통적인 "지도 제작" [크리스토퍼 콜럼버스는 아마 많이 해

봤을 것이다] 이 오늘날의 학문 연구에 기여할 바가 크게 없더라도, 여전히 우리는 매핑을 하고 있을 것이다. 단지 매핑이라고 하지 않고 GIS, 지리정보학geomatics, 측량학, 부동산 계획, 도시 계획, 지리통계학geostatistics, 정치지리학, 지리적 시각화geovisualization, 기후학, 고고학, 건축학, 역사학, 지도매시업mashup, 심지어 생물학이나 심리학이라고 부를지는 모르겠다. 지리학에서도 아마 인문지리학을 "연구"하는 사람들과 구별되는, 인문지리학을 "하는" 사람들이 꽤 있다는 데 동의할 수 있을 것이다. 연구업적평가Research Assessment Exercise: RAE나 지리학자들이 게재하는 학술지에 실린 논문들을 찾아봐라. 비판의 대상도 있고, 물질적 산물도 있고, 매핑과 GIS의 과정에 대한 것도 있다. 매핑의 대상, 매핑 수행자, 비판의 생산, 이 세 가지는 복잡한 상호관련성을 가지고 있다.

중요한 것은 오래전에 지도 제작 [현재는 지리정보기술 또는 GIS라 부를 수 있다] 이라 불리던 어떤 것이 있었다는 게 아니라, 지도라 부르는 것을 가지고 사람들이 해 왔던 것이 공간뿐만 아니라 시간에 따라서도 변했다는 것이다.

내가 학생 때 배운 중요한 사실 중 하나는 지도학이 제2차 세계대전 이후 최근에서야 과학적인 성격을 가지게 되었다는 것이다. 이는 크게 두 가지 이유 때문인데, 하나는 예술성과 주관성을 상실했기 때문이다. [관련하여 종종 지도 디자인의 공식적인 절차를 제시한 아서 로빈슨의 연구가 인용된다] 즉, 과학은 예술과 서로 상충하며 반대 입장에 있었다. 두 번째 이유는 전쟁 전부터 뻔히 보이는 정치적 선동이나 이념으로부터 자유롭지 못했던 매핑이 그 유혹을 버리기 시작했고 전쟁이 발발한 후에는 스위스와 같은 정치적 중립성을 취함으로써 "탈정치화"되었다는 것이다. 이로써 정치지리학과는 평행한 길을 가게 되었는데, 전쟁 동안 서로 협력하면서 변질되기도 하였다.

하지만 정치지리학이 1970년대까지 계속 쇠퇴하면서 [브라이언 베리Brian Berry는 이를 두고 "소멸 직전의 벽지moribund backwater"라고 불렀다(John-ston 2011)] 지도학은 스스로를 객관적 과학의 덫으로 몰아가면서까지 정치에서 완전히 격리되고자 하였고, 결국 지도는 지도라는 이름에 걸맞게 사용되었다.

하지만 이러한 분석은 모두 근거 없는 진술이다. 매슈 스파크Mattew Sparke 나 데니스 코스그로브Denis Cosgrove, 앤 고드레브스카Anne Godlewska와 같은 사람들의 비평에 따르면, 학문이나 실천으로서 매핑은 모두 예술에서 완전히 분리되는 데 실패했고, 탈정치화된 적이 전혀 없다. 제5장과 제12장에서 이에 대해 좀 더 자세히 논의하고 있으며, 어떤 비판들이 있었는지 보여준다.

데니스 우드Denis Wood는 자신의 도발적인 논문에서 진심을 담아 "지도학은 죽었다"(Wood 2003)고 주장하였다. [신이시여 감사합니다!] 이는 실제 매핑에 기대어 연명해 온 문지기나 학계 지도학자들이 점차 사라져 가는 것을 의미한다. 그동안 지도는 그 자체로 결코 좋았던 적이 없다. 학계가 그냥 내버려 뒀으면 괜찮았을 텐데 말이다. 이런 관점에 다소 공감하는 편이지만 그게 맞는지는 확신할 수 없다. 왜냐하면 오히려 이전에는 결코 하지 않았던 매핑 연구를 계속할 수 있었고, GIS는 연간 100억 달러 규모의 기업 및 군사 비즈니스가 되었기 때문이다. 또한 매핑 실천과 매핑 담론을 완전히 분리시키는 것이 가능한지도 확신이 없다. [지도학의 소비관적 전통을 생각해 봐라] 사실 실천과 담론은 밀접하게 얽혀 있다.

어떠한 담론이나 지식도 항상 그에 상충하는 움직임이 있기 마련이다. 매핑이 "과학적"인 것으로 평가받게 된 것이 지도학이 학문으로 정립될 때부터였다면, 1990년대 무렵 일부 지리학자, 지도학자, GIS 실무자들은 비판

지도 패러독스

적 정신을 재개하기 위해 보다 큰 지식 지형intellectual landscape을 이용하였다. 매핑과 지리학 사이에 새롭게 재개된 결합은 오늘날까지도 여전히 이용되고 있다. 이 책의 주 의도는 GIS와 지도학에서 비판적인 공간 지식 생산이 어떻게 지리학자, 인류학자, 사회학자, 역사학자, 철학자, 환경과학자들에게 의미가 있는지를 보여 주는 데 있다.

그럼에도 매핑이 지난 15년, 아니 그 이상의 기간 동안 엄청나게 재평가 받아 왔다는 것 또한 분명하다. 이 시기에 대해 말하자면(Schuurman 2000; Sheppard 2005), 매핑과 비판적 접근이 어떻게 상호 의심에서 시작하여 서로 존중하는 것으로 마무리되고 있는지를 잘 보여 주는 시기이다. 더 나아가 쉐퍼드Sheppard는 GIS와 사회의 상호 영향력을 조사하기 시작한 것이 "비판" GIS가 되었다고 주장하였다. ["GIS와 사회"는 이전의 시기를 말하고, 비판 GIS는 향후를 의미함] 즉, 단순히 질문을 통한 접근이기 때문이 아니라, 보다 폭넓은 분야의 지리학과 비판 이론에서 사용된다는 점에서 비판적임을 의미하고 있다. 여기에는 마르크스주의, 페미니스트, 포스트구조주의 접근을 포함한다. 쉐퍼드에게 있어 비판은 다양한 권력 관계를 문제시하는 "끈질긴 성찰성"이라고 할 수 있다.

사실 GIS와 매핑의 공식적인 역사 이면에 전체적으로 일련의 "반행동 counter-conduct"이 있다는 것을 보여 준다면 지금까지의 내러티브는 그 자체로 문제시될 수 있다. 이와 같은 반대 목소리는 종종 서로 지나치면서 나오기도 하고 아래로부터 크게 나기도 하는데 제2장에서 좀 더 자세하게 살펴볼 것이다. 따라서 매핑과 GIS의 역사는 주요 부분뿐 아니라 작고 사소한 부분, 즉 과거에는 아주 가끔씩 보이기도 했지만 전과 달리 지금은 스스로 존재감을 드러내고 있는 일련의 "예속된 앎"(Foucault 2003b)을 포함하고 있다. 특히 비판 GIS와 비판 지도학의 역사는 아주 최근에 나타난 것이 아니라 오래전부터 있었다고 보는 것이 낫다. 이것이 바로 푸코Foucault가 말한 예속된 앎인데, 어떤 이유로든 높은 수준에 이르지 못했거나 자격이 박탈된 앎을 의미한다. [예를 들어, 충분히 과학적이지 못한 앎] 수준이 낮고 자격이 박탈된 앎이지만 그렇다고 존재 자체가 없었던 것은 아니다. 푸코는 더 나아가 공식적인 거대 내러티브 옆에서 이러한 국지적 앎이 재출현함으로써 비판이 이뤄진다고 하였다. 이는 다음 장에서 우리가 논의할 내용 중 하나이다.

이 책은 GIS와 매핑 역사의 과도기적 시점에 놓여 있다. 큰 변화가 나타나고 있고 그러한 변화들이 우리를 어디로 이끌어 갈지 정확히 알 수는 없다.

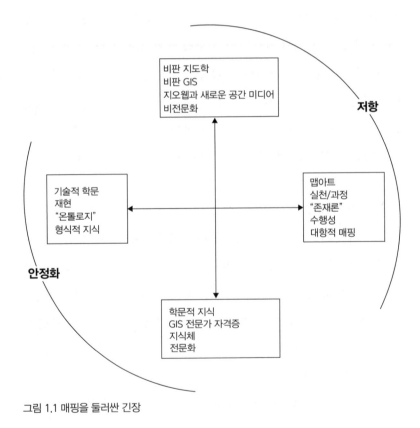

그림 1.1 매핑을 둘러싼 긴장

지도 패러독스

그림 1.1은 매핑을 둘러싸고 작동하는 여러 긴장을 요약해 주고 있다. 완전한 그림은 아니지만 이러한 긴장을 보여 주는 데는 효과적이다. 그림 1.1처럼 공간은 늘어나는 고무 시트이고 그 위에 여러 긴장이 가로질러 작용하고 있다고 상상해 봐라. [다차원 상상력을 가진 독자라면 고무 시트가 아니라 팽창할 수 있는 고무공으로 생각할 수도 있다] 시트가 늘어남에 따라 각 영역의 범위는 더 커지지만 대신 얇아진다. 아마 어떤 곳은 너무 얇아 위험할 수도 있다.

이 그림은 매핑이 서로 다른 방향에서 동시에 진행되는 권력/지식 관계의 영역에 어떻게 위치하고 있는지를 보여 주고 있다. 축의 한편에서는 이론적 비판의 "원투 펀치"를 포함한 비판적 접근(Kitchin and Dodge 2007)과 지오웹의 등장이 전문가 기반의 매핑에 대해 이의를 제기하고 있다. 소위 아마추어나 초보자들 사이에서 점차 증가하고 있는 매핑 기술의 사용 [예를 들어, 3.5~4억 다운로드 횟수를 보이는 구글 어스] 은 모든 새로운 공간 미디어를 재형성하고 있으며, 대안 지식을 찾을 수 있도록 해 주고 있다. 축의 다른 한편에서는 지식을 전문가들에 의한 일관된 "지식체"로서 확실하게 하려는 매우 실제적인 경향들이 있다. 여기에서 말하고 있는 전문가는 전문 자격증을 가지고 있는 사람들뿐만 아니라 전문 지식인 부류를 모두 포함한다.

매핑의 탈정치화 방향은 보다 큰 사회정치적 맥락과 동떨어져 기술적 이슈에만 초점을 맞추는 사람들이 잘 보여 주고 있다. 현재 수많은 지도학, GIS 학술지들이 주로 기술적 이슈들을 다루고 있고, 대부분 후속세대 박사들이 원하는 주제에 대한 연구로 채워지고 있다.

이러한 서로 다른 방향을 대략 지식의 "안정화"와 "저항적"을 경향으로 설명할 수 있다. 정보에 대한 안정화는 지리적 지식을 정착시키고 통제하고 연마하기 위한 노력들을 의미한다. 또 다른 사례로는 실세계 개체와 속성을 형식적이고 추상적이며, 컴퓨터로 다룰 수 있는 정의로 설명하는 "온톨로지on-tologies"에 대한 지리정보과학자들의 관심이 급증하는 것을 들 수 있다. 기술이 매핑을 단지 기술로서 취급할 때마다 항상 위험이 발생한다는 것은 그리 새롭지 않다. 독일 철학자 마르틴 하이데거Martin Heidegger가 60년 전에 이미 이렇게 말했다. "기술의 본질은 결코 기술적인 것이 아니다(Heidegger 1977: 4)". 하지만 이 말은 종종 무시되기 때문에 이러한 직관적이지 않은 주장에 대한 의미는 이 책 전반에 걸쳐 다양한 방식으로 언급할 것이다.

비판의 필요성

왜 비판이 필요할까? "비판적" 접근은 GIS나 지도학 모두에 중요한 역할을 한다. 그러나 아직 주류는 아니다. 지도가 끔찍하게 구식이라 느낄 수도 있고 [초중등학교에서 배웠던 어떤 것] 엄청나게 흥미롭다고 [구글 어스나 직접 만든 매핑 응용, 지리적 시각화, 또는 지리적 감시geosurveillance] 느낄 수도 있다. 진실은 어디에 있을까?

지도에 대한 엇갈리는 감정은 영국의 저명한 지리학 학술지 중 하나인 *Area* 최근 호에서 논의되기도 하였다. 여기 조 페인터Joe Painter의 어설픈 사랑 고백이 있다.

나는 지도를 사랑한다. 그래, 나는 지도광이라고 커밍아웃하는 중이다. 어렸을 때부터 지도에 푹 빠졌지만, [심지어 학교 진로 선생님에게 영국의 국가 지도 기관인 영국 지리원Ordnance Survey에서 일하고 싶다고 말했다] 지리학자로 일할 때는 지도가 크게 의미가 없었다. 내가 그랬던 것처럼 1980년대 포스트실증주의 시대에 무역을 배웠던 많은 인문지리학자들도 지도에 대해 약간 당혹스러운 감정을 느꼈을 거라 생각한다 (Painter 2006: 345).

정말 페인터는 사랑에 빠졌을지도 모른다. 하지만 감히 이름을 말할 수 없는 사랑이다. 실제로 그의 연구에 있어 지도는 별로 중요하지도 않았다. 페인터의 "지도학적 불안cartographic anxiety(Gregory 1994; Painter 2008)"은 지도와 매핑에 관심을 가지고 있는 많은 사람들에게 경종을 울린다. 지리학자이자 현상학자인 존 피클스John Pickles가 말한 것처럼, 지도에 대한 불편한 시선이 있다(Pickles 2006). 터무니없게도 이렇게 지독하게 바뀌지 않는 생각들이 너무 잘 작동되는 것 같다. 매핑에 대한 보기 싫고 달갑지 않은 느낌은 놀랍게도 많은 사람들이 기정사실로 여기고 있다. 물론 우리는 양가적이다. 비판 지리학자들의 눈에는 지도의 성공은 대가 없이 오지 않는다. 결국 지도가 식민지 프로젝트를 가능하게 만든 메커니즘을 제공하지 않았는가(Akerman 2009; Edney 1997)? 인종 차별주의 매핑의 오래된 역사가 있지 않은가(Winlow 2006)? 아주 간단한 사례로 GIS와 GPS는 오늘날 전쟁의 필수 요소이지 않은가(N. Smith 1992)? "현대 지도학의 아버지"인 아서 로빈슨Arthur Robinson은 미국 CIA의 전신인 전략사무국Office of Strategic Service에서 중요한 역할을 하지 않았는가? 적어도 GIS는 확실히 실증주의로 돌아가기 위한 트로이 목마(Sheppard 2005)가 맞지 않은가(Pickles 1991)?

이러한 지적들이 한편으로는 타당할 수 있지만, 그렇다 하더라도 이와 같은 비판적 시각이 지리학 전체(또는 인류학과 같은 다른 학문)에 확산되는 것은 또 다른 문제이다. 식민주의 프로젝트에 지리학이 관여하지 않았었나? 지리학이나 인류학 또는 생물학은 과거에 인종 차별적 글과 인종 차별주의자를 포함하고 있지 않았나? 물론 맞는 말이다.

사례: 인종 차별적인 책인 『위대한 인종의 소멸The Passing of the Great Race』[어떤 인종을 두려워했고 그래서 어떤 인종이 소멸해갔는지를 추측해봐라]을 저술한 매디슨 그랜트Madison Grant는 아이제이아 보먼Isaiah Bowman이 미국 지리협회American Geographical Society: AGS 이사장으로 있는 기간을 포함하여 오랫동안 협회 위원으로 활동하였고, 1920년대 국가별 입국 한도를 제한하는 이민법도 주장하였다. 또한 전쟁 기간 동안 미국 지리협회 학술지인 *Geographical Review*에도 서적 형식으로 출간하였다(Grant 1916).

　사례: 전 미국 지리학회Association of Amercian Geographers: AAG 회장이자 하버드대학교 지리학과 교수였던 드커시 워드DeCourcy Ward는 미국으로 들어오는 이민자들의 낮은 질적 수준을 몹시 불평하면서 노골적인 우생학적 인종 차별주의를 내세우는 여러 논문들을 썼다(Ward 1922a; 1922b). 또한 반이민법에 영향력을 행사하기 위해 "이민제한연맹Immigration Restriction League"을 설립하였다. 이 연맹은 1917년 이민법에 문해력 시험을 넣는 데 성공하기도 했다.

　이와 같은 사실을 감추거나 매핑이 본질적으로 인종 차별적이고 자본주의적 도구라고 말할 필요는 없다. 오히려 시간이 지나고 시대가 바뀌면 어떤 순수하고 지적인 역사 속에서 이들은 자연스럽게 평가될 것이다. 왜냐하면 오늘날까지도 여전히 이러한 주장들이 반복되고 있기 때문이다. 예를 들어, 생물학적 인종은 유전학에서 다시 조명받고 있고(Duste 2005), 영어를 미국의 공용어로 지정하자는 사람들이 여전히 활개를 치고 있다. [30개 주와 적어도 19개 도시는 영어를 공용어로 채택하였다]

　"왜 비판인가?"라는 첫 번째 질문에 대한 대답은 비판은 어떤 성패가 달려 있는 불합리한 것이거나 기본적으로 알기 힘든 것이 아니고, 오히려 오늘날의 매핑과 GIS를 살아 있게 만든 바로 그 합리성에 대한 조사의 필요성이라는 것이다. 이러한 합리성은 설명될 수 있을 뿐 아니라 도전받을 수도 있다. 이것이 바로 비판 GIS와 비판 지도학이 해야 할 일이다.

두 번째 질문은 군사적, 식민주의적, 인종 차별주의적 실천들이 매핑 및 GIS와 어떻게 역사적으로 결탁되어 있는가이다. 지도와 GIS는 "본질적으로" 결탁될 수밖에 없고, 그렇기 때문에 최대한 피해야 한다고 보는 것이 가장 쉬운 답이 될 수 있다. 결국 지도는 자본주의의 팽창과 착취를 위한 도구에 지나지 않는다는 것이다. [간혹 이런 전략이 처음에 언급한 비판 지리학자들의 침묵을 설명하려는 것이 아니냐고 의심할 수 있다. 지도와 GIS 입장에서는 당황스러울 수 있다]

하지만 가장 일반적인 답변은 지도와 GIS가 "본질적으로" 어떤 것이라고 제한하고 한정짓는 것을 부정하는 것이다. 지도와 GIS는 좋은 목적이든 나쁜 목적이든 모두 사용될 수 있는 "중립적인" 기술이다. 이러한 관점에서는 식민주의 프로젝트에서 지리학의 결탁을 기꺼이 인정할 뿐만 아니라, 장기 기증을 추적하고 글로벌 항공 여행을 관리하고, 월마트와 싸우는 지역 커뮤니티에 권한을 주는 데도 지도와 GIS가 사용될 수 있다고 말한다. 필요하면 언제든지 선반 위에서 끄집어내 사용할 수 있는 기술들과 비슷하다. 직접적인 예시로 원자력을 말할 수 있다. 원자력은 원자 폭탄을 만드는 데 사용될 수도 있고, 국가 전력망을 작동시키는 데 사용될 수도 있다. 각각은 각 장점을 통해 평가되어야 한다고 말할 수 있다. 매핑에도 똑같이 적용해 볼 수 있다. 때때로 지도가 나쁜 목적으로 사용될 수 있지만 좋은 목적으로도 사용될 수 있다. 전체적으로 나쁜 것이면 비판할 수 있고, 긍정적으로 보인다면 칭찬할 수 있다. 이는 좋고 나쁨 사이의 균형이나 한쪽이 다른 쪽보다 나을 수 있다는 도덕적 잣대와 판단이 중요한 도덕적 경제economy of morality를 가져 올 수 있다.

이러한 관점을 가진다면 우리는 지도와 GIS에 대해 유연하게 생각할 수 있으며, 그것은 큰 장점이 된다. 예를 들어, 다양한 지리적 감시 기술을 유연하게 평가할 수 있다(Monmonier 2002b). 몬모니어Monmonier는 지도학이 "정치적"으로 관련되는 것을 반대하는 입장이다. 몬모니어와의 인터뷰에서 "정치지도학자"가 가능한지를 물었는데 그는 "입에 발린 표현"이라 말했고, "선거구 지도를 그리는 사람들만 정치지도학자라 부를 것 같다"고 대답하였다 (Monmonier 2002a).

하지만 이러한 접근은 학문의 정치적 활용에 대한 위장일 뿐이다. 즉, 지식을 주장하거나 생산할 때마다 권력에 대한 약속을 대충 속여 넘기는 방법이다. 정치적으로 중립적인 지도에 대한 관점은 최근 미국의 가장 영향력 있는 학술 기관 중 하나인 미국 국립과학원National Academy of Science: NAS이 발행한 *Beyond Mapping*이라는 제목의 보고서에 담겼다(Committee on Beyond Mapping 2006). 이 보고서를 작성한 위원회는 위원장인 조엘 모리슨 Joel Morrison을 비롯하여 마이클 굿차일드Michael Goodchild, 데이비드 언윈 David Unwin과 같은 GIS, 지도학, 지리학계의 유명한 학자들로 구성되어 있다. 위원회가 기술로서 GIS와 매핑의 사회적 함의를 살펴볼 필요에 대해 인식하지 않는 것은 아니다. 예를 들어 다음과 같이 말하고 있다.

지리정보시스템이나 지리정보과학은 선량한 기술로 보이지만 일부 응용에 대해서는 의구심이 제기되어 왔다. 다른 모든 기술이 그러하지만, **GIS 자체는 중립적이더라도 악성** 결과를 만드는 데 이용될 수 있다 (Committee on Beyond Mapping 2006; 47).

지도 패러독스

아마 비판적 접근은 매핑 지식의 중립성에 대한 이러한 호소는 실패했다고 말할 것이다.

지금까지 말한 것들은 데릭 그레고리Derek Gregory가 한때 "지도학적 불안"(Gregory 1994)이라 불렀던 것의 일부 측면에 대한 내용이다. 이 짧은 문구는 사람들이 종종 지도에 대해 어떻게 느끼는지를 잘 함축하고 있다. 이러한 불안은 일종의 혼란이며, 계속 표출된다면 정신적 문제에 대한 제기, 즉 치료 대상이 될 수 있다. 그뿐만 아니라 이러한 불안은 역행적이고 분열된 형태로 나타날 수 있다. 왜냐하면 사람들을 탈주관화desubjectify/재주관화resubjectify하기 위한 식민주의 프로젝트에 관련된 지도들이 있었기 때문이다. 아마도 "악의 축"을 정당화하기 위해 강력한 지도 이미지를 이용하였을 것이다. [그레고리는 최근 이라크 아부그라이브Abu Ghraib와 쿠바 관타나모만Guantanamo Bay의 도덕적 잔혹성에 대해 연구하였다(Gregory 2004; Gregory and Pred 2007)] 그래서 우리는 어떤 구체적인 현실을 만드는 데 너무 잘 작동하는 무비판적인 장비를 사용하는 것에 대해 항상 불안해 한다. 이는 지도의 부적절한 사용에 대한 불편한 생각이다.

그레고리가 말한 또 다른 유형의 불안이 있는데, 지도와 지리적 지식의 권위가 약화될 때 생기는 불확실성에 대한 불안이다. 그는 지도 "해체"에 관한 군나르 올슨Gunnar Olson과 브라이언 할리Brian Harley의 연구를 인용하면서(제7장 참고), 지식이 불안정, 즉 불확실해질 때 발생하는 불안이라 말했다(이를 '불편함'이라 부를 수도 있겠다). 물론 이것이 "어지러운 상대주의"로 빠지는 것을 의미하지 않는다는 점을 분명히 했다(Gregory 1994: 73).

지금 이 불안은 두 가지 모순되는 부분이 있다. 하나는 지도가 지식을 생산하고 그 엄청난 지도 속에 사람들을 붙잡아 두는 데 믿기 어려울 정도로 강력한 장치라는 것이고, 다른 하나는 지도는 아무것도 아니고 한낱 공기 중의 솜털*에 불과하다는 것이다. 즉, 지도는 절대 권력을 가졌거나 아니면 죽은 존재이다.

제3의 관점?

이 두 가지 관점 모두 몇 가지 문제점이 있을 수 있다. 두 번째 관점, 즉, 기술이 본질적으로 정치적이지 않다는, 또는 "중립적"이라는 관점은 대체로 새로운 기술이 나타나고 사람들이 처음으로 그 기술을 접할 때 발생한다는 것에 주목할 필요가 있다. 그것은 마치 사람들이 새로운 기술에 대한 인식을 저마다의 마음속에 한 번씩 분명하게 정리해 두고자 하는 것과 같다. 이는 새로운 기술 응용이 뜻밖의 영향을 미치기 전이나 영향이 미치지 않는 범위에서 이루어질 수 있다. 여기에 정치를 개입시키는 것은 상황을 혼탁하게 해야 할 때뿐이다.

하지만 이러한 생각은 핵심을 놓치고 있다. 심지어 지도학의 역사를 대충만 훑어봐도 매핑과 지도가 정치나 선동, 범죄, 공중 보건, 제국주의 경계 만들기, 지역사회 활동, 민족 국가, 사이버공간, 인터넷 등에 전반적으로 관계하고 있음을 의심하지 않을 수 없다. 즉, 매핑에는 정치가 있다. 어떻게든 정치에 관련되지 않는 매핑을 상상하는 것은 무척 어렵다. 매핑 자체가 바로 정치적인 활동이다.

매핑의 정치적 측면에서 비판 지도학과 비판 GIS는 매핑을 통해 어떤 유형의 사람과 사물이 형성되는지 질문한다. 캐나다 철학자 이언 해킹Ian Hacking이 말하듯이, 사람들은 어떻게 구성되어 있나에 관한 것이다(Hacking

---

* 다른 표현: 공산당 선언, "단단한 것은 모두 녹아내린다(all that is solid melts into air)"

지도 패러독스

2002). 이는 지식의 범주가 어떻게 도출되고 적용되는지에 대한 질문인데, 칸트만큼 오래된 질문이자 인종 차별주의만큼 현재의 질문이다.

지도는 특정한 방식으로, 그리고 어떤 효과(즉, 권력)를 가지는 특정한 범주로 지식을 생산한다. 지식의 범주는 유용하지만 동시에 어떤 존재 방식은 장려하고 다른 방식은 장려하지 않는다. 대개 어떤 존재 방식은 어떻게든 전형적인 것으로 받아들이고 "정상"이라 불리는 반면, 다른 것들은 "비정상적"이라 불린다. 그리고 비정상적인 것을 바로잡거나 없애거나, 또는 관리하려는 경향이 있다.

지도와 매핑이 사회에 작용하는 유일한 합리성은 아니지만, 현대 GIS에서 흔히 볼 수 있는 지도(즉, 주제도)가 모두 비슷한 시기인 19세기 초에 발명되었다는 것은 흥미롭다(Robinson 1982). 사실 그 시기는 우리가 점점 더 많이 의존하는 또 다른 훌륭한 기술들, 즉 통계와 확률 이론이 개발되었던 시기이다(Hacking 1975). 지도와 통계 모두 정부가 국가에 대한 위험과 위협을 파악하기 위해 광범위하게 사용하는 훌륭한 관리 기술이었다. 이와 관련한 가장 최근의 사례는 2001년 9월 11일 테러 공격의 여파였다. 테러 공격 이후 "위험에 처한" 대상을 분석하거나 "위험한" 사람들을 감시하는 데 지도와 GIS가 사용되었다. 예를 들어, FBI는 미국의 이슬람 사원을 위험 요인으로 간주하고, 9·11테러 이후 곧바로 미국의 모든 이슬람 사원에 대한 데이터베이스를 만들기 시작하였다(Isikoff 2003).

이런 감시의 결과는 무엇일까? 감시하고 있는 사람들은 누구일까? 이는 기술의 장단점을 묻는 일반적인 질문과는 다른 유형의 질문이다. 즉, 권력, 담론, 정치, 지식에 초점을 두는 것이다. 이러한 질문은 매핑의 본질적인 특성을 살펴보아야 한다는 관점과 중립적이라는 관점을 넘어 비판 지도학과 비판 GIS가 관심을 갖는 "제3의 관점"이다. 다시 말해, 지도와 GIS가 특정한 시기와 장소에서 처리되는 방식을 살펴보아야 하고, 그것들이 만들어 내는 지식과 효과에 대해 주목해야 한다.

대략 15년 내지 20년 전, 비판적 매핑에 대한 이러한 관점이 주목받기 시작했을 시기에 지도와 매핑은 오로지 지도학자들만 연구하는 분야였다. 거의 같은 시기인 1990년 초반 GIS가 대중화되기 시작하면서부터 더 이상 매핑은 지리학자에게만 국한된 협소한 분야가 아니었다. 학계에서 지위가 높은 일부 지리학자들만 심각하게 반대했을 뿐이다. 아마도 가장 유명한 반대 의견은 1980년대 말 당시 미국 지리학회장이 말한 것으로, GIS는 학문의 지적인 중심이 될 수 없고 단순히 기술일 뿐이라는 것이다(Jordan 1988). 하지만 이 말은 GIS 사용자에게 비판적 관점을 중요하게 인식하도록 하지 못했을 뿐 아니라 그 반대의 역할도 전혀 하지 못했다(Sheppard 1995; 2005). 이러한 반대 목소리는 간혹 지나치면서 나오기도 하고, 아래로부터 크게 나기도 하는데, 이 책의 제2장과 제4장에서 다루고 있다.

이러한 반대 의견 중 일부는 인종 차별적 지리와의 결탁에 대해 지도학을 공격한 [그리고 이후 거의 모든 지도학자들에게 반격을 받게 된] 아르노 페터스Arno Peters처럼 잘 알려져 있기도 하지만, 다른 의견들은 비교적 덜 알려져 있다. 오늘날 누가 폴 구드J. Paul Goode를 대학 아틀라스(지도집)의 성공한 저자가 아니라고 부정할 수 있겠는가? 하지만 그 또한 페터스의 주장들과 놀랍도록 비슷하게 "사악한 메르카토르" 투영법에 대해 격분했었다(제7장). 또 다른 목소리는 완전히 학계 외부에서 나오고 있다. 예컨대, 지도 블로그나 "지리공간웹"과 같은 매핑 사이트는 대개 학계 외부에서 활발히 운영되고 있다. 이러한 현상은 오늘날 매핑의 혁신이 어디에서 일어나고 있는지, 그리고 어떻게 일어나고 있는지에 대한 의문을 제기한다. 정말 학문 내부에서 혁신이 일어나고는 있나? 그렇지 않다면 학계 외부의 혁신이 매핑의 질

지도 패러독스

적 수준과 학문의 미래에 어떤 의미를 가지는가? 새로운 포퓰리즘 촌뜨기들의 진격인가(제3장)?

매핑과 정치 사이의 관계를 부정하기 위해 지도학과 GIS 역시 지식을 생산하는 다른 기술 분야와 유사하게 지적인 학문 역사를 이용해 왔다(Misa et al. 2003). 하지만 이러한 기술 분야에서 지식이 생성된다면 그 지식은 항상 후속 지식과 경합을 벌이게 되고, [특히, 과학적 방향을 가진 지식이라면 더욱] 어떤 지식들은 도태될 것이다. 결국 지식은 다시 권력과 관련된다. 어떤 지식은 쉽게 얻을 수 있는 반면, 어떤 지식은 적극적으로 억제되지 못했을 때 소외되고 무시된다. 예를 들어, 토착화된 지도학 지식이 적절한 사례가 될 수 있다. 꽤 최근까지도 비서구권의 지도학에 대해서는 거의 알려진 것이 없었다. 왜냐하면 늘 정확하고 과학적인 경관의 재현으로서의 지도학이라는 서구적 개념에 비서구권의 지도학을 맞추기가 쉽지 않았기 때문이다. 이를 두고 에드니Edney는 오히려 서구적 전통 내에서 퇴보적이고 잘못된 방향으로 인식될 수 있는 "진보 없는 지도학 역사"를 요구했다(Edney 1993). 오히려 진보나 과학과 같은 용어와 상관없이 작동하는 풍부한 토착 매핑의 전통이 새롭게 주목받고 있다(Sparke 1995; 1998; Turnbull 1993; Woodward et al. 2001).

두 번째 학문화 과정은 현대 지도학이 발달하기 시작한 제2차 세계대전 이후 시기로 거슬러 올라갈 수 있다. 제5장에서 논의되고 있지만, 아서 로빈슨Arthur Robinson이 이끄는 수많은 미국 학자들이 전쟁 기간 동안 지도학을 학문으로 정립하기 위해 노력하였다. 하지만 그러한 노력은 오히려 매핑, 좀 더 확장하면 GIS의 특정한 관점을 만들어 냈다. 즉, 정치적 이슈에 지도가 관여되는 것을 기피하도록 한 것이다. 어쩌면 당연하게도 전쟁 기간의 경험으로부터 지도학을 오염시키고 피클스가 말한 "재현의 위기"(Pickles 2004)를 야기했던 과도한 선동을 피할 필요가 있었을 것이다. 정치적 선동 대신 지도는 제한된 지도의 형태 내에서 가능한 명확하게 사실을 전달하는 데 사용되어야 한다. 이는 지도 디자인 [거의 전쟁 이후 개발된 분야이지만 그래픽 디자인 분야에서 크게 파생됨] 에 주의를 기울여야 함을 의미하고 더불어 지도가 실제 사람들에 의해 사용되는 방식, 다시 말해 지도 사용자 연구 분야에 관심을 가져야 한다는 것이다. 이러한 움직임은 같은 시기에 정치지리학이 정치를 기피한 것과 본질적으로 같은 방식과 이유로 지도학을 정치에서 분리시켰다. [브라이언 베리는 그 당시의 정치지리학을 "소멸 직전의 벽지"라 불렀다(Agnew 2002: 17)]

　이 두 가지 이유, 지도학을 기술이나 과학 분야로 정립하려는 것과 사회정치적 이슈로부터 벗어나려는 전후 움직임은 이후 지도학을 지리학의 더 넓은 분야로부터 고립시키는 데 역할을 했다고 말하고 싶다.

용어에 관한 생각

　지도학과 GIS 두 실천 분야 사이의 관계를 살펴보기 위해 수년간 많은 글이 집필되었다. 내 기억으로는 1996년 미국 지리학회 연례학술대회에서 당시 학회장이었던 주디 올슨Judy Olsen이 "GIS가 지도학을 죽였는가?"라는 주제로 학회장 주관의 전체 세션을 개최하였다. 이는 GIS가 지도학의 종말 [학문으로서든 고용 기회로든] 을 가져올 것이라는 지도학 커뮤니티의 두려움을 반영한 것이라 할 수 있다. 10여 년이 지난 지금, 그러한 두려움의 많은 것들이 다소 모순적인 방식이지만 실제 발생하고 있는 것처럼 보인다. 확실히 취업 시장은 GIS와 지리공간 정보를 훨씬 많이 들먹이고 있다. 하지만 매핑은 "죽었다"기보다 스스로 변신하였다. 1990년대에는 "지리적 시각화"로 매핑을 강조하였고, 지도 해킹과 지리공간웹에서는 매핑의 역할을 강조하였다(제3장 및 Wood 2003 참조). 그리고 어쨌든 지도를 만드는 데 GIS가 가장 자주 사용되었고, 사람들이 생각하는 것보다는 덜 계량적이고 좀 더 질적인 접근을 하는 것으로 나타났다(Kwan and Ding 2008; Pavlovskaya 2006)*. 대중들이 구글 어스와 같은 소프트웨어나 지도 매시업에 몰리다 보니 역설적으로 지금은 GIS가 따라잡기에 나선 모양새이다(Erle et al. 2005). 지도나 매핑 툴이 지금만큼 많이 사용된 적이 없다.

　이러한 관점은 여러 장점이 있다. 예를 들어, 오늘날 매핑이 무엇인가라는 질문에 집중하도록 한다. 이는 결과적으로 매핑이나 지도학, 또는 GIS가 마치 시간과 상관없는 개념처럼 이것이 본질적으로 무엇인지 확정적으로 말하는 것을 막아 준다. 또한 어떤 부분은 지도학이고 어떤 부분은 GIS라고 잘라서 구분하는 것을 막아 준다. 이러한 이유로 놀랄지도 모르겠지만 나는 "지도란 무엇인가?"라는 질문에 대해 답하지 않을 것이다(Vasiliev et al. 1990). 최근 논문(Kitchin and Dodge 2007)에서 마틴 도지Martin Dodge와 롭 키친Rob Kitchin은 이러한 질문에 대한 답을 존재론적 수준에서 이끌어 내려고 했는데, 나는 역사적으로 상황에 따른 실천과 담론으로서 지도를 말할 것이다. 다시 말해, 나에게 가장 흥미로운 것은 인식론이나 지식(지식의 생성, 권력과 정치와의 관계, 요컨대 사람과 장소에 대한 영향)이라는 것을 솔직히 드러낼 것이다.

　이는 진정한 역사적 관점을 제시해 주는 것이다. 나와 같이 고등학교 역사가 지루해 죽을 것 같았던 사람들에게 역사가 죽어 있거나 지나간 것이거나

---

* GIS는 계량적일 수밖에 없다고 강조하던 지질학을 전공하던 친구에게 이러한 사례들을 알려주었을 때, 그 친구는 "GIS가 무엇인지 오해하고 있었던 것 같아."라고 말하면서 혼란스러워했다. 오해하고 있는 것이 맞다.

쓸모없는 것이 아니라, 현재의 우리를 활발하게 만들어 주고 있다는 것을 깨닫는 것은 일종의 해방이자 충격이다. 지금의 우리가 존재하는 데는 그럴 만한 이유가 있고, 그러한 이유는 아마도 과거의 예속을 깨고 새로운 것을 만들어 가기 위한 관점에서 살펴볼 수 있다.

이 모든 것에서 조금 더 진전하기 위해 신경써야 하는 것은 특정한 기술 자체가 아니라 어떤 시기에도 존재한 "매핑 전통"이라고 말하고 싶다. 나는 일부러 좀 막연하게 "매핑"을 지리적 세계를 이해하기 위해 노력하는 인간 활동, 즉 "세상에서 우리의 길을 찾는" 방식이라고 정의한다(Crampton 2003). 지리적으로 앎의 방식은 어떤 것들이 있을 수 있나? 오스트레일리아 원주민 신화의 꿈의 시대dreamtime 같은 지도든 최신 버전의 GIS 소프트웨어나 위치를 음성으로 알려 주는 휴대용 장비든, 어떤 방식이더라도 세계를 이해하고자 하는 인간의 열망보다는 덜 중요하다. 이 책에서는 '매핑'이라는 용어를 지도학과 GIS 모두를 지칭하는 용어로 사용할 것이다. 물론 이 두 분야는 차이가 있지만 둘 다 인류 역사에서 가장 오래된 시기, 아니 그보다 더 거슬러 올라가는(Smith 1987) 매핑 전통의 일부라고 믿는다. 더욱이 GIS는 지도학에 뿌리를 두고 있으며 그러한 의미에서 GIS는 오늘날 매핑이 실행되는 방식이라는 의견(Clarke 2003)에 동의한다. [GIS는 1960년대에는 기술GISsystem로 개발되었고, 1990년대에 과학GIScience으로 자리 잡았다(Goodchild 1992)] 물론, 이러한 주장에 동의하지 않고 그 반대로 지금은 지도학이 GIS의 일부라고 믿는 GIS 업계 종사자들이 많다는 것을 안다. GIS 비즈니스 관련 학술지인 *GeoWorld*에 기여하다 보니 알게 되었다. 하지만 둘 다 매핑 전통의 역사적 측면을 무시하고 있고, 주로 기술적인 노력으로 지도학이나 GIS를 과도하게 강조하고 있다고 생각한다. 실제로 우리는 지리적 세계를 '이해하고' 싶기 때문에 지도와 GIS 분석 모두를 활용하고 있다.

제2장

비판이란 무엇인가?

들어가며

이 책은 매핑과 GIS에 대한 **비판적** 입문서이다. 또한 지리학의 다양한 측면에 대한 비판적 접근을 다루고 있는 책 시리즈의 한 부분이다. 돌이켜 보면 지난 10년, 15년 동안 여러 책이나 논문, 학술대회, 심지어 온라인 토론 목록에서도 비판 지리학에 대한 관심이 폭발적으로 늘었다는 것을 알 수 있다. 그렇다면 "비판"이란 무엇인가? 어디에서부터 유래되었는가? 지금 모두가 다 비판적인가? 그렇다면 "무비판적" 지리학과 어떻게 다른가?

먼저, 일반적인 오해 하나를 명확히 할 필요가 있다. 비판은 흠을 찾아내는 작업이 아니고 지식 분야의 여러 가정을 검토하는 것이다. 따라서 비판의 목적은 우리가 사용하고 있는 **지식 범주**를 이해하고 대안을 제시하는 데 있다. 비판적 시각을 견지해 온 미셸 푸코Michel Foucault는 비판을 다음과 같이 설명한다.

비판은 어떤 것이 있는 그대로가 좋지 않다고 말하는 것이 아니라, 인정 받고 있는 실천들이 어떤 유형의 가정들이나 익숙한 개념, 확립되었지만 검증되지 않은 사고방식들에 기반하고 있는지를 살펴보는 것이다(Fou-cault 2000c: 456).

이러한 "검증되지 않은 사고방식"(즉, 가정이나 익숙한 개념)이 우리의 지식을 형성하고 있다. 예를 들어, 지도학 교과서에서는 보통 좋은 지도 디자인은 "전경—배경figure-ground 분리(주된 대상이 배경으로부터 분리되는 것)"가 이루어져야 한다고 가정한다. 하지만 전경과 배경의 인지에 있어 문화적 차이에 관한 최근 연구에서는 비서구권 사람들은 서구권 사람들과 똑같은 전경—배경 반응을 보이지 않는다고 밝히고 있다(Chua et al. 2005). 예를 들어, 그림 2.1을 보고 서구적 배경을 가진 독자들은 전경과 배경에 대한 두 개의 다른 해석을 할 수 있을 것이다.

앞서 언급한 것처럼 문화적 차이로 인해 유럽과 아시아 사람들은 다른 방식으로 경관을 바라보지만(Chua et al. 2005), 지도학 교과서는 50년 넘게 어떻게 지도를 잘 디자인하면 전경—배경 효과를 만들어 낼 수 있는지에 대해서만 논의해 왔다. 하지만 이러한 논의는 기본적으로 누구나 같은 방식으로 배경에서 전경을 분리할 것이라고 가정한다*.

따라서 비판이란 지식 범주에서 완전히 벗어나는 것을 찾는 것이 아니라 그러한 지식 범주가 어떻게 오게 된 것인지, 그리고 다른 가능성은 어떤 것들이 있는지를 보여 주는 것이다. 이러한 관점은 이마누엘 칸트Immanuel Kant의 『순수이성비판Critique of Pure Reason』(1781; 2nd ed., 1787)에서 확립되

---

* 전경—배경에 대해 처음으로 언급한 지도학 교과서는 로빈슨(1953)인데, 심리학 연구에서 그 개념을 가지고 온 것처럼 보인다.

지도 패러독스

그림 2.1 찰스 앨런 길버트Charles Allan Gilbert, 모든 것이 헛되다(1892)

화장대 앞 [자만에 찬] 여성인가? 아니면 죽은 사람의 안면상일까?

었다. 칸트에게 비판은 "어떤 주장을 제대로 펼쳐 놓고 정확하게 설명한 뒤, 원래 의미에 따라 평가하는" 일종의 조사이다(Christensen 1982: 39). 계몽이란 무엇인가에 대한 칸트의 에세이(Kant 2001/1784)에서 비판적 철학은 끊임없고 쉼 없이 알아가고 권위에 도전해 나가는 것으로 정의하고 있다.

이러한 생각은 당시에는 매우 급진적이었다. 왜냐하면 그때 대부분의 사람들은 교회나 플라톤과 아리스토텔레스와 같은 고대 철학자들로부터 지식을 얻었기 때문이다. 하지만 대략 15~16세기 무렵부터 사람들이 종교에 대해 반발하며 이러한 권위에 대해 의문을 품기 시작하였다. 이후 계몽주의 시대에 이르러 칸트에 의해 발전한 질문 방식이 사용되었다.

이러한 질문 방식은 권력에 대한 물음과 관련이 없을 수 없다. 왜냐하면 "권위란 무엇인가?", "누가 권위를 가질 것인가? 교회? 군대? 정부?"와 같은 질문을 던지기 때문이다. 이런 질문들은 정치적이며, 실천 이면에 있는 검토되지 않은 가정에 대한 질문뿐만 아니라 어떤 것을 실행하는 데 있어 또 다른 방식들을 제시할 수 있다는 것을 보여 준다. 예컨대 "지금 우리는 이런 방식으로 하고 있는 것 같은데, 꼭 그래야 하나? 다른 대안은 없나?"라고 물을 수 있다.

푸코로 돌아와서:

나는 비판을 권력이 가진 영향의 진실이 무엇인지 질문하고, 진실에 관한 담론들의 권력에 관해 질문할 수 있도록 주체가 스스로 권한을 부여하는 움직임이라 말할 것이다. 비판은 자발적인 불종속이나 성찰적인 비순응의 예술일 수 있다. 비판의 본질적인 기능은 한 마디로 진실의 정치라고 부를 수 있는 게임에서의 비주체화일 것이다(Foucault 1997b: 32 - Eribon 2004 번역).

다시 말해, 비판은 다른 앎의 방식을 알려주기 위해 우리가 아는 것에 대한 질문과 저항의 정치적 실천이라 할 수 있다. 가끔 비판 지도학과 비판 GIS를 순수 거부파로 인식하는 오해가 있기 때문에 여기에서 이 점을 바로잡을 필요가 있다. 예를 들어, 비판은 종종 모든 형태의 지식이나 진실을 거부하는 것처럼 묘사된다. 하지만 비판의 핵심은 거부가 아니라 지도와 GIS가 주장하는 진실을 주의 깊게 고려하는 것이다. [앞으로 살펴보겠지만, 지도는 경관에 대한 자연적인 반영이라는 생각부터 여러 주장이 있다] 다시 말해, 지식은 "저 바깥 어디에" 존재하고 있는 것이 아니라, 생성되고 생성된 후 진실과 거짓으로 구분되면서 특권이 주어진다. 어떤 진실이 우위를 점하는 이유는 지극히 특정한 일부 통치 때문이다. 이러한 통치들은 대부분 지리적 중심이 있거나 특정한 시점에 발생한다. 비판은 이러한 통치들이 무엇인지 규명할 수 있고, 그것이 발생하는 시간과 공간을 밝혀낼 수 있다.

많은 사회과학 분야에서 비판에 대한 현대적인 관심은 상당 부분 프랑크푸르트 학파의 비판 이론 덕분이다. 공식적으로는 사회연구소Institute for Social Research로 알려져 있는 프랑크푸르트 학파는 1923년 독일에서 설립되었고, 히틀러가 집권하게 된 1933년 뉴욕으로 옮겨 갔다. 프랑크푸르트 학파와 가장 밀접하게 관련 있는 학자들은 막스 호르크하이머Max Horkheimer, 테오도어 아도르노Theodor Adorno, 발터 베냐민Walter Benjamin, 허버트 마르쿠제Herbert Marcuse이며, 이후 위르겐 하버마스Jürgen Habermas도 포함된다. 이러한 학자들은 대부분 기술, 실증주의, 이데올로기에 의해 억압된 사회의 해방적 잠재성을 표출하고자 하였다. 예를 들어, 아도르노는 자본주의는 사실 막스가 예측했던 것처럼 시든 것이 아니라 문화적 영역을 끌어들임으로써 보다 깊이 확립되었다고 주장하였다. 저급한 영화나 책, 음악 [오늘날은 TV나 인터넷도 포함] 을 쏟아내면서 대중 매체가 사람들이 진짜 필요한 것을 대체해 버렸다. 자유와 창의성을 추구하는 대신 한낱 감정적인 카타르시스에 만족하게 되었고, 금전적 가치에 대한 가치 판단으로 전락했다. 프랑크푸르트 학파의 학자들은 기존의 권력 구조에 도전할 수 있는 해방적 철학을 제시함으로써 이러한 해롭고 허황된 이데올로기를 불식시키고자 하였다.

비판 지도학과 비판 GIS: 기본 원리와 사례

비판에는 여러 가지 기본 원리가 있다. 먼저, 비판은 [종종 검토되지 않은] 우리의 의사결정 지식의 근거를 살펴본다. 둘째, 비판은 지식을 특정한 역사적 시기와 지리적 공간에 배치한다. [모든 시기에 보편적으로 적용되지 않는다] 셋째, 비판은 권력과 지식 간의 관계를 밝히고자 한다. 넷째, 비판은 우리의 사고 범주에 저항하고, 도전하며, 때로는 뒤집는다. 비판의 목적은 우리의 지식이 진실이 아니라고 말하려는 것이 아니라, 지식에 대한 진실이 권력과 관련된 조건 속에서 형성된다는 것을 보여 주는 것이다. 따라서 비판은 지식의 정치학이라 할 수 있다. 그레고리Gregory가 말한 것처럼, 비판 이론은 결코 프랑크푸르트 학파나 그 후계자들에게 국한되지 않는 크고 파편화된 담론 공간이지만, **그 자체의 규범성에 대한 심문**으로 인해 공통의 긴장 상태에 처한다(Gregory 1994: 10).

　브롬리Blomley는 최근 비판 지리학과 관련한 연구들을 리뷰했는데, 그 결과 비판 지리학이 종종 적용되기는 하지만 "좀처럼 하나로 고정하기는 어렵다"고 하였다(Blomley 2006: 90). 비판 지리학은 단일한 이론에 의존하지 않고 다양하다. 카스트리(Castree 2000: 956)에게 비판 지리학은 "반인종차별주의, 장애인, 페미니스트, 환경 보호, 마르크스주의, 포스트모던, 포스트식민주의, 퀴어 지리학"과 같은 여러 가지 개념에 대한 포괄적 용어로 사용된다. 브롬리의 리뷰는 이 모든 것의 중심에 재현representation이 있음을 강조하고 있다. 헤게모니는 여러 방식으로 지리를 이미지화한다. 따라서 그러한 이미지를 변질시키고 이의를 제기하며 바꾸는 것은 중요한 비판적 작업이다 (2006: 91). 브롬리는 비판 지리학의 일반적인 특징을 다음과 같이 정리하고 있다.

1. 반대적이다: 지배적인 형태의 탄압이나 불평등에 반대한다.
2. 활동적이며 실천적이다: 세상을 바꾸고자 한다.
3. 이론적이다: 실증주의적 설명을 거부하고 비판적 사회과학을 받아들인다.

하지만 브롬리가 말했듯이, "무지한 사람들에게 미치는 학문의 영향과 반성적 자기 성찰을 통해 소회를 극복하고 변화하는 사람들에 대해 놀라지 않을 수 없다(Bromley 2006: 92)". 그러나 학문은 어느 정도까지만 이끌어 준다는 것을 기억해야 한다. 비판 지도학과 비판 GIS는 부분적으로는 학문의 문제이지만, 다른 한편에서는 실제적인 개입이나 저항, 변혁, 커뮤니티 매핑으로 전환해야 한다. 여기에는 예술 작품, 블로그, 매시업mashup, "지리공간웹 geospatial web"도 포함될 것이다.

지도학과 GIS를 비판적으로 만든 것은 무엇일까? 지도학을 지난 20년 동안 흥미로운 논문 한두 개 정도 있는 기술 분야로만 간주해 온 지리학자들은 안타깝게도 지도학을 제대로 이해하지 못하고 있다. 사실 지도학은 비판의 역사를 가지고 있는 재미있는 초학제적 분야이다. 지도학의 비판 전통은 이미 지난 20년간 확대되었고 아마 어느 정도는 학문적 인정을 받았다. 하지만 이러한 지도학의 전통은 항상 주변부에 있는 것처럼 보였고 주요 교과서에 포함되지 않았다. 때로는 완전히 학계 밖에 있기도 하였다.

지금까지 우리가 살펴본 바를 통해 지도학과 GIS에서 비판적 접근에 대한 네 가지 원리를 도출할 수 있다. 비판적 접근이 얼마나 풍부하고 다양한지를 살펴보는 데 목적이 있지만, 오히려 이러한 원리들이 의미하는 것이 유연하지 않게 확정적으로 받아들여질 위험 또한 존재한다. 이 원리들에 대한 강조는 사안에 따라 다를 수 있지만 대개 어느 정도는 비슷하다고 할 수 있다. 이 책의 전반에 걸쳐 원리들을 반복해서 강조할 것이다. 브롬리가 비판 지리학에 대해 정의한 것들과 비교해 봐도 좋다.

1. 비판적 매핑의 첫 번째 원리는 지도가 세상에 대한 지식을 조직하고 생산하는 데 믿을 수 없을 정도로 유용한 방법이라는 것이다. 하지만 이러한 지식의 질서 속에는 미처 검토하지 못한 가정이 포함되어 있고, 이것은 도전하고 극복해야 할 한계가 될 수 있다.

2. 지식의 질서에 도전하는 한 가지 방식은 이러한 질서를 역사적 관점에 두는 것이다. 이러한 지식의 **역사화**(historicization)는 다른 시대에서는 다르게 인식했다는 것을 보여 줄 뿐 아니라, 지적 역사를 통해 우리 스스로의 한계를 깨닫게 하고 다른 유용한 지식들을 생각해 볼 수 있도록 한다. 비판적 매핑은 또한 지도와 공간 지식이 이용되었던 방식이 장소와 문화에 따라 엄청난 차이가 있다는 것을 강조한다. 이는 지식의 **공간화**(spatialization)라 할 수 있다.

3. 비판적 매핑은 지리적 지식이 일련의 사회적, 경제적, 역사적 힘에 의해 만들어지고, 따라서 지식은 권력과 관련되지 않고는 존재할 수 없다고 여긴다. 지도를 정치적인 것이라 말할 때 위험하게 여기는 것은 이러한

지식과 권력의 관계이다.

4. 비판적 매핑 프로젝트는 활동적이고 해방적인 성향을 가진 프로젝트이다. 종종 이러한 접근은 공식적인 지식 [정부나 국가가 인정한 지식] 이 내포하고 있는 역사적, 공간적 우연성을 보여줌으로써 지식의 영향력을 뒤집는 데 관심이 있다(Livingstone 2003; Sparke 1998). 이러한 접근은 때로는 최근 비판 GIS의 페미니스트 연구나 참여 GIS의 커뮤니티 활동처럼 보다 특정한 형태의 지식을 해체하고자 한다(Elwood 2006b; Kwan 2002a; Schuurman 2002).

이 네 가지 원리는 명확하게 구분되기보다 매핑과 GIS의 비판적 프로젝트에 대한 더 깊은 이해를 위한 지침으로 이해할 필요가 있다. 서로 중복될 수도 있고 다른 비판적 접근과 유사할 수도 있다. 각 원리를 차례로 검토하기보다 더 상위의 두 분야, 즉 이론과 실천에서 이 원리들이 어떻게 사용되는지에 대해 논의할 것이다. 물론 이 구분은 이론과 실천을 명확하게 나누기 위한 것은 아니다. 어느 날은 이론을 하고 그 다음날은 실천을 하겠다고 결정하지 않는다. 오히려 각자 서로의 일부가 되는 비판적 프로젝트의 측면들이라 할 수 있다.

이론적 비판

비판 지도학은 지도가 재현하는 만큼 현실을 **만들어 낸다고** 가정한다. 아마 존 피클스John Pickles의 말이 이를 가장 잘 표현하고 있을 것이다.

어떻게 대상을 지도화할 수 있는지에 대해 초점을 맞추는 대신 … 매핑과 지도학적 시선이 대상을 코드화하고 정체성을 부여하는 방식에 초점을 맞출 수 있다(Pickles 2004: 12).

피클스는 매핑을 공간, 지리, 장소, 영역의 산물일 뿐만 아니라 이러한 공간을 구성하고 살고 있는 사람들이 가진 정치적 정체성의 산물이라고 생각하였다(Pickles 1991; 1995). 지도는 매우 활동적이다. 즉, 적극적으로 지식을 생산하고, 권력을 행사하며, 사회적 변화를 촉진하는 강력한 수단이 될 수 있다.

지도가 어떻게 권력을 새겨 넣고 지배적인 정치 구조를 지원할 수 있는지에 대해 관심이 증대되었다. 이러한 점에서 우드의 『지도의 권력The Power of Maps』(1992)은 특히나 의미가 있는데, 스미소니언 박물관의 주요 기관 전시품이자 베스트셀러였고, [이달의 책으로 선정됨] 학계와 비학계 모두에서 상당한 영향력을 행사하였다. 우드는 지도는 어떤 특정한 그룹의 이해관계를 표현하고 이러한 이해관계가 항상 명시적이지는 않다고 주장하였다. 그는 음모론자는 아니었지만 다른 특정한 사람들을 위해 지도의 이해관계가 만들어질 수 있음을 보여 주었다. 이 주장은 크게 인정받았고 많은 반매핑 counter mapping 프로젝트를 위한 일종의 선언문으로 여겨졌다(그림 2.2 참조).

스미소니언 전시회에는 보통 때는 "정치적"이거나 "이해관계"가 있는 지도로 보이지 않는 전시품들이 많다. 가장 인기 있는 것 중 하나가 노스캐롤라이나 도로 지도에 대한 우드의 분석이다. 이 도로 지도는 미국 주간 고속도로interstate highway에 있는 다양한 장소의 휴게소에서 무료로 나눠 준다. 어떤 헤게모니 목적을 가지고 있다고 의심할 만한 지도는 아니다. 하지만 실제로는 그 지도가 어떤 것은 포함하고 [큰 차 옆에 서 있는 주지사와 가족, 지도 뒷면의 많은 지역 비즈니스 광고] 어떤 것은 배제함으로써 [도로나 자

지도 패러독스

그림 2.2 지도의 힘에 대한 스미소니언 카탈로그, 브로슈어, 학생 활동 키트

전거 도로, 대중교통에 대한 설명] 친기업적이고 자동차 친화적인 주 이미지를 만들고 있다. 결과적으로 노스캐롤라이나주는 살기 좋고 투자하기 좋은 주라는 인상을 준다. [중요한 부분 중 하나는 주 정부가 캐롤라이나주 경계 바로 안쪽에 있는 휴게소에서 이 지도들을 나눠 주고 있다는 것이다] 우드의 분석은 프랑스 비평가 롤랑 바르트Roland Barthes의 비평에 큰 영향을 받았다(예: Barthes 1972). 바르트는 평범한 대상, 예를 들어, 『가이드 블루guide blue』라는 일상적인 여행책을 가져와 그 속에 숨겨진 의미를 밝히고 있다.

우드가 지도가 가진 의제를 재전유再專有, reappropriation, 즉 의미를 다시 규정한 것은 적어도 두 가지 이유로 중요한 시도라 할 수 있다. 하나는 지도가 과거에는 확실히 국가에 헌신했고 계속 그렇게 하고 있더라도 반드시 헌신해야만 하는 것은 아니라는 것을 보여 주었다(Buisseret 1992). 지도는 최근 지도 해킹map hacking이나 지리공간웹에 급증하고 있을 뿐만 아니라 참여 GIS에도 핵심 주체가 되고 있는 "대중들"을 위해 도움이 될 수 있다. 실제로 매핑은 특히 권위적인 권력으로 가장하여 국가에 저항하기 위해 사용될 수 있게 되었다. 지도라는 무기는 국가의 목표와 다른 방향으로 향할 수 있다. 매핑에 대한 이러한 이해 [국가를 위해서만 존재하는 것은 아니라는] 가 곧 권력에 대한 이해이기도 하다는 것은 중요하다. 이전에 우리는 권력의 중심으로서 국가와 평범한 개인을 완전히 반대로 봤지만, 우드가 암시하는 것은 권력이 아래에서부터도 흘러나올 수 있다는 것이다.

예를 들어, 턴불(Turnbull 1993)은 오스트레일리아 그레이트빅토리아 사막의 원주민의 꿈의 시대 트랙 지도에 대한 이야기를 담고 있다. 1981년, 캔버라에 있는 오스트레일리아 애버리지니 원주민 연구소Australian Institute of Aboriginal Studies의 킹슬리 파머Kingsley Palmer는 이 지역에 있는 신화와 길에 대한 정보를 수집하였다. 그러고 나서 이 정보를 오스트레일리아 서부 지형도로 변환하여 피찬차차라Pitjantjatjara 원주민 마을에 선물로 가져갔는데, 원주민들은 이 지도를 매우 흥미롭게 여겼다. 사실 원주민들은 이 지도를 그들만 알고 있어야 하는 비밀로 가득 차 있는 매우 귀한 물건으로 여겼다. [파머가 지도에 삽입했던 여러 가지 미신들은 오직 마을의 성인 남자들만 이야기할 수 있다] 그래서 지도를 근처 마을에 있는 은행 금고에다 넣어두기로 하고 원주민 마을의 허가가 있을 때만 꺼내 볼 수 있도록 하였다.

이렇게 한 이유 중 하나는 원주민들이 오랫동안 토지에 대한 반환권을 두고 정부와 싸워 왔기 때문이다. 이 문제를 해결하기 위해 정부는 원주민과의 협상을 위한 대표단을 파견했고 파머 역시 그 대표단의 일원으로 참석하였다. 그 협상에서 파머는 누군가가 은행 금고에서 자신의 지도를 빼 갔다는 것을 알게 되었다. "원주민들이 국회의원들을 적절한 시점에 데리고 갔을 때, 사막의 모래 위에 지도가 펼쳐져 있었고 … 원주민들은 지도에 표시되어 있는 꿈의 길에 대한 범위와 수많은 성스러운 곳들을 보여 주기 위해 무척

애를 썼다(Turnbull 1993: 60)".

결과적으로 1984년에 토지가 원주민들에게 반환되었고 지도는 일종의 소유권 증서로 지역 은행에 보관되었다. 비록 지도가 마을 외지인에 의해서 그려졌지만 원주민들은 토지 소유권에 대한 국가와의 소송에 이를 성공적으로 이용할 수 있었다.

이러한 사례들은 권력의 관계를 보여 주기 위해서만 비판적 이론을 이용한 것이 아니라 실용적인 목적도 있었다는 것을 잘 보여 주고 있다. 우드는 지도가 만약 권력을 가지고 있다면 그 권력은 권력을 가진 사람들뿐 아니라 누구든지 사용할 수 있다고 지적하고 있다. 피찬차차라 원주민에 대한 턴불의 설명은 지도를 어떻게 국가에 대항해서 사용할 수 있는지를 보여 주는 사례이다.

비판 지도학에 대한 이론적 발전을 공고히 하는 데 부정할 수 없는 중요성을 가진 또 다른 연구가 있다. 바로 브라이언 할리Brian Harley의 연구인데, 그는 권력과 이데올로기, 감시에 대한 논의 없이는 지도를 완전하게 이해할 수 없다고 주장하면서 그의 생애 마지막 논문들에서 이러한 주제들을 집중적으로 다루었다(제7장 참고). 할리는 지도학의 변방 영역이나 외부에서 이러한 주제들을 가져왔다. 에드니Edney는 할리의 생각들이 급진적 인문지리학에서 잘 받아들여졌다고 지적하였고(Edney 2005a), 할리 또한 데리다, 롤랑 바르트, 푸코에 관한 것들을 자신의 연구 곳곳에 흩어 두었다. 따라서 할리는 학문적 아이디어를 얻기 위해 지도학 분야를 개방한 것으로 볼 수 있는데, 이는 아서 로빈슨Arthor Robinson이 행동심리학과 건축학에서 아이디어를 가져온 전후 몇 년 동안 거의 나타나지 않았던 방식이다.

할리는 지도학에서 지배적이었던 예술/과학, 객관적/주관적, 과학적/이념적과 같은 이분법적 대립을 거부하면서 지도를 역사적 맥락에서 이해되어야 할 사회적 문서로 인식하려 했다. 그러면서 지도 제작자가 이러한 지도의 효과에 대해 윤리적 책임을 가져야 한다고 주장하였다(Harley 1990a). 이런 식으로 그는 겉보기에 매우 중립적인 과학적 매핑의 지배를 사실상 국익을 위한 매우 당파적인 개입으로 설명하였다.

어떤 학자들은 이 마지막 지점을 GIS 분야에 적용하였다. GIS 실무자들은 사회이론가들이 GIS를 통해 가능한 엄청난 통찰들을 무시하였고 분야를 넘어 지리학에 실제적으로 기여한 몇 안되는 것 중 하나를 공격했다고 비난하였다(Openshaw 1991). 수년 간의 이러한 논쟁들은 지리학 분야의 "문화 전쟁"을 만들어 냈다. 하지만 슈어만Schuurman이 지적한 것처럼, 화해를 원하는 강력한 기득권자들이 있었고 이는 서로의 주장에 대한 타당성을 일부 인정하는 결과를 가져왔다(Schuurman 1999b; 2000; 2004). 1990년대에는 보다 사회적이고 비판적인 GIS를 발전시키려는 노력이 있었다. 이 중 가장 주목할 만한 것은 GIS가 학문 외부에서 받아들여지면서 공동체 참여를 위해 사용되었다는 것이다(Craig et al. 2002). 하지만 GIS가 공중 보건 분석과 같은 사회적 의사결정에 지대한 역할을 할 수 있다는 사실에도 불구하고 아직 인문지리학에서는 사회적 GIS가 거의 활용되지 못하고 있다(Schuurman and Kwan 2004).

결국 1980년대와 1990년대의 이론적인 비판은 어디에서도 나타나지 않았다. 하지만 역사 내내 지도 제작은 주변화된 지역적 지식들과 부딪쳐 왔다는 사실을 통해 이론적인 비판이 가능하였고 힘을 얻을 수 있었다. 20세기 지도학의 역사는 증가하는 과학적 열망 중 하나라고 할 수 있지만 과학적이지 않은 매핑도 항상 있었다. 『지도학의 역사History of Cartography』에서 여러 번 나타나지만, 토착적이거나 전과학적인, 또는 단순히 비학문적인 매핑 [즉, 지도학 분야 범위 밖에서 개발된 매핑들] 이 여러 인류 문화에서

숱하게 나타나고 있다. 그 시리즈의 1권에서 주 편집자인 할리와 우드워드 Woodward는 지도학 교과서와는 맞지 않았던 지도 사례들을 포함하기 위해 지도에 대한 더 넓은 정의를 채택하였다. "지도는 인간 세계의 사물이나 개념, 조건, 과정, 또는 사건에 대한 공간적 이해를 도울 수 있는 그래픽적 재현이다"(Harley and Woodward 1987: xvi). 이러한 정의는 [이전에는 전형적이었던(Robinson 1952)] 지도의 모양이나 형태보다 인간의 경험에 있어 지도의 역할을 강조한다. 할리와 우드워드는 많은 비전통적인 매핑과 비서구적 매핑 전통을 받아들였다. 수백 개의 새로운 지도 사례들을 포함한 그 프로젝트는 할리의 이론적 연구에 거의 확실히 영향을 미쳤지만 그 반대는 아니었다 (Edney 2005b; Woodward 1992a; 2001).

비판적인 매핑의 실천

만약 이론적인 비판이 대안적 매핑에 대한 개념적 공간을 비워 두었다면, 대부분 학계 외부에 있는 다양한 실무자들은 이론적 비판이 실제로 의미하는 것이 무엇인지를 탐색했을 것이다. 따라서 지도학과 GIS의 외부 분야에 초점을 맞출 필요가 있고, 여기에서는 두 가지 분야에 주목할 것이다(매핑의 예술적 전유와 지도 해킹, 매시업, 지리공간웹의 엄청난 성공).

예술 분야에서는 지도를 가지고 지도에 대한 의미, 즉, 실세계의 장소를 찾기 위한 노력과 재현으로서의 의미에 대해 오랫동안 실험해 왔다(Casey 2002; Kanarinka 2006). 철학자 에드워드 케이시Edward Casey는 지난 50년간 지도와 예술은 극적인 수렴을 경험했다고 말하였다.

한편에서는 그림을 그리는 방법이 발전했는데 단순히 부수적이거나 부분적으로 지도화한 것이 아니라 하나부터 열까지 진짜 지도로 고려될 수 있었다. 또 다른 한편에서는 새로운 예술 형태가 진화하였다. 다시 말해, 지구의 작품들이 그냥 예외적인 것이 아니라 본래 예술을 지도화한 것이 되었다(Casey 2002: xxii).

우드는 더 나아가 거의 100년 전의 맵아트map art를 인용하면서 지도와 예술은 보다 오래전부터 수렴하고 있었음을 강조하였다(Wood 2008). 많은 예술가들이 지리적인 재매핑에 관심이 있었다고 명시적으로 말하지는 않았지만 지도는 정치적이라는 가정하에 매핑하였다. 재현의 정치에 대한 이러한 예술적 전유는 20세기 초에 있었던 아방가르드avant-garde 예술 운동에서부터 1950년대와 1960년대의 상황주의자situationist 및 "심리지리학자psy-chogeographer"에 이르는 오랜 역사적 뿌리를 가지고 있다. 후자의 그룹들은 지도학을 정치적 저항 프로젝트의 일부로 간주함으로써 도시 공간을 급진적으로 변형시키고자 하였다(Pearce 2006). 지도학은 이미 항상 정치적이었다고 가정하는 이들의 "전복적인 지도학"은 공간의 새로운 배치를 가져왔다[그 유명한 1929년 초현실주의 세계지도와 같은(Pinder 1996; 2005), 그림 2.3 참고].

이 지도에서 미국 본토는 러시아와 대치하는 초대형 알래스카를 제외하고는 생략되었다. "있어야 하는" 미국의 영토는 캐나다의 "래브라도Labrador"가 차지하고 있다. 그린란드와 러시아는 과장된 크기로 표시되어 있어 많은 지도에서 나타나고 있는 면적 왜곡을 연상시킨다. 적도는 지명이 있지만 태평양 섬들의 미로를 따라 구불구불하게 그려져 있다. 남아메리카는 축소되어 있고 페루와 티에라델푸에고Tierra del Fuego 제도만 포함되어 있으며, 멕시코가 미국 대륙을 대체하고 있다. 각 해안의 윤곽선은 대부분 내부가 없

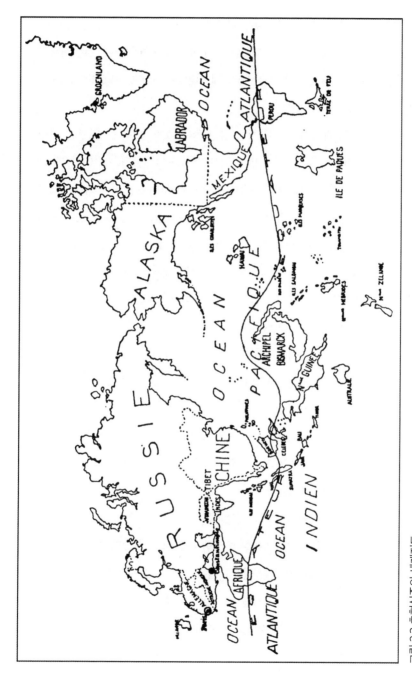

그림 2.3 초현실주의 세계지도

출처: Waldberg(1997)

다. [파리와 콘스탄티노플에만 이름이 있다. 누가 오리엔트 특급을 타고 여행을 갔나?] 가장자리는 마치 지도를 그린 예술가가 늙었거나, 지루해하며 작업했던 것마냥 흔들거리고 불분명하게 처리되어 있다. 지도의 중심은 국가가 아니라 텅 빈 대양이다.

프랑크푸르트 학파와 마찬가지로 상황주의자들의 비판 중 일부는 현대 사회가 소비 자본주의에 의존하면서 깊은 소외를 야기했다는 것이다. 기 드 보르Guy Debord의 『스펙터클 사회The Society of the Spectacle』(1967)는 세상의 모든 것은 재현된 것이라 본질적 가치가 떨어졌고, 모든 것이 일종의 미디어 스펙터클임을 강조하는 가이드 역할을 하고 있다(Harmon 2004). 이 책은 "장소기반 예술locative art"과 심리지리학적 매핑이 폭발적으로 성장했던 1980년대 후반 무렵 매핑 기술의 도입에 힘입어 엄청난 후속작들을 남겼다(Debord 1967/1994). 리 월튼Lee Walton은 샌프란시스코의 관광 지도에 나타나 있는 모든 좌표를 평균하여 한 개의 "평균 관심지점"을 도출하고 그곳에 청동으로 된 명패를 설치하였다(Casey 2002; Cosgrove 1999; 2005; Harmon 2004). 이와 같은 지도 이벤트들은 GIS의 기본 가정이라 할 수 있는 유클리드 공간의 통약성commensurability에 도전하고 있다. 다시 말해 GIS에서 코펜하겐 지도를 불러오면 유럽 공간으로 위치하게 되고, 미국의 뉴욕과는 절대로 중첩되지 않는다는 것이다. 두 공간은 유클리드 좌표계에서 물리적으로 분리되어 있다. 만약 데카르트 직각좌표계를 탈피하여 생각한다면 어떤 새로운 관점을 제시할 수 있을까? 어떤 이상한 결합이나 뜻밖의 새로운 지식이 가능할까? 이러한 질문에 대한 답은 초현실주의 지도와 같은 왜곡된 지도 형태가 아니라 아예 불가능하지만 어딘가에 존재하거나 만들어질 수 있는 지도일 것이다. 아마 그러한 지도는 "모순적 지도paradoxical map"라고 부르는 것이 더 낫겠다.

위와 같은 사례들을 좀 더 논의할 수 있지만, 현 시점에서 보다 중요한 것은 반세기 동안 지도와 매핑 실천을 이끌어 왔던 지식 체계의 학문 분야인 지도학이 중요한 전환을 겪고 있다는 것이다. 혹자는 이것을 GIS와 공간 데이터베이스의 등장에 따른 결과로 보며, [노골적으로 말하면 지도학을 "죽이는" GIS] 어떤 사람들은 유럽과 미국에서 지리학과들의 폐업의 결과라고 생각한다. 하지만 보다 큰 이유가 있다. 바로 매핑 자체가 이미 예전 학문의 품을 벗어나 비판 이론이나 매핑 실천이라는 차원으로 넘어갔기 때문이다. 지도학은 혼란스러울지 모르지만 매핑은 지금보다 더 좋았던 적이 없었다. 이것이 바로 오늘날 우리가 직면한 역설이다.

내적 경험주의와 지도 커뮤니케이션 모델에 대한 전후 감성에 따라 발달한 비판 GIS와 비판 지도학은 사회적 관련성에 대한 비판을 수용하기에는 어려운 것으로 입증되었다. 다음 장들에서는 그 이후의 상황들이 어디에서 어떻게 전개되었는지를 보다 깊이 살펴볼 것이다.

제3장

지도 2.0: 지도 매시업과 새로운 공간 미디어

지도를 만드는 과정에서, 아마추어 제작자들이 지도 제작 세계의 지형을 바꾸고 있으며, 다양하지만 난잡할 수도 있는 새로운 종류의 지도집을 집단적으로 만들어 내고 있다.

『뉴욕타임즈』(Helft 2007)

지금 일어나고 있는 것은 GIS 전문가들이 서로 소통하고 일반 대중을 위한 지도를 만드는 것이 아니라, 일반 대중들끼리 소통하고 그들 스스로가 서로를 위해 지도를 만들고 있다는 것이다. 실제로 이러한 것이 매우 중요하다. … 어디에 있는지에 대한 이야기가 너무나 중요해지고 있다.

마이클 존스Michael Jones, 구글 어스의 CTO(GeoWeb 2007)

들어가며: 어디에 있는지에 대한 이야기

앞의 인용들은 일반 대중과 아마추어 지도 제작자를 위한 매핑 툴에 대한 관심이 얼마나 폭발적으로 증가하고 있는지를 보여 준다. 위에서 묘사된 것처럼 이 "촌뜨기들"(Perlmutter 2008)은 자격증이나 전문 툴을 가지고 있는 전문 지도 제작자의 전통적인 이미지와는 거리가 멀다. 이들은 그냥 사회 각층에 있는 일반인들이지만 자신의 삶을 동료들과 공유하기를 원한다. 그렇게 하기 위해서는 그들의 일상에 대한 지리를 포함할 필요가 있다는 것을 안다. 마이클 존스가 말한 것처럼 "어디에 있는지에 대한 이야기가 매우 중요하다".

앞 장에서 비판적 매핑이 전통적인 개념의 매핑에 어떻게 원투 펀치를 날렸는지 살펴보았다. 이 중 하나는 비교적 벼락같이 매핑 현장에 나타났다. 이 장에서는 지도 매시업map mashup 현상과 이상하게 불리는 "지리공간웹 geopatial web" 개념을 보다 자세히 살펴볼 것이다.

이러한 최근의 발전들이 제기하는 문제의 핵심은 지도학이 오랫동안 실천되어 온 방식에 있다. 지도학 역사 대부분에서 매핑은 권력 있는 엘리트들의 실천으로 소위 "주권 지도sovereign map(Jacob 2006)"였다. 제이콥이 말한 주권 지도의 의미는 지도가 지배력을 가진 정치적 힘이었으며, 세상 물정을 인식하는 수단으로 지배력을 행사해 왔다는 것이다. 지도는 권력을 가지고 있고 지도는 곧 주권이다.

하지만 지도는 문자 그대로 지도를 만들고 사용하는 권력을 가진 사람들이라는 점에서도 주권이다. 지도는 엘리트주의적이고 엘리트를 위해 만들어졌다. 국가, 정부, 부자, 권력자들이 지도 생산을 모두 장악하였다 (Buisseret 1992). 예를 들어 비세레Buisseret는 크리스토퍼 콜럼버스가 스페인으로 데려가 페르디난드 국왕에게 보여 준 루카얀 원주민Luicayan Indian의 이야기를 언급하고 있다. 루카얀 원주민은 돌로 표식한 대략의 카리브해 지도를 만들 수 있었는데, 콜럼버스와 그 일행들은 궁중으로 돌아갈 지도를 만들 때 이 원주민에게 도움을 받았던 것으로 보인다(Buisseret 2003).

이러한 지도 주권은 대중이 지도 생산 방법에 접근할 수 있는 새로운 "포퓰리즘 지도학"의 등장으로 도전받고 있다. 이러한 움직임이 개별적으로 발전해 온 것은 아니다. 최근 소수의 글로벌 다국적 기업이 뉴스 미디어를 손에 넣고 매우 편협한 이해관계로 지배력을 행사하고 있다. 즉 정보가 기업화됨에 따라 자연스럽게 발생한 보다 큰 반지식counter-knowledge 운동의 일부라 할 수 있다. 인터넷과 웹, 블로그, 그리고 넷루트netroot [온라인 정치 활동주의] 모두 이러한 정보를 통제하는 "권력화된 군중"에 일조하고 있다(Armstrong and Zúniga 2006). 이 장은 지리 정보를 생성하고, 시각화하고, 배포할 수 있는 흥미롭고 새로운 개발에 초점을 맞추고 있다. 하지만 동시에 이러한 개발들은 대체로 구글, 야후, 마이크로소프트와 같은 준–독점적 미디어 기업의 영역에 있다. 만약 "아마추어 지도 제작자가 지도 제작 세계를 변모시키고 있다면," 이것이 전통적인 전문가 기반 GIS와 매핑에 있어 어떤 의미가 있는지 물을 수 있을 것이다. 새로운 개발과 전통적인 GIS 사이에 어떤 긴장 관계가 있는가? 새로운 툴은 시각화나 공유 기능만 제공할 것인가 아니면 분석도 해 줄 수 있나? 만약 그렇다면 우리가 지금까지 알고 있는 GIS를 변형시키거나 심지어 대체할 수 있을까? 종합하면, 새로운 지식의 정치가 있는가?

새로운 분야이기 때문에 아직까지 이러한 온라인 매핑 툴이나 서비스에 대한 기억하기 쉬운 단일 명칭은 없다. 일부 제안되고 있는 명칭으로는 지도 매시업, 지도 해킹map hacking(Erle et al. 2005), 지리공간웹 또는 지오웹

geoweb(Scharl and Tochtermann 2007), 신지리학neo-geography(Turner 2006), 장소기반 미디어locative media, 자발적 지리정보(Goodchild 2007), 디지플레이스DigiPlace(Zook and Graham 2007b), 새로운 공간 미디어 등이 있다. 이 중 어떤 것이 최종적으로 채택될지는 모르겠지만 여기서는 주로 "지오웹"이나 "새로운 공간 미디어"라 부르겠다.

구글의 경험과 첫 번째 매시업

클라우디오스 톨레미Claudius Ptolemy, 헤라르뒤스 메르카토르Gerardus Mercator, 크리스토퍼 콜럼버스Christopher Columbus, 루이스와 클라크Lewis and Clark, 그리고 폴 라데마허Paul Rademacher …. 이들은 누구인가?

폴 라데마허는 21세기의 가장 영향력 있는 지도학자이지만 유명하지 않기 때문에 아마 들어본 적 없을 것이다. 하지만 여전히 그가 남긴 업적은 위대한 지도학자와 탐험가들과 어깨를 나란히 하고 있다. 폴 라데마허는 최초로 "성공한 지도 매시업"을 발명하였다.

라데마허는 지도학자가 아니고 〈슈렉〉을 만든 드림웍스의 애니메이션 제작자였다. 그는 2004년 후반 크레이그 리스트Craig's List [1995년도에 설립된 주택 매물 리스트] 를 가지고 샌프란시스코만 지역의 아파트를 찾고 있었다. 각종 인쇄물과 지도 한 무더기를 가지고 운전하면서 매물을 찾아다니는 동안 라데마허는 이렇게 생각했다. "모든 매물이 다 있는 지도 한 장만 있으면 얼마나 좋을까?(Ratliff 2007: 157)". 바로 이 타이밍이 기가 막혔다. 2005년 2월 8일, 구글지도가 온라인에 공개되자 프로그래머들이 구글이 아니라 자기 콘텐츠를 지도에 표시할 수 있게 역설계하는 것은 시간 문제였다(Roush 2005). 이는 구글지도가 불순한 의도를 가진 사람들이 아니라 자신의 데이터를 보여 주고 공유하는 데 구글의 좋은 지도를 사용하고 싶었던 사람들에 의해 해킹당했다는 의미이다.

지도 해킹은 오픈소스 매핑 애플리케이션을 이용하거나 서로 다른 웹사이트의 기능을 결합하는 방식을 말하는데, "매시업"으로 알려져 있다. 매시업은 두 개 이상의 콘텐츠 출처를 하나의 맞춤형 콘텐츠로 결합해 주는 웹사이트나 웹기반 프로그램이다(Butler 2006; Miller 2006; Wikipedia 2007). 이런 형태의 활용은 XML(EXtensible Markup Language)과 API(Application Programming Interface)라 불리는 기술이 있어 가능했다. 오픈소스 API는 서로 다른 소프트웨어를 연결하는 방식을 정의한다. 공공 인터페이스라고 생각해도 좋다. 야후 지도나 구글과 같은 많은 온라인 매핑 애플리케이션들이 이러한 API를 제공하고 있다. 구글지도 인터페이스는 10줄 정도의 코드로 사용자가 데이터를 자유롭게 결합할 수 있게 해 준다(Butler 2006). 구글 API는 다른 데이터가 들어올 수 있도록 허용하고 구글지도에 나타날 수 있도록 한다.

2005년 6월, 구글은 "구글 어스"를 출시하였다. 구글지도와 같은 데이터 셋 [기본적으로 지구 전체에 대한 매우 상세한 이미지] 을 사용하지만 구글지도보다 더 멋지게 보이고 상호작용 기능이 좋은 디지털 지구이다. 구글지도와 구글 어스는 엄청난 온라인 커뮤니티를 만들어 냈다. 구글에 따르면, 구글 어스는 4억 회 이상의 개별적인 활성화를 기록하였고, 회원들 간의 흥미로운 지리 정보를 공유하는 장소인 구글 어스 커뮤니티는 100만 명 이상의 등록된 사용자를 보유하고 있다.

이 모든 구글의 발전을 보면서 폴 라데마허는 집을 찾아 헤매던 자신의 힘든 경험을 토대로 최초의 지도 매시업이라 할 수 있는 것을 성공적으로 개발하였다. 하우징지도HousingMap라 불리는데, 그가 몇 달 전에 필요했던 것과 같은 온라인 서비스를 제공해 주기 위해 구글지도와 크레이그 리스트를 결합하였다.

어느 목요일 밤, 라데마허는 크레이그 리스트에 데모 링크를 올렸고 바로 그다음날, 수천 명의 사람들이 그 링크에 이미 접속한 상태였다. 이를 두고 라데마허는 "이렇게 큰 반응이 있을 줄은 전혀 몰랐다"고 진술하였다(Ratliff 2007: 157).

그 웹사이트는 대부분의 매시업처럼 구글지도에 다른 소스의 데이터를 보여 주기 위해 혼합한 것이다. "매시업"이라는 용어는 음악 분야에서 가져온 용어로 새로운 노래를 만들기 위해 두 개 이상의 다른 노래들을 결합하는 것을 의미한다. 컴퓨터가 발달하면서 여러 사람들이 오리지널 음악을 리믹스하거나 대안 버전으로 만들 수 있게 되었지만, 매시업은 한걸음 더 나아가 완전히 다른 두 개의 소스를 결합할 수 있게 하였다. 구글지도 역시 역설계(해킹)함으로써 지도를 통해 이해할 수 있는 어떤 종류의 공간 정보도 가져올 수 있게 되었다. 지도 매시업은 군중에 의한 매핑의 중요한 진보라고 할 수 있다.

이러한 발전에 있어 구글의 통찰이 영리했던 것은 지도 해킹을 재판에 넘기거나 막는 것이 아니라 사람들이 매시업을 계속할 수 있게 의도적으로 코드 일부를 공개함으로써 오히려 이 상황을 지지했다는 것이다. 2005년 6월, 구글은 사람들이 더 이상 해킹할 필요가 없도록 API를 제공하였다. 구글의 비즈니스가 지리공간 분야에 국한된 것은 아니지만 결국 지도를 위한 오픈소스 소프트웨어에 역량을 집중함으로써 세계에서 두 번째로 이용이 많은 매핑 웹사이트가 되었다. [가장 이용이 많은 웹사이트는 맵퀘스트MapQuest]

허리케인 카트리나가 뉴올리언스를 강타한 2005년 가을에는 수백만 명의 사람들이 그 지역을 시각화하기 위해 구글 어스를 사용하였다. 이뿐만 아니라 구글 어스가 아니고서는 얻을 수 없는 정보를 얻기 위해 구글 어스를 이용하였다(Ratliff 2007). 미국 정부 기관인 NOAA는 막 찍어 낸 수백 개의 항공 사진을 구글 어스에 올렸고, 엄청나게 늘어난 사용자들은 각자의 홍수 사진과 개인적 설명을 올렸다. 구글 어스는 또한 재난 대응 사진을 신속하게 업데이트하였다. 카트리나는 초기 구글 어스의 효용성을 검증하기 위한 큰 시험 무대였다. 사람들이 카트리나에 대한 해답을 찾으려고 할 때마다 구글의 인지도가 올라갔다. 카트리나에 대해 좀 더 배우기 위해 구글 어스로 모여들었고 서로를 도와주기 위해 구글 어스를 사용하였다. 미국 정부가 정보배포 툴로 자체 채널이 아니라 구글 어스를 사용했다는 점은 주목할 만하다. 기본적으로 구글 어스가 낫다는 것을 인정한 것이기 때문이다.

보다 최근에 구글은 혼자 직접 할 수 있는 지도 매시업 서비스 "마이맵MyMap(2007년 4월)"과 "매플릿mapplet" 또는 "맵 애플릿"이라 불리는 서비스(2007년 5월)를 출시하였다. 마이맵은 누구나 특정 위치, 경로, 지역을 구글지도에 나타낼 수 있고 지도를 저장하거나 공유할 수 있다. [또한 KML 파일로알려져 있는 구글 어스 파일로 변환할 수 있다] 매플릿은 아주 다양한 애플리케이션을 구글지도에 추가할 수 있도록 해 주는 특별한 코드들이다. 기본적으로 미니 GIS와 같다. 폴 라데마허 입장에서 그의 이야기는 행복한 결말을 가져왔다. 바로 구글이 그를 채용한 것이다.

프리-오픈소스 소프트웨어Free and Open Source Software: FOSS

이러한 개발들은 구글 API의 혜택을 받고 있지만, 대체로 프리 또는 오픈소스 소프트웨어 운동free software movement이라는 흐름 속에서 많이 개발되었다. 구글 자체는 어떤 매시업도 만들지 않고 있다. 오픈소스 소프트웨어의 기본적인 철학은 소프트웨어가 "배제할 권리가 아니라 배포할 권리를 중심으로 구성되어야 한다"는 것이다(Weber 2004: 16). 오픈소스의 지지자들은 무료gratis가 아니라 자유로운 이용libre이라는 측면에서 프리free를 말한다. 자유로운 이용 면에서 프리 소프트웨어의 열렬한 옹호자인 리처드 스톨만Richard Stallman은 4가지 자유에 대해 다음과 같이 말하고 있다(Stallman 1999: 56).

- 어떤 목적으로도 프로그램을 이용할 수 있는 자유
- 소스 코드를 통해 프로그램을 수정할 수 있는 자유
- 복사본을 배포(판매, 기부)할 수 있는 자유
- 수정된 복사본을 배포할 수 있는 자유

이러한 자유들은 저작물과 저작물에서 파생된 것들을 모두 보호하는 국제 저작권법을 의도적으로 반하고 있다. [예외적으로 미국 연방 정부의 저작물들은 저작권 보호를 받지 않지만 다른 나라들이 만든 데이터(예: 영국 지리원)에는 이 예외가 적용되지 않는다] 지도에서 저작권 개념은 저작권이 있는 지도의 경우 그 지도의 어떤 부분도, 심지어 다른 새로운 데이터와 결합되어 있는 것이라 하더라도 무단으로 사용할 수 없다는 것을 의미한다. 실제로 대부분의 지도가 다른 지도에서 만들어지기 때문에 이러한 저작권은 혁신을 억압하는 데 이용될 뿐이라 생각한다. 이와 같은 생각이 가장 강하게 향하고 있는 것은 아마도 원가 전액 보상을 청구해 왔던 영국 지리원일 것이다.

영국 지리원의 폐쇄적인 소스 정책이 지리공간 프로젝트에 미친 영향은 유니버시티칼리지런던University Colledge London: UCL의 첨단공간분석센터

Centre for Advanced Spatial Analysis: CASA에서 개발했던 가상 런던 프로젝트 Virtual London Project의 실패에서 잘 드러나고 있다. CASA 프로젝트는 런던에 있는 300만 개 이상의 빌딩을 구글 어스를 통해 3차원 온라인 공간에 구축하도록 설계되었다. 기술적으로는 성공하였다. 약 6년에 걸친 작업을 통해 CASA는 약 2,000㎢에 달하는 지역에 대해 사진으로 실제 입면을 묘사한 1m 해상도의 3D 빌딩 모델을 만들어 냈다. 이 모델은 거의 모든 유형의 데이터(예: 실시간 오염 측정치)와 결합될 수 있다. 모델의 일부는 영국 지리원의 데이터를 이용하여 만들어졌기 때문에 구글 어스를 통해 이 모델을 이용하기 위해서는 라이선스가 필요하였다. 구글은 라이선스 비용을 지불할 용의가 있었지만 지리원이 요구하는 사용당 비용보다는 고정 요율의 비용을 선호했다. 2007년 8월 CASA는 결국 프로젝트의 중단을 선언하였다. [다른 3D 도시 프로젝트가 독일의 드레스덴, 베를린, 함부르크에서 개발되고 있다]

스톨만은 "카피레프트copyleft"와 크리에이티브 코먼스 라이선스Creative Commons License: CCL를 비롯하여 일반 공공 라이선스General Public License: GPL로 알려진 특별한 형태의 소프트웨어 라이선스를 도입한 프리 소프트웨어 재단Free Software Foundation을 설립하기에 이르렀다. 하지만 "프리"라는 용어가 오해를 가져올 수 있기 때문에 보다 자주 사용되는 명칭은 오픈소스 또는 프리-오픈소스 소프트웨어FOSS이다. 1997년에 오픈소스 개념은 "성당과 시장The Cathedral and Bazaar"이라는 글을 통해 보다 폭넓은 독자들과 마주하게 되었는데, 이 글은 나중에 책으로 출간되었다(Raymond 2001). 오픈소스에 대한 역사와 평가는 수없이 많다(DiBona et al. 2006).

FOSS 운동이 가진 핵심적인 통찰은 오픈소스 소프트웨어가 전통적인 GIS와 같은 폐쇄소스 소프트웨어보다 훨씬 쉽게 정보를 생산하고 공유할 수 있다는 것이다. 이러한 소프트웨어의 기능들이 지리정보 기술에 기반하고 있다 하더라도, 중요한 것은 이것들이 지도학이나 GIS 분야에서 시작되지 않았다는 점이다. 다시 말해, 의미 있는 정보를 전달하는 데 있어 매핑의 잠재력에 큰 흥미를 느낀 많은 프로그래머들이 개발한 것이다. 실제로 이러한 새로운 개발 분야에서 지도학 분야의 참고문헌을 찾는 것은 매우 드문 일이다(Bar-Zeev 2008; Miller 2006; Zook and Graham 2007a). 하지만 접근성이 좋고 비싸지 않은 매핑 툴의 이용가능성은 매핑 방식을 급진적으로 바꿀지도 모른다(Fairhurst 2005; MacEachren 1998; Taylor 2005).

결국 지도 매시업은 만들기가 아주 쉬워졌고, 중요성이 더 높아지면서 가시성도 훨씬 좋아졌다. KML(Keyhole Markup Language)을 사용하여 [단순 지도 이미지가 아니라 확대/이동/질의 등의 기능이 있는] "실시간" 지도 서비스 형태로 다른 웹페이지에 내장되고 공유될 수 있다. KML은 GeoRSS와 함께 지리공간 데이터를 공유할 수 있는 파일로, XML이라는 공통 웹 표준 포맷에 기반하고 있다. 이러한 표준의 대부분은 오픈소스 지리공간 재단Open Source Geospatial Foundation: OSGEO을 통해 조정되고 있다.

머리글로 된 약자들이 오픈소스 매핑에 대한 딱딱한 기술적 요소를 강조하고 있다면 부드러운 사회적 함의를 보여 주려는 노력도 있다. 바로 "오픈스트리트맵OpenStreetMap: OSM"이 그러한 사례인데, 전 세계를 독립적으로 지도화하는 프로젝트이다. 영국 지리원과 같은 폐쇄소스 매핑 기관이 존재하는 영국에서 먼저 시작되었다. OSM 참가자들은 GPS를 사용하여 도로와 거리의 지점뿐 아니라 공원과 같은 면형 객체들을 좌표화하여 업로드할 수 있으며, 각 객체를 기호화하고 레이블을 달 수 있다. 또한 OSM의 동적 "슬리피맵slippy map" 데이터베이스에 자신의 데이터를 추가할 수 있다. 이렇게 생성된 데이터는 소스를 공개하고 다른 사람들이 무료로 사용할 수 있도록 허용하는 크리에이티브 코먼스 라이선스가 적용된다. 아주 고생스러운 작업처럼 들리지만 놀라울 정도로 진척되었고 세계의 여러 지역들(대체로 유럽)이 "완성"되었다.*

OSM은 대중들의 도움으로 만들어진다. 다시 말해, 많은 사람들의 작은 기여가 조금씩 쌓여 많은 것을 만들어 내고 있다. OSM은 GPS를 가지고 움직이는 무수히 많은 사람들, 예컨대 자전거, 오토바이, 자동차, 기차 등을 타고 이동하는 사람들로부터 데이터를 수집한다. 어떤 사람도, 어떤 그룹도 혼자서 충분한 데이터를 다 제공할 수는 없다. OSM은 매핑의 위키피디아라고 할 수 있다.

정치적 활용

공화당 사람들이 여전히 지도를 통제하고 있다.

크리스 바워스Chris Bowers, MyDD.com(2006.10)**

지리공간 정보에 대한 접근과 통제, 배포가 정치적 참여를 변화시키고 있다는 주장에 대한 흥미로운 증거가 몇 가지 있다(Talen 2000). 많은 정치적 토론이 전통적 또는 "주류 미디어"에서 이루어지고 있지만, 요즘은 또한 "블로그"라는 새로운 무대에서도 많이 나타나고 있다. 블로그는 오늘날의 정치적 경관을 구성하는 중요하고 주목해야 하는 부분이다(Perlmutter 2008). 블로그와 온라인 정치 활동주의(넷루트)는 투표 참여 캠페인(예: Get Out The Vote: GOTV)이나 온라인 모금에서 중요한 역할을 하고 있다. 2004년 미국 대선을

---

* 모든 것들은 변한다는 점에서 매핑은 결코 완성될 수 없다. 만약 매핑이 완성될 수 있다면 영국 지리원은 20세기 초 국가 지형도 시리즈가 완성된 후 바로 퇴출되었을 것이다.
** http://www.mydd.com/story /2006/10/9/232648/805.

치르면서, 그리고 하워드 딘Howard Dean과 MoveOn.org와 같은 인터넷 기반 조직의 성공적인 조우 이후, "넷루트"라 불리는 온라인 정치와 실제 정치 사이의 교집합은 보다 강해졌다.

넷루트 [일반 대중을 의미하는 풀뿌리와 같은 언어 유희적 표현] 와 함께 지금은 다양한 매핑 및 GIS 툴이 공공에서 이용 가능하다. 이러한 툴은 서로 다른 유형의 지식을 연결하는 데 치중하고 있다. 예를 들어, 구글지도, 미국 연방선거관리위원회Federal Election Commission와 같은 데이터 소스나 GIS, 구글 어스와 같은 소프트웨어 프로그램 사이의 연결을 만들고 있다. 오픈소스 소프트웨어와 API를 통한 이러한 연결은 정치 활동주의와 협업의 새로운 잠재적 국면을 보여 준다. 정치 활동주의와 협업은 정보와 지식에 대한 더 민주적인 접근, 통제 및 생산이나 더 지역적인 "마이크로 정치", 그리고 "거대 자본"을 가진 현 기득권의 지배를 깰 수 있는 잠재적인 방법을 지향한다. 정치적 블로그가 미치는 영향력은 다음과 같은 영역에서 잘 드러나고 있다.

- 조사: 뉴욕시 기반의 블로그인 Talking Points Memo(TPM)는 2008년 2월, 언론계의 골든 글러브상으로 알려져 있는 조지 포크상George Polk Award을 수상하였다. 블로거에 대한 수상은 TPM이 처음이었다. TPM은 2007년 동안 미 연방 검사들의 해고를 집요하게 취재하였고 부시 정부가 정치적으로 자행했음을 밝혀 냈다. 그 결과 법무부의 고위층 인사가 사임했고, 법무장관이었던 알베르토 곤잘레스Alberto Gonzales는 의심 속에 스스로 물러났다.
- 참여: 정치에 관한 정보를 얻는 소스로 인터넷을 사용하는 미국인의 비율은 2002년 10%가 되지 않았지만 2008년 대선 때는 약 60%로 증가했다(Rainie and Horrigan 2007; Smith 2009; Smith and Rainie 2008). 매체 중

에 텔레비전이 여전히 우세하지만 신문을 앞지르게 되었다.

- **기금 모금**: 기금 모금 역시 엄청나게 급증하였다. 예를 들어, 온라인 웹 사이트 ActBlue.com은 2004년에 오픈해서 2009년 봄까지 3,200개 민주당 선거 운동에 42만 명의 기부자로부터 1억 달러 이상의 기금을 모금하였다. 공화당 대선 후보였던 론 폴Ron Paul은 하루 동안 온라인으로 400만 달러 이상을 모금하였다. 대부분 소액 기부를 통해서였고 선거 운동 동안 이와 같은 실적을 여러 번 만들어 냈다.

- **인기**: 웹 블로그 중에 정치 블로그는 가장 방문 빈도가 높은 블로그로 자주 언급된다. DailyKos는 하루에 적어도 75만 명이 방문하고 간혹 100만 명이 넘게 방문한다. 더 인상적인 것은 개인 블로그가 아니라 커뮤니티이기 때문에 2003년 이후 거의 50만 개의 글과 1,500만 개 이상의 댓글이 게시되어 있다는 것이다.* 가장 공신력 있는 웹 순위 지표인 Technorati 50의 상위 블로그는 Huffington Post(4위), DailyKos(11위), Think Progress(26위), Crooks and Liars(33위), Drudge Report(39위), Talking Points Memo(42위), Daily Dish(47위)로 모두 정치 블로그이다.

- **조직**: 페이스북과 같은 소셜 네트워크는 정치적인 조직에 매우 유용한 도구이다. 잘나가는 조직들은 보통 노동 쟁의를 하거나 투표를 독려하거나 전당대회와 선거 캠프를 조직할 때 구성원과 효과적으로 소통한다. 페이스북과 마이스페이스의 그룹들은 수많은 사람들이 가입할 수

---

* http://www.dailykos.com/storyonly/2008/1/10/234313/397. 개인 블로그와 커뮤니티 블로그에 대한 구분에서, 대부분의 혁신적인 블로그는 점점 개인에서 커뮤니티 기반으로 넘어가고 있다. 2003년에 소개된 "협업적 미디어 활용"으로 불리는 "스쿱scoop" 기술은 웹사이트에 글, 댓글을 게시할 수 있도록 하여 커뮤니티 기반의 사이트로 기능할 수 있도록 해 준다. 또한 사이트 자체가 편집자이자 관리자로 역할을 한다. GNU의 일반 공공 라이선스(GPL)에 의거하여 무료로 사용할 수 있다. 어떤 블로그의 말을 인용하면, "주요 콘텐츠 제공자나 개인 콘텐츠 제공자, 전문가 블로거의 시대는 거의 끝났다"(http://www.mydd.com/story/2007/2/6/142748/3955).

있고, 대량 이메일을 보낼 수 있을 뿐 아니라 중요한 사실이나 정보를 제공할 수 있다. 2008년에 미국 노조 가입원 수가 대체로 유지되거나 약간 증가한 것으로 보아(12.6%) 온라인을 통한 조직이 갖는 잠재력은 높다고 할 수 있다. 미국의 노동자총연합회, 언론노조, 그리고 그 외 다른 노조들도 조직을 만드는 데 페이스북을 사용하고 있다.

- **문화 훼방**culture jamming: 상업주의에 저항하는 데 관심이 있는 활동주의가들은 자유롭게 이용할 수 있는 여러 가지 웹 기반 툴을 가지고 있다. 광고 부수기adbusting는 기업용 구글 광고를 구매하면 할 수 있는데 검색을 하는 누구나 결과 페이지에서 반기업적 광고를 보게 된다. 미국작가협회Writers Guild of America: WGA는 2007~2008년 파업 동안 주요 방송사의 모든 쇼에 WGA 그래픽을 도배하기 위해 "사이버 피켓"이라 불리는 것을 사용하였다.

그렇다면 정치지리학에서 영향력은 어떨까? 예컨대, FairData 웹사이트는 국가 전역에 대해 선거구와 센서스 블록 그룹 수준으로 커뮤니티 기반의 상호작용적인 지도를 제공하고 있다.* 이 데이터들은 구글지도와 같은 오픈소스 매핑 API로 링크되어 있어 시각적으로 표현될 수 있다. 사용자들은 지도를 자유롭게 이동하고 확대할 수 있고 다른 정보 레이어를 표현할 수 있다. [이 사이트 웹페이지의 보이지 않는 백엔드back-end에는 온라인 형태의 정교한 GIS가 구동되고 있다] 투표 참여 캠페인을 위해 커뮤니티 운영자는 선거구별로 무투표자의 수를 지도로 만들 수 있다. 예를 들어, 그림 3.1은 필

---

* FairData/FairPlan 사이트는 너무 광범위해서 글로 설명하기가 쉽지 않다. 상호작용 지도와 센서스 데이터, 선거구 지도를 제공하고 있으며, 인종별 무투표자, 인종별 프로파일링 데이터, GOTV 데이터 등 많은 데이터를 제공하고 있다.

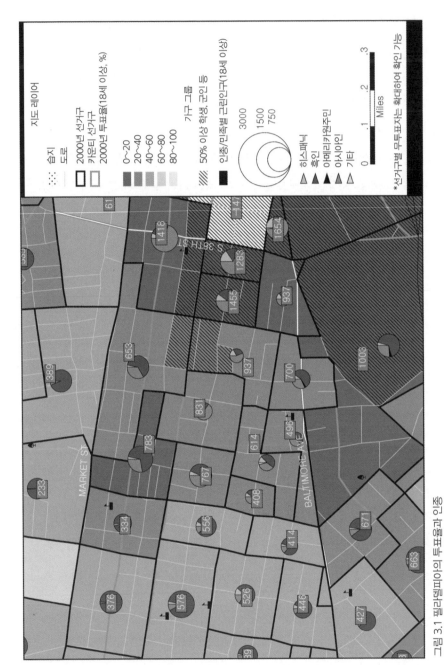

지도 레이어

| 습지 |
| 도로 |
| 2000년 선거구 |
| 카운티 선거구 |

2000년 투표율(18세 이상, %)

0~20
20~40
40~60
60~80
80~100

가구 그룹

50% 이상 학생, 군인 등

인종/민족별 근린인구(18세 이상)

3000
1500
750

히스패닉
흑인
아메리카원주민
아시아인
기타

Miles

0 .1 .2 .3

*선거구별 투표자는 확대하여 확인 가능

그림 3.1 필라델피아의 투표율과 인종

출처: Bill Coopers, www.fairdata2000.com.

지도 패러독스

라델피아 지역의 각 선거구별 투표율을 보여 주고 있는데, 이를 통해 GOTV 팀은 무투표 근린들을 확인할 수 있고 캠페인의 대상으로 삼을 수 있다.

그림 3.1의 지도는 투표율이 도시 내 지역마다 큰 차이가 있으며 많은 곳이 40% 이하라는 것을 보여 주고 있다. 투표율이 낮은 이러한 지역들은 GOTV가 신경을 써야 하는 곳들이 될 수 있다. 지도는 또한 GOTV가 보다 더 집중해야 할 투표하지 않은 개별 가구들을 보여 준다. 내가 알기로 이 사이트는 공적으로 이용할 수 있는 최초의 툴이다. 그전에는 비밀리에 제작되는 정당의 선거구 지도에서만 있었던 것들이다.

투표 참여를 독려하거나 조직을 관리하기 위해 또 다른 지리적 툴도 만들어졌다. 예를 들어, Catalist와 Donkey가 있는데, Catalist는 센서스와 같은 데이터에 접근하고 통합하거나 현장 조사원에게 필요한 유권자 연락처를 만들기 위해 웹 페이지 프런트엔드front-end의 웹 기반 지도를 사용한다. Donkey는 다음과 같은 특성을 가지고 있다.

2005년에 개발된 자발적 관리 프로그램으로 바코드 스캐너, 휴대용 컴퓨터, 구글지도와 함께 사용된다. 위성 이미지를 통해 현장 관리자가 직접 경로를 탐색할 필요 없이 잔디를 깎을 수 있도록 하였는데, 엄청난 효율성을 가져왔다(Stoller 2008: 22).

또 다른 효과적인 사례는 2004년 하워드 딘의 민주당 선거 운동 때 유권자 파일을 보다 쉽게 만들어 낸 것이다. 그때의 이슈 중 하나는 자원봉사자가 부족하지 않았지만 그들의 도움을 한꺼번에 모두 수용하는 것이 쉽지 않았다는 것이다. 스톨러Stoller가 언급했듯이, "선거 운동원 한 명을 위한 지도 한 장을 만드는 데 밤을 꼬박 새워야 한다면, 이 많은 자원봉사자를 모두 수용할 수 없을뿐더러 대면으로 다 이야기할 수도 없다(Stoller 2008: 22). [여러 연구들은 일관되게, 대면 만남이 우편이나 전화보다 더 효과적이며 현장 선거 운동이 3~5% 정도 투표 결과를 좌우할 수 있다고 말하고 있다] 스톨러에게 있어 정치는 네트워크에 대한 것이다.

정치적인 힘이 점점 광대한 네트워크에 위치하면서 빠르게 활성화되거나 비활성화될 수 있다. 새롭게 발전할 미국의 정치적 중추가 될 밀레니얼 세대는 이러한 방식을 좋아한다(Stoller 2007: n.p.).

스톨러 같은 사람들에게 정치적 경관은 항상 변화한다. 과거에 TV가 강력한 설득의 수단이었다면 지금은 TV 시청자가 세분화되면서 점차 쇠락하고 덜 중요해지고 있다.

이메일을 포함하여 페이스북, 블랙플래닛, 블로그, SMS와 같은 소셜 네트워크는 유권자가 어디에 있든 연락이 닿을 수 있고 TV 광고보다 훨씬 더 저렴하고 정확한 신규 데이터베이스가 될 수 있다(Stoller 2008: 23).

그렇다면 이러한 툴의 개발은 지금의 정치적 경관이 보다 민주적이라는 것을 의미하는가? 반드시 그렇지는 않다. 푸코Foucault가 관찰한 것처럼, 권력과 지식은 공존하고 있으며, 군사 분야와 관련된 디지털 매핑과 지리적 시각화geovisualization 사이의 관계에서 가장 두드러지게 나타난다. GIS에서 지리공간 정보 커뮤니티GEOspatial INTelligence community: GEOINT와 같은 군사적 분야에 대한 투자 규모는 알려져 있지 않지만, 2004년 미국 국가지리정보국National Geospatial-Intelligence Agence: NGA의 창설을 통해 간접적으로

지도 패러독스

인지할 수 있고 GEOINT의 군사 원칙도 최근 합동군사령부 보고서에 명시되어 있다(United States Joint Forces Command 2007). 역사적으로 GIS는 정부 및 산업과 크게 연계되어 왔기 때문에 [예를 들어, 2006년 GEOINT 심포지엄의 기조 연설자는 국가정보국 국장인 존 네그로폰테John Negroponte였다] GIS를 정부의 또다른 통제와 감시 수단으로 보는 사람들이 많다(Pickles 2004; Smith 1992). 하지만 피클스Pickles는 새로운 매핑 능력들이 매우 훌륭하다고 말하고 있다.

> 새로운 매핑 능력들은 지역 계획 기관에 보다 강력한 툴을 제공함으로써 데이터를 조정하고, 접근, 교환할 수 있도록 해 준다. 또한 효율적인 자원 배분과 개방적이고 합리적인 의사결정 과정을 할 수 있도록 해 준다(Pickles 2004: 148).

그러나 지금까지 이러한 시스템들은 경제적 생산의 보다 큰 맥락이나 "군사 및 안보 실천의 문화" 속에서 나타나고 있다(Pickles 2004: 152). 캘리포니아 주립대학교 버클리의 지리학자, 트레버 페글렌Trevor Paglen은 이와 같은 많은 "숨겨진 지리들"을 조사했고 심지어 CIA의 "불법 송환extraordinary rendition" 비행 [테러와의 전쟁 중에 테러리스트로 의심받는 사람들을 합법적 절차 없이 체포, 감금, 심지어 고문이 가능한 장소로 이송하던 일] 을 지도 매시업으로 제공하였다(Paglen 2007; Paglen and Thompson 2006).

전문가와 아마추어: 탈전문화 아니면 재전문화?

지오웹의 효과에 대해 전체적인 반대는 아니지만 일부 망설임이나 조심스러운 재고는 물론 있었다. 만약 크라우드소싱 매핑이 위키피디아와 같다면 이 같은 비교는 우려스러울 수 있다. 위키피디아는 결국 수많은 사람들의 기여를 통해 만들어졌고, 그들 중 누구도 검열받거나 어떤 자격을 증명하라고 요구받지 않기 때문이다. 어떤 만화에서 "인터넷에서는 누구도 네가 개인줄 몰라"라고 한 것처럼, 위키피디아에서는 전문가인지 아닌지를 누구도 알 수 없다.

이러한 위키피디아의 관점이 정확하게 여기에서 말하는 핵심 사항이다. 위키피디언은 모든 콘텐츠가 정확하지 않을 수 있더라도 콘텐츠 내용에 대해 기득권을 가진 사람들에 의한 자기 교정 과정이 있다는 사실을 인정하고 있다. 위키피디아는 백과사전의 일종이지 학술지가 아니기 때문에 좋은 것이든 나쁜 것이든 모두 반영하고 있다. 하지만 일부는 과학적 사실들을 다루고 있어 학생들이 점점 위키피디아를 많이 사용하고 있다는 점을 고려하면 관련 자료를 어떻게 평가해야 하는지에 대해 고민이 생긴다.

2005년, 영국 학술지인 *Nature*는 위키피디아의 정확성을 자체적으로 평가하기로 결정하였다. 위키피디아뿐 아니라 브리태니커 백과사전의 온라인 판 내용에 대해 해당 분야의 전문가 그룹에게 전문성을 평가하도록 요청하였다. 전문가들은 어떤 출처인지를 모른 채 글에 대한 오류를 찾아 냈다. 놀랍게도 평가자들은 단 8개의 심각한 오류만을 발견하였는데, 각 소스별로 4개씩이다. 또한 사실 오류, 허위 진술, 누락을 포함한 전체적인 오류 발생률이 위키피디아와 브리태니커 백과사전이 유사하다는 것을 발견하였다(위키피디아 4개, 브리태니커 3개).

*Nature*의 조사는 확실한 결론에 도달하기는 어렵지만 새로운 미디어 콘텐츠의 품질에 대한 그림을 그려보는 데 어느 정도 도움이 되었다. 지리공간 데이터에 있어서 이와 유사한 영국 지리원 지도와 오픈스트리트맵을 비교

하는 것과 같은 연구는 수행된 적이 없다.

또한 이 조사는 오픈소스 매핑이 지리공간 분야를 탈전문화de-profession-alization하고 있다고 느끼는 사람들의 두려움을 낮추지는 못할 것 같다. "아마추어리즘"을 비판하는 사람들은 품질에 대한 통제가 없기 때문에 결과적으로 인터넷은 지리공간 산업만이 아니라 전체적으로 질 낮은 콘텐츠가 넘쳐난다고 지적한다. 예를 들어, 앤드루 킨Andrew Keen이라는 언론인은 최근 "아마추어에 대한 추종"을 강하게 비난하였는데, 이는 블로그나 유튜브의 확산, 정체성의 파편화, 윤리를 저버리는 행태에 기인한다고 주장하였다(Keen 2007).

또 다른 비판은 지오웹의 지지자들이 아마추어적 특성을 강조함으로써 오히려 자신들의 발에다 총을 쏘고 있다는 것이다. 결국 누구나 이러한 기성품을 사용할 수 있다면, 지도학/GIS뿐만 아니라 지리학 분야의 전문가들에게 앞으로 어떤 미래가 있을까? 지리학자들이 가지고 있는 전문 지식이 더 이상 필요하지 않거나 적어도 인정받지 못할 것이다. 이러한 상황을 초래한 것은 어떻게 보면 전문성, 필요성, 관련성에 대한 비판이라 할 수 있다. 전문가의 관점에서 보면, 이것은 위협적인 발전이다.

온라인 지도가 역사를 말살한다?

이 비판은 2008년 가을에 널리 보도된 영국 지도학회 회장, 메리 스펜스Mary Spence의 인터뷰를 통해 직접적으로 방송되었다. 스펜스에 따르면, 온라인 지도는 영국의 문화 유산을 파괴하고 있는 중이다.

기업 지도 제작자들은 오늘날 우리가 매일 사용하는 지도에 역사를 포함하지 않기 때문에 영국의 눈부신 지리학은 말할 것도 없고 수천 년의 영국 역사를 일거에 파괴하고 있다. 우리는 직접 가 본 적이 없더라도 어떤 장소에 대한 느낌을 줄 수 있는, 매우 독특한 지도를 만들지 못할 위험에 처해 있다는 것이다(BBC 2008).

이러한 주장이 담고 있는 함의는 미래 세대의 지도 독자들이 열등한 매핑 때문에 힘들어할 수 있다는 것이다. 이미 "50%의 운전자가 지도를 읽지 못한다"라는 제목의 기사를 쉽게 찾아볼 수 있다(Massey 2007).

스펜스는 "단순히 구글만을 말하는 것은 아니고, 노키아나 마이크로소프트, 위성 내비게이션 지도도 포함한다. 이것들은 우리가 지도라 부르는 그래픽 이미지의 질을 떨어뜨린다"라고 덧붙였다(BBC 2008). 이 인터뷰는 지오웹에 상당한 파문을 일으켰지만, 아니러니하게도 스펜스는 이러한 지도학적 말소에 대한 대응으로 오픈스트리트맵과 같은 노력을 언급했다.

이러한 이슈들에 대한 가능성 있는 대처로 미국에서는 GIS 인증이나 승인된 "GIS 지식체"에 대한 움직임이 늘고 있다(DiBiase et al. 2006). GIS 인증 기관GIS Certification Institute: GISCI은 "GIS 전문가"를 인증해 주는 국가 기관이다. GISCI의 이사회는 모기관에 해당하는 URISA(Urban and Regional Information Systems Association)와 AAG의 대표들을 포함한다. 웹사이트에 나와 있는 최근 기록에 의하면, 1,500명 정도가 GIS 전문가로 인증받았다.

1990년대에 GIS 전쟁이 GIS가 생산하는 지식이나 인식론(예: 실증주의)에 대한 것이었다면, 2000년대의 전쟁은 존재론, 즉 온톨로지ontology에 관한 것이다. 매핑은 폐쇄적이어야 하는가 아니면 오픈소스여야 하는가?

추가적인 질문은 사용자가 지리공간 데이터를 소비하는 방법에 관한 것이다. 지오웹을 안목을 가지고 비판적으로 평가하면서 사용할까? 어떻게 하면

지도 패러독스

그렇게 할 수 있는 역량을 사용자가 가질 수 있을까? [교육적 함의가 있는가?]

ESRI의 CEO인 잭 데인저먼드Jack Dangermond는 전문가 영역의 지오웹의 효과에 대해 불확실성과 의구심을 가지고 있다. 그의 관점에서는 사용자가 만든 콘텐츠는 믿음이 가지 않는다. 그는 가장 좋은 의도를 가진 아마추어라도 부정확한 데이터를 제공함으로써 재앙으로 이어질 수 있다고 우려한다. 어느 누가 땅을 파다가 매설되어 있던 파이프를 보고 싶겠는가?(Hall 2007). **Computer world**의 관심을 끌었던 컨퍼런스에서 다음과 같이 말하고 있다.

GIS가 전문가의 영역인지 아니면 일반인의 분야인지에 대한 논쟁이 지난달 브리티시컬럼비아주, 밴쿠버에서 개최된 2007 지오웹 컨퍼런스에서 있었다. 구글 어스의 수석 기술자인 마이클 존스에 따르면, 누구나 GIS 툴에 접근할 수 있게 되면 결국 "많은 사람들이 진실에 수렴"하게 될 것이다. 대부분의 GIS 데이터에 있어 지역 주민이 전문가들보다 더 접근성이 좋으며 정확성에 있어서도 기득권을 가지고 있다(Hall 2007).

이미 전선이 만들어지고 있는 것처럼 보인다. 상업적 GIS는 모델링과 분석을 할 수 있기 때문에 단순히 시각화나 "눈요기" 이상이라고 주장한다. FOSS 지도학자들은 자기들도 모델링이나 분석을 점점 많이 하고 있으며 진정한 3D 세계(예: 도시 계획에 사용될 수 있는 3D 빌딩)를 제공하고 있다고 말한다. 특히 GIS는 크라우드소싱이나 소셜 네트워크에 능숙하지 않다. 하지만 그렇게 딱 잘라 말하기는 어려울지 모른다. ESRI의 ArcExplore 소프트웨어는 ESRI의 구글 어스 버전으로 구글 파일과 ArcMap shape 파일을 모두 가져올 수 있다. 나중에 ArcMap이 구글로 파일을 내보낼 수 있도록 한다면 상업적 GIS와 지오웹의 결합을 볼지도 모른다.

"지도학의 민주화"

> 우리가 '세계의 정보'에 대해 이야기할 때, 그 정보에는 지리도 포함하고
> 있다.
>
> 구글

1980년대까지만 해도 지도는 기본적으로 전문 지도학자들에 의해 수집되고 처리된 정보를 전달하는 장비라고 여겨졌다. 앞서 언급한 역사적 사례가 말해 주듯이, 이것은 지난 수백년 동안 사실이었다. 지도학의 기술은 수년간의 훈련과 전문 기술의 숙달을 요구하는 길드와 같은 지위를 가지고 있었다. 지도가 어떻게 작동하는지에 대한 이러한 생각은 전후 시기에 미국 위스콘신 주립대학교 매디슨University of Wisconsin-Madison 지리학과 교수였던 아서 로빈슨Arthur Robinson에 의해 정립되었다. 로빈슨은 나중에 지도 커뮤니케이션 모델map communication model이라고 알려진 개념을 제안하였다. 이 개념은 매핑을 지도 전문가 또는 지도학자와 지도 사용자(독도자) 간의 정보에 대한 의사소통 과정으로 보고 있다. 지도 전문가는 정보를 습득하고, 통제하고, 선택한 후 지도에 표현한다. 대중 지도학populist cartography의 주요 지지자인 마크 해로워Mark Harrower는 다음과 같이 말하였다.

> 내가 종사하는 분야에서 지금 중요한 주제 중 하나는 **지도학의 민주화**
> democratization of cartography이다. … 원래 매핑은 랜드 맥널리Rand Mc-
> Nally와 내셔널지오그래픽National Geographics의 엘리트들의 직업이었다.

이제 사람들은 그들의 열정을 지도화하는 것을 스스로 맡고 있다(Science Daily 2006: n.p., 강조 추가).

다시 말해, 데스크톱 매핑과 지리적 시각화는 대중 매핑이라는 새로운 형태의 시작을 가져왔다. 하지만 진정한 지도학의 민주화는 대규모 분산 및 하이퍼링크 데이터셋, 매시업, 맞춤형 오픈소스 툴과 같은 웹 2.0이라 불리는 새롭게 진보한 웹 기술과 함께 가능할 것이다. 이러한 툴들은 **협업적 링크드 매핑**linked mapping이 가능하게 하기 때문에 이전의 것들과는 완전히 다른 것이다.

결론: 촌뜨기도 지도를 만들 수 있는가?

디지털 격차와 망 중립성과 같은 많은 문제들은 시장의 인센티브를 통해 해결될 수 있는 기반 기술과 관련된 이슈가 아니다. 오히려 복잡한 사회적, 정치적 문제들이라고 할 수 있다. 온라인 정보에 대한 접근성의 부재는 온라인 정보로부터 혜택을 받을 수 있는 사람들에게 서비스가 제대로 제공되지 못하는 것과 같다. 커뮤니티 및 참여 GIS, 넷루트, 웹 기반 매핑이 서비스가 부족한 사람들이 정보의 빈곤으로부터 탈출할 수 있는 해결책을 제공해 줄 것 같지는 않다. 하지만 서비스를 충분히 받지 못하는 커뮤니티와 서비스를 잘 받고 있는 커뮤니티가 함께 한다면 보다 능숙하게 문제들을 해결할 수 있을 것이다. 이 장에서 보여 주듯이 만약 지속적으로 디지털 격차와 연결성이 함께 존재한다면 이건 매우 중요한 일이다. 왜냐하면 결국 우리는 고립된 사회에서 살아가는 것이 아니라 네트워크 세상 속에 살고 있기 때문이다.

온라인 정치 활동주의자인 데이비드 펄머터David Perlmutter의 연구는 온라인 활동주의와 넷루트가 대의 선거구가 될 수 있는지, 특히 블로거들이 "민중"일 수 있는지에 대한 질문을 탐구하고 있다(Perlmutter 2006). 그는 넷루트의 구성이 젊거나, 백인이거나, 고학력의 최신 기술에 능숙한 남성들이 압도적으로 많기 때문에 전체 모집단을 대표하지 못한다고 지적하였다. 그가 말했듯이 "촌뜨기는 블로그를 하지 않는다". 이 장에서는 지리공간 정보에 대한 접근과 사용에 있어 도움을 주거나 또는 방해를 하는 여러 툴들을 소개하였다. 이러한 툴들이 개발된 것은 우리 주변의 세상(예: 장소, 지리, 관계)을 시각화하고 이해하는 방식이 급진적으로 변화하고 있다는 것을 제대로 깨달았기 때문이다. 만약 TV, 신문, 라디오와 같은 미디어가 정보의 배포와 참여를 위한 새로운 모델에 적응하고 받아들여야 했다면, 그리고 출판업 역시 유사한 변화를 겪고 있다면, 매핑에도 동일한 변화가 있었을지 모른다.

이러한 도구들이 어느 정도로, 얼마나 많이, 어떤 영향으로 앞으로의 장애물과 장벽에 직면할 것인가는 여전히 의문이다. 이에 대한 답이 정보의 미래를 결정하는 데 있어 가장 중요한 요소가 될 것이다.

제4장

비판 지도학, 비판 GIS란 무엇인가?

지도학자들이 말하는 것이 지도학은 아니다.

브라이언 할리Brian Harley

"지도학자들이 말하는 것이 지도학은 아니다"라는 브라이언 할리의 공리는 비판 지도학과 비판 GIS 이면에 있는 핵심적인 생각 일부를 잘 요약해 주고 있다. 할리의 생애와 기여는 이 책의 뒷 부분에서 보다 상세하게 다룬다 (제7장). 그의 이름은 비판적 매핑 맥락에서 자주 언급된다. 할리의 특징은 모든 것에 의구심을 가지는 것이었다. 오죽하면 그의 사망 소식을 다룬 어떤 기사 제목도 "지도 의심하기, 지도학 의심하기, 지도학자 의심하기"일 정도였다(Edney 1992). 이러한 할리의 연구가 비판 지도학의 영향을 이해하는 데 어떻게 도움이 될 수 있을까?

할리처럼 비판적 매핑에 대한 좋은 정의 중 하나는 의구심을 가지는 것이라 말하고 싶다. 가장 중요한 의구심은 지도학 분야가 과학이 될 수 있는지,

그리고 아서 로빈슨Arthur Robinson이 말한 "핵심적인 지도학적 과정"을 통해 문제를 하나씩 해결해 나갈 수 있는지에 대한 것이다(Wood and Krygier 2009).

관련된 논의 중 하나는 비판적 매핑(지도학과 GIS)이 지식과 권력의 관계를 탐구한다는 것이다. 지식을 통제하는 데 도움을 주는 기본적인 가정들은 무엇인가? 다시 말해, 어떤 합리성이 작동하는가? 많은 비판 지도학자나 지리학자들이 이것이 중요하다고 생각하는 이유는 이러한 합리성이 바로 지도 주제를 형성하고 만들기 때문이다. 즉, 지도가 어떻게 개인과 사람들을 억압하고, 통제하고, 주관적으로 해석하는 데 도움을 주고 있는가이다(Wood and Krygier 2009).

지식과 권력의 관계를 살펴보려는 것은 "지식은 권력이다"라고 말하거나 그게 옳을 수도 있다고 주장하려는 것은 아니다. 여기에서 말하고 싶은 것은 지식은 권력 관계에 의해 영향을 받는다는 것이다. 어떤 앎의 방식이 다른 방법들보다 더 나은 것으로 판단될 수 있고 따라서 어떤 것을 아는 데 있어 특정한 방식이 다른 방식들보다 더 쉬울 수 있다. 그게 어떤 방법일까? 아마 역사적 시기에 따라 다를 것이다. 오늘날은 과학적 방식에 의한 지식이 지배적이다. 비판적 지도학자의 목적은 이러한 앎의 방식을 뒤집으려는 것이 아니라, [어떤 과학자들은 자주 그렇게 믿는다] 그런 방식이 어떻게 큰 영향력을 가지게 됐는지 묻고자 하는 것이다. 또한 이러한 지식의 의미가 무엇인지 알고자 하며 다른 대안적 방식이 가능한지 그렇지 않은지를 묻고자 한다. 후자의 질문은 대개 과학적 지식의 한계나 부정적 효과를 비판하는 틀이 되기 때문에 지식을 과학적 방식으로 인식하는 사람들은 이러한 종류의 비판은 상대주의를 가져올 것이라 가정했다. 즉 모든 생각들이 상대적으로 받아들여질 수 있고, 창조론, 지적설계론과 같은 비과학적 지식에, 더 나쁘게는 지

지도 패러독스

식의 정치화(예: 글로벌 기후 변화의 부정이나 줄기세포 연구 반대 등)에 수문을 개방하는 것과 같다는 것이다.

이러한 논쟁은 오래 지속되고 있으며 여기에서 해결되지 않을 것이다. 하지만 유념해야 하는 점은 비판적 연구자들은 결코 지식은 비정치적 형태로 있을 수 없다고 이해한다는 것이다. 왜냐하면 위에서 언급한 것처럼 이들은 지식을 권력 관계 속에 놓여 있는 것으로 보기 때문이다.

"학문discipline"이라는 용어가 다양한 의미를 가지고 있다는 것은 중요하다. 지리학과 같은 지식체를 의미할 뿐 아니라 학문을 연마하는 의미도 있다. [관련 용어로 "학생pupil"] 이러한 의미에서 학문은 질서와 통제를 유지하는 것, 다시 말해 권력을 가진다는 것이다. 질서와 통제가 바로 비판적 매핑이 해체하고자 하는 것들이다. 어떤 방법으로 질서를 강요받는지? 누가 혜택을 받는지? 지배 학문의 통제 밖에서 매핑을 이해할 수 있는지?

모든 것을 개방해 보려는 비판과 고정시키고 속박하려는 학문 지식 사이에는 기본적인 차이가 있는 것처럼 보인다. 앞선 장에서 살펴본 것처럼 이러한 괴리는 현재 지도학과 GIS 분야에 들어서 있는 근본적인 긴장 중 하나를 야기하고 있다.

비학문적 매핑

지난 수년간 지도학은 수백년 동안 지도학에 대한 지배력을 행사해 왔던 강력한 엘리트의 통제에서 점차 벗어나고 있다. 아마도 구글 어스와 같은 엄청나게 유명한 매핑 애플리케이션의 등장을 보면서 이미 알아차렸을지 모른다. 지도 전문가, 서양의 대형 지도 판매처, 중앙 및 지방 정부, 주요 매핑 및 GIS 회사, 작게는 학계로 정의할 수 있는 엘리트들은 그들의 영향력을 약화시키고 위협이 되는 두 가지 중요한 개발에 직면해 있다. 첫째는 구글 어스가 보여 준 것처럼 공간 데이터를 수집하고 지도로 만드는 지도 제작 사업이 전문가의 손을 떠나고 있다는 것이다. 요즘은 집에 있는 컴퓨터와 인터넷 연결망으로 누구나 지도를 만들 수 있다. 심지어 굉장히 멋진 3차원 지도도 만들 수 있다. 지도학의 "기술적 전이technological transition(Monmonier 1985; Perking 2003)"는 단지 기술적 질문뿐만 아니라 "오픈소스"의 협업적 툴과 모바일 매핑 애플리케이션, 지리공간웹geospatial web의 혼합을 의미한다.

한동안 업계 내부에서는 이러한 경향이 두드러졌지만, 동시에 두 번째 도전도 제기되었다. 바로 전후 시대에 매핑에 대해 생각했던 방식에 대한 사회 이론적 비판이다. 지난 50여 년 동안, 지도학과 GIS는 지도를 사실에 입각한 과학적 자료로 인식하기를 무척이나 염원해 왔다. 하지만 비판 지도학과 비판 GIS 분야에서는 매핑을 특정한 권력 관계에 내포된 것으로 이해하였다. 즉, 매핑은 사람과 사물 같은 객체를 재현하기 위해 **무엇을 어떻게** 선택하는지에 관련된 것이다. 또 그러한 재현에 대해 어떤 결정을 하게 되는지에 관한 것이다. 다시 말해서 매핑은 그 자체가 정치적 과정이다. 점점 많은 사람들이 정치적 과정에 참여하고 있다. 지도가 일종의 특정한 권력이나 지식의 주장이라면 국가나 엘리트 집단뿐 아니라 우리 역시 경쟁력 있는 강한 주장을 만들어 낼 수 있다(Wood 1992).

이 원투 펀치, 즉 이미 만연되어 있는 창의적인 매핑 실천들과 매핑의 정치를 강조하는 비판은 "비학문적인" 지도학을 가지고 있다. 따라서 이 두 가지 경향은 기존의 지도학의 학문적인 방법과 실천에 대해 도전하고 있다. 모든 새로운 생각이 그러하듯이 반대나 저항이 존재한다. 예를 들어, 지금 미국이나 다른 여러 나라에서는 면허나 인증 과정을 통해 GIS 전문가로 "자격"을 부여하려는 거센 움직임이 있다. 실제로 자격을 가지고 있는 측량사를 대표하는 민간사진측량사관리협회Management Association of Private Photogram-metric Surveyors: MAPPS는 얼마 전 지리공간 정보에 대한 자격증을 가진 사람들만 고용하도록 압력을 넣기 위해 미국 정부를 대상으로 소송을 제기하였다. 이는 연방 계약 담당자들에게 큰 영향을 미쳤을 것이고 나아가 사람들이 지도나 GIS를 사용하기 전에 먼저 검증을 거쳐야 하는 "지식 분야"의 개발(예: DiBiase et al. 2006)을 부추겼을 것이다. MAPPS는 소송에 패소하는 동안 "게임은 끝나지 않았다"라는 성명서를 발표했다(MAPPS 2007).

비판적 매핑은 하향식 통제 없이 철저하게 확산 형태로 이루어지고 있으며, 번창하기 위한 전문가의 승인도 필요 없다. 지도학의 학문 분야가 관여하든 아니든 이미 진행되고 있는 움직임이다(Wood 2003). 이러한 면에서 지도학은 학문 사회의 속박에서 점차 자유로워지고 있으며 사람들에게 개방되고 있다.

이 장에서는 지도학에 대한 이러한 두 가지의 비판적 경향에 대해 논의할 것이다. 먼저 "비판은 본질적으로 정치적이다"라는 생각에 대해 설명할 것이다. 이는 매핑 자체가 정치적 활동이라는 관점을 계속 견지해 줄 것이다. 다음으로 비판 지도학과 비판 GIS가 종종 1980년대 후반 할리Harley, 피클스 Pickles, 우드Wood와 같은 사람들의 연구로 인해 발달했다고 인식하지만, 실제로는 보다 오래된 지도학적 비판의 일부라는 생각에 대해 살펴볼 것이다.

매핑은 역사적으로 끊임없이 경쟁해 왔다. 매핑이 과학이 된 이후로 매핑의 역사는 단계별로 발전하는 역사가 아니다. 사실, 세상을 알아가는 방법으로서 지도학은 보다 유사한 지리학적 지식과 "경쟁하는 전통" 속에서 항상 지도학의 학문적 지위에 대해 투쟁해 왔다(Livingstone 1992a). 비판 지도학의 현대적 분야를 개척하는 데 크게 기여한 브라이언 할리의 논문에서 지적하고 있는 것처럼, 지도학은 단순히 "지도학자들이 말하는 지도"에 대한 것만은 아니다.

지도란 무엇인가? 왜 정의할 수 없고 왜 중요하지 않는가?

만약 지도학이 지도학자들이 말하는 지도에 관한 것이 아니라면, 그렇다면 지도는 무엇인가? 지도의 전형적인 정의는 "공간에 대한 그래픽적 재현International Cartographic Association: ICA"이다. 지도에 관한 한 괜찮은 정의이다. 하지만 지도가 사용되는 방식에 대해서는 거의 말해 주지 못하고 있다.

만약 이전 장에서 본 것처럼 지식 분야의 가정들에 대해 비판적으로 검토한다면, 이 정의를 주의 깊게 살펴보는 것이 매핑에 관한 기본적인 비판이 될 것이다.

예를 들어, 지도는 문화나 연령, 성별 등과 관련하여 변하지 않는 개념일까? 로저 다운스Roger Downs는 인문지리학 개론 강의에서 수행한 간단한 실험을 통해 지도에 관한 아주 흥미로운 사실을 보여 주었다. 다운스는 지리학 개론서, 항공 사진, 역사 지도 등에서 가져온 많은 이미지(약 40개의 다른 그림)를 학생들에게 보여 주고 각 이미지에 대해 "지도이다", "지도가 아니다", "모르겠다"로 답하도록 하였다. 결과는 다음과 같았다.

1. 각 그룹에 따라 어떤 이미지는 거의 항상 지도로 인식되었고 다른 어떤 이미지는 항상 지도가 아닌 것으로 인식되었다. 지도로 가끔씩 인식되는 이미지도 있었다.
2. 이미지가 지도라는 데 동의하는 정도는 연령이 높아질수록 증가했다.

첫 번째 결과는 사람들이 지도(전형적인 소축척 지도나 세계지도)가 무엇이어야 하는지에 대한 기본적인 생각이 있다는 것을 중요하게 보여 주고 있다. 즉 지도는 매핑이나 GIS를 언급할 때 쉽게 떠올릴 수 있는 것들을 의미한다. 물론 거의 보편적으로 지도라고 할 수 없는 수많은 이미지들 [항공 사진이나 역사 지도] 도 있다. 따라서 지도에는 어떤 것이 있어야 하고 없어야 하는지에 대해 공통적으로 동의하는 사항들이 있으며 대부분의 이미지에 적용되고 있다. 하지만 지도라고 일관되게 평가받지 못하거나 그룹에 따라 지도로 동의할 수 없는 일부 이미지도 있다.

두 번째 결과는 지도에 대한 이해가 학습된 결과임을 확실히 말해 주고 있다. 왜냐하면 다양한 매핑 형태에 대한 경험이 많을수록 그것을 지도라고 인식하기 쉽기 때문이다. 아이들은 경험과 상징적인 재현에 대한 이해가 협소하기 때문에 지도가 무엇인지에 대한 개념이 매우 좁다. 또한 아이들은 상당히 이른 시기에 지도가 어떻게 작동하는지에 대한 감각을 습득하기 시작하지만 이러한 감각은 수년간 혼란스럽고 불완전한 상태로 있다. 예를 들어, 아이들은 종종 축척을 혼동하거나 [야구장을 보여 주는 항공 사진에서 더그 아웃에 있는 감독을 봤다고 주장하는 것] 지도의 기호를 실세계 객체와 분리해서 인식하지 못한다. [지도에 나타난 도로가 빨간색이기 때문에 실세계의 도로 역시 반드시 빨간색이어야 한다고 생각하는 것] 매핑에 관한 역량은 개인에 따라 다를 수 있지만, 지도에 대한 개념은 나이가 들수록 확장된다 (Downs 1994; Liben and Downs 1989).

하지만 어른이 되면 얻을 수 있을 거라 생각하는 기술조차도 대부분의 사람들에게는 여전히 어려운 것으로 남아 있다. 일상생활의 사례를 들어 보자. 투영법의 원리를 설명하기 위한 가장 공통적인 방법 중 하나는 지구 중심에 아주 강한 광원이 있다고 상상하는 것이다. 그런 다음 이 광원은 지구를 둘러싸고 있는 컨테이너(예: 원통)에 육지의 모양에 대한 그림자를 "투영시킨

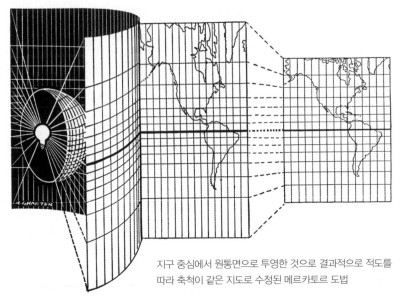

지구 중심에서 원통면으로 투영한 것으로 결과적으로 적도를
따라 축척이 같은 지도로 수정된 메르카토르 도법

그림 4.1 투영법을 설명하기 위한 그림자 메타포
출처: Greenhood(1964)

다". 그림 4.1과 같은 설명 방식은 한때 지도학 교과서에서 무척 인기가 있
었다.

　하지만 그림자에 대한 실제적인 이해를 평가해 보면 매우 나쁜 결과를 받
게 된다. 다운스와 리벤(Downs and Liben 1991)은 성인 대학생들에게 원, 사
각형과 같은 단순한 객체를 이용하여 그림자를 그려보라는 과제를 주었다.
예를 들어, 판지에서 사각형을 잘라 스크린과 광원 사이에 그 사각형 판지를
둔다면 그림자는 어떤 모양일까? 비뚤어진 사각형이라면 또 어떤 모양의 그
림자가 될까? 결과는 정말 놀라운데, 전체적으로 약 50% 정도만 정확한 모
양의 그림자를 그렸다. 일상생활에서 항상 볼 수 있는 게 그림자 아닌가. 형
태가 똑바로 유지되었을 때는, 다시 말해 광원과 90도로 만날 때에는 그림자
가 조금 더 정확한 편이지만, 모양이 기울어져 있는 경우에는 정확도가 크게

떨어졌다. 보다 두꺼운 경계를 가진 객체는 정확하게 그려진 것이 거의 없으며 남성들보다 여성들이 더 못그리는 것으로 나타났다.

만약 지도가 무엇인지에 대한 질문에 답하려면 지도는 문화적으로 학습된 지식이라는 것을 인식하는 것부터 시작해야 한다. 뿐만 아니라 이를 깨닫기 위해 필요한 역량들조차 힘겨운 이해 과정을 통해 학습된다. 리벤과 다운스(Liben and Downs 1989)는 이러한 힘듦을 표현하기 위해 "realize"라는 단어를 사용한다. 실체화한다는 의미, 즉 지도가 세상을 구현한다는 의미에서 사용하였고, 동시에 깨달음을 얻는다는 의미로도 사용하였다. 이러한 의미에 따라 지도는 "불투명"하다는 그들의 입장과 일반적으로 받아들여지고 있는 "투명"한 지도에 대한 입장, 다시 말해 지도를 통해 근본적인 경관을 볼 수 있다거나(Downs and Liben 1988) 매핑을 일찍, 그리고 쉽게 배우는 것이 가능하다는 생각을 비교하고 있다. 이 주장을 GIS로 확장해 볼 수 있다. GIS를 "통해" 근본적인 현실을 보는가?(Downs 1997) 아니 그렇지 않다. GIS는 거울이나 창이 아니라 오히려 세상을 만드는 [지식을 창조하는] 과정이다. "지도는 단순히 세상을 반영한 것이 아니라 세상에 관한 창의적인 진술이다" (Liben and Downs 1989: 148). 이란의 시인이자 신비주의자인 루미Rumi는 "새로운 언어로 말해라. 그러면 세상도 새로운 세상이 될 것이다"라고 말했다. 이 말이 이 책의 주된 생각을 나타내고 있다.

사람들이 전형적인 지도("핵심적인" 지도 개념)에 대한 명확한 생각이 있더라도 핵심을 구성하는 지도의 형태는 문화적으로 같지 않다. 서구의 전통을 벗어나 지도를 본다면 바로 알 수 있다. 그림 4.2는 아메리카 원주민 지도와 멕시코 '믹스텍Mixtec 원주민 정복 이전 지도'를 보여 주고 있다.

누탈 접이식 문서Nuttalll Screenfold와 같은 지도(믹스텍 원주민Ojibwe 지도)에 관해 할리는 "20세기의 관점으로는 지도처럼 보이지 않는다. 하지만 남부 멕시코의 초기 정복자에 대한 이야기를 전해 주는 그림 역사로서 시간과 공간이 고정되어 있다. 만약 여기에 있는 코드를 읽을 수 있다면 목적이나 내용 측면에서 지도와 같은 요소들을 발견할 수 있을 것이다"라고 견해를 밝혔다(Harley 1990b: 29).

지도의 개념은 서로 다른 문화 집단 사이에서 매우 다르게 나타난다. 지도에 대한 실험을 통해 종종 지도로 이해되기도 하지만 항상 그렇지는 않은 수많은 이미지를 발견하였다. 아마도 맥락에 따라 달리 이해될 수 있는 이미지

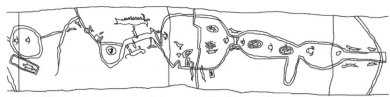

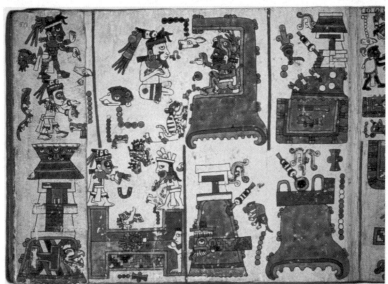

그림 4.2 아메리카 원주민 오지브웨족 지도(위)와 누탈 접이식 문서인 믹스텍 원주민 정복 이전 지도(아래)
출처: 오지브웨족 지도(John Krygier 그림), 영국 박물관

지도 패러독스

들이다. 이러한 지도 같은 객체들은 사람들이 이것들에 대해 보다 익숙해질수록 실제 지도로 인식되는 비율이 높아진다. 지도에 대한 개념은 '아주 지도 같음'에서부터 '약간 지도 같음'처럼 "지도 같음mappiness"이라는 척도로 측정되는 것처럼 보인다. 하지만 하나의 핵심적인 "지도의 형태"라는 것은 존재하지 않는다. 이것이 왜 사람들이 지도를 둘러싼 모든 정의를 두고 싸워 왔는지, 그리고 차라리 정의하지 않는 것이 더 생산적일 수 있는지에 대한 이유이다(Vasiliev et al. 1990). 지도는 나무 껍질, 동물 가죽, 파피루스, 아마 섬유, 종이, 진흙, 나무, 모래, 바위, 컴퓨터 스크린, 냅킨, 봉투 뒷면 등 물리적 매개체에 그려졌다. 이는 심상 지도mental map나 행위로만 존재하는 지도[예를 들어, 경로를 제스처로 표현하는 경찰이나 지도에 예술적 행위를 가하는 것]는 포함하지 않는다.

지도는 우리가 사회에 직접 몰입함으로써 얻을 수 있는 문화적 지식의 일부이다. 지도는 어떤 형태이어야 하고, 어떻게 사용되어야 하는지와 같은 지도에 **대한** 기대와 지도가 **생산하는** 지식의 역할 모두 그 문화의 형태와 권력으로 드러나는 윤곽들과 아주 깊게 관련되어 있다.

공간의 생산

국제 지도학회International Cartographic Association: ICA에서 정의하는 "재현 representation"이라는 단어를 생각해 보자. 비판 지도학과 비판 GIS는 "재현"이라는 것이 도대체 무슨 의미인지에 대해 질문한다. 이는 지리학뿐만 아니라(Thrift 2006) 종종 철학이나(Rorty 1979) 문화 연구 분야에서도 제기되는 질문이다. 왜냐하면 "재현"이라는 말이 아주 자연스럽게 매핑 행위 이전에 이미 어떤 것이 존재한다는 것(지도화되고 있는 공간이나 경관)을 함의하는 것처럼 보이기 때문이다. 어딘가에 경관이 있고 그 경관은 지도를 통해 "재현적인" 방식으로 포착된다. 경관이 지도가 아니라는 데 동의하더라도, "지도를 가지고 거짓말하는 것은 쉬울 뿐 아니라 필수적이다(Monmonier 1991: 1)"라는 말처럼 지도는 상세성을 창의적으로 생략해야 한다. 하지만 여전히 그림이나 사진처럼 경관이 더 중요시되고 있고, 재현을 위해 경관의 핵심적인 요소를 "가져오고" 있다.

한편, [앞서 언급한 로저 다운스나 린 리벤과 같은 인지 발달주의자를 포함하여] 비판 지도학자들은 매핑은 위치를 확인하고 지명을 부여하고 범주화하거나 배제하고 또는 정렬하는 등 특정한 공간적 지식과 의미를 창조한다고 주장한다. 그래픽적 재현으로서 지도에 대한 ICA의 정의는 이러한 의미를 배제하지는 않지만 그렇다고 굳이 강조하지도 않는다. 오히려 매핑의 정의에 이러한 의미들이 적용되면 권력을 행사하고 사람들과 사물을 통제하기 위해 사용될 수 있다. 매핑은 지식을 반영하는 만큼 지식을 생산할 수도 있다. 비판 지도학자들은 매핑 과정을 통해 **물리적** 공간이 생산된다고 주장하지 않는다. 오히려 공간에 대해 생각하고 공간을 다룰 수 있는 새로운 방식들이 만들어진다고 말한다. 이러한 의미에서 "공간"은 물리적, 물질적 배열에 대한 질문이 아니라 객체의 구성에 관한 것이다. 비판 지도학에서 매핑은 단순히 실세계의 반영이 아니라 지식, 즉 진리의 생산을 의미한다.

예를 들어, 크리스토퍼 콜럼버스는 1492년 10월 12일 아메리카 대륙에 상륙했을 때 마르틴 베하임Martin Behaim의 지구본(그림 4.3)과 같은 지구본과 지도를 가지고 왔다.

물론 콜럼버스는 아메리카 대륙을 인식하지는 못했지만, 많이 알려진 이야기와는 다르게 세상이 둥글다는 것은 알고 있었다. 지구의 크기를 추정하고 특정 영역에 대한 지도를 그렸던 아리스토텔레스나 톨레미Ptolemy가 쓴

그림 4.3 마르틴 베하임 지구본(1492)

출처: 미국 지리협회 도서관American Geographical Society Library, 위스콘신 주립대학교 밀워키University of Wisconsin-Milwaukee 도서관

고대 지리서의 지식을 이용하였다. 콜럼버스의 계획은 서쪽으로 항해해 인도와 중국에 도달하여 새로운 무역로를 개척하는 것과 자신을 지원해 준 페르디난드 왕과 이사벨라 여왕을 위해 원주민을 가톨릭으로 개종시키는 것이었다. 그는 자신의 여정을 "인도 사업enterprise of the Indies"이라고 칭하였고 자신과 가족에게 모든 종류의 소유권과 토지 유산을 남겼다. 할리가 보여 준 것처럼(1992b), 콜럼버스는 사라왁Sarawak 원주민이 이미 사용하고 있는 섬과 장소에 대한 이름을 기독교식 명칭으로 바꿔 불렀다. 그가 처음 도착한 장소의 이름은 구세주라는 뜻의 산살바도르San Salvador가 되었고, 다른 섬

들은 성모 마리아의 수태를 의미하는 산타마리아 데 라 콘셉시온Santa Maria de la Concepcíon, 성스러운 삼위일체라는 트리니다드Trinidad 등으로 불렀다. 심지어 그가 타고 온 배도 산타마리아라고 불렀고 예수 전달자라는 의미의 "크리스토퍼런스Christoferens" 또는 "크리스트베러Christbearer"라고 서명했다. 실제로 원 명칭이 하나만 있는 장소들을 재명명하는 것에는 꽤 성공하였다. 콜럼버스의 지도학자였던 후안 데 라 코사Juan de la Cosa는 이러한 발견에 관해 새롭고 종교적인 지명을 붙인 흥미로운 지도를 만들었다(그림 4.4).

콜럼버스는 서구의 기독교 명칭을 이용하여 이러한 장소에 새로운 정체성을 부여함으로써, 서구의 믿음을 순응시키고 통치 및 제어가 가능한 사실상 새로운 공간을 만들어 냈다. 할리는 다음과 같이 말했다.

후안 데 라 코사 지도의 목적은 확실히 유럽 제국주의의 수단으로 보인다. 새로운 영토의 소유권을 주장하기 위해 스페인과 영국의 국기가 표시되어 있고 십자군 전쟁을 분명하게 보여 주고 있다. 적도를 가로지르

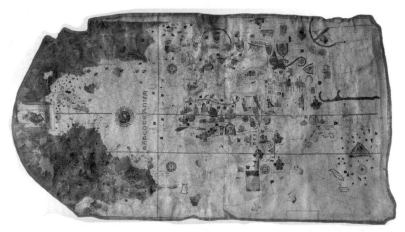

그림 4.4 후안 데 라 코사의 세계지도(1500), 왼쪽에 콜럼버스의 발견이 표시되어 있음

지도 패러독스

고 있는 방위표는 성가(聖家)를 묘사하고 있다. 성 크리스토퍼의 그림은 어린 예수를 어깨에 짊어지고 운반하는 콜럼버스를 암시하는 것이라고 한다. 즉, "예수 전달자"로서 콜럼버스는 대양을 건너 이교도들이 사는 신세계의 해안으로 기독교를 전달하는 사람이다.

지명은 카스티야Castile, 카탈루냐Catalonia, 이탈리아Italy의 유명한 성모 마리아의 성지들을 기념하고 있다. 새로운 땅에 대한 이러한 명칭은 그 땅의 소유를 상징한다. 콜럼버스는 1492년 11월 16일, 금요일의 일기에서 "내가 들어간 모든 섬과 땅에 항상 십자가를 심었다"라고 적었다. 지도에 나타난 지명은 이러한 무수한 영토 찬탈 행위를 기록한 조서이고 일부는 후안 데 라 코사도 목격한 것이다(Harley 1990b: 61).

이것이 지도학과 식민주의 역사에 대한 고전적인 이야기이다. 지도는 공간을 기록하는 만큼 공간을 만들어 낸다. 즉, "지도화되거나 지도화한다(Bryan 2009; Stone 1998)". 버나드 니치만Bernard Nietschmann이 한때 지적한 것처럼, "원주민 영토는 총보다 지도에 의해 더 많이 빼앗겼다". 하지만 제9장에서 자세히 살펴보겠지만, 이로 인한 결과는 오히려 "총보다 지도에 의해 원주민 영토를 더 많이 되찾을 수 있었다(Nietschmann 1995: 37)".

다음 장에서는 매핑이 20세기 후반에 과학이 되었다는 주장에 대해 더 깊이 논의할 것이다. 어떤 배경에서 이러한 주장이 만들어졌는지, 왜 만들어졌는지 살펴볼 것이다. 그리고 이후 장들에서는 매핑이 할 수 있는 범위를 좀 더 확대할 것이다. 구체적으로 지도가 어떻게 거버넌스와 지리적 감시geosurveillance, 인종과 정체성의 구성에 관련될 수 있는지 살펴볼 것이다.

제5장

매핑이 어떻게 과학이 되었나?

셀 수 있는 정보

제2차 세계대전 무렵 미국 뉴저지, 플로햄 파크Florham Park에 있는 벨 연구소(현 AT&T 연구소)에 다소 특이한 기술자 클로드 섀넌Claude Shannon이 출근하고 있었다. 섀넌은 전쟁이 끝날 때까지 이미 7년간 연구소에 일하고 있었지만 32세밖에 되지 않았다. 섀넌은 수석 판사와 언어 교사의 아들이었는데 장난기 많고 별난 성격을 가지고 있었다(Gleick 2001). 그는 종종 자기가 직접 설계한 외발 자전거를 타면서 동시에 저글링을 하며 복도를 달렸다. 그의 이런 성격은 1990년대 후반과 2000년대 초반 젊은 닷커머들dotcommers이 전동 스쿠터와 세그웨이(segway, 판 위에 서서 타는 2륜 동력차)를 타고 사무실로 출근하던 엄청난 닷컴 유행 시대와 완벽하게 어울렸을 것이다.

섀넌은 저글링하는 것을 좋아했고 심지어 세 명의 광대가 수많은 링과 볼을 가지고 저글링하는 작은 기계도 만들었다. 또한 체스 게임기도 설계하고 제작했다. 섀넌은 테세우스Theseus라 불리는 기계 "생쥐"를 넣은 미로 찾기 장치도 만들었다. 이것은 기계가 "생각하는" 방법을 가르치는 가장 초기 실험 중 하나라고 할 수 있다(Bell Labs 2001). 이러한 것들은 섀넌의 엉뚱한 기질을 보여 주는 것처럼 보이지만 모두 어떤 목적을 가지고 있었다. 예를 들어, 외바퀴 자전거는 내재되어 있는 불안정한 조건에서 제어하는 방식에 대한 실제적인 실험이었다.

섀넌은 1941년에 벨 연구소에 입사하여 암호 해독 업무를 맡았다. 섀넌의 이론 중 하나는 영국과 미국 사이의 "핫라인"을 구축하는 데 사용되었다. "SIGSALY"라 불리는 이 음성 해독 시스템은 루스벨트 대통령과 윈스턴 처칠이 대화할 수 있도록 도움을 주었다. 무게가 50톤이 넘으며 40개 이상의 랙rack 장비로 구성되었고 세계 주요 수도에 제한적으로 설치되었다. 그중 하나는 태평양 주변에서 더글러스 맥아더Douglas MacArthur 장군을 추적하는 배에 설치되어 있었다. 런던 터미널은 해군 작전실 근처에 있는 옥스퍼드 거리의 셀프리지Selfridge 백화점 지하실에 설치되어 있었다. SIGSALY의 현대식 복제품은 메릴랜드주 포트 미드Fort Meade에 있는 국립암호박물관 National Cryptologic Museum에서 볼 수 있다. 이 시스템은 정보 인코딩 방법을 사용하는 초기 시도 중 하나이기 때문에 의미가 있다.

섀넌과 노버트 와이너Norbert Weiner는 모두 대공 방어에 필요한 성능 좋은 경보 시스템을 개발하기 위한 제어 시스템이나 사이버네틱스cybernetics를 연구하였다. "사이버"는 그리스어로 "제어자" 또는 "통치자"를 의미한다. 이들 연구는 80개 이상의 다른 프로젝트에 대해 약 천만 달러의 자금을 배너버 부시Vannevar Bush가 이끄는 미국 국방연구위원회National Defense Research Committee: NCRC로부터 지원받았다(Mindell et al. 2003). 이 시절에 표적 탐지는 매우 어려운 문제였다. 항공기는 무척 빠르게 움직이고 방향을 예측할 수 없었다. 따라서 미사일 발사와 목표에 도달하는 시간 사이에는 불가피한 지연이 있었다(때때로 60초 정도까지). 그 정도 시간이면 이미 항공기는 방향을 바꿀 수도 있다. 또한 미사일을 정확하고 조준하는 데 필요한 정밀한 위치를 획득하고 유지하는 것도 어려웠다. 물론 운용 인력이 실수를 하거나 너무 늦게 발사하는 경우도 있었다. 따라서 가장 믿을 수 있는 방법은 세상을 정보 시스템으로 모델화하는 것이었다. 특별한 피드백 루프를 사용하여 입력 정보를 신호로 재현할 수 있을 뿐 아니라 발사 제어 시스템의 성능도 신호로 재현할 수 있었다. 조준 제어 장치는 위치를 정확하게 모너터링하고 정확한 위치를 유지할 수 있었다. 이 소식에 흥분한 어떤 기자는 다음과 같이 말하였다.

> 이 기계들은 지식뿐 아니라 의사결정으로 이어질 수 있는 결과를 만들어 내기 위해 정보를 수집하고 정교하게 만들기 위해 고안되었다. … 이 것은 새로운 정치적 리바이어던Leviathan*으로 이어질 수 있는 지구상의 독특한 정부라 할 수 있다(Mindell et al. 2003: 75-76).

홉스의 리바이어던에 대한 수사적 어필은 우연이 아니었다. 지식으로서 정보의 정치적 활용에 대한 인식, 물론 이것은 섀넌이 생각했던 모든 계획을 뛰어넘었지만, 지식이 정치적이라는 것을 다시금 상기시켜 준다. 더 정확하게는 기술이 신자유주의적 통치의 한 부분이라는 것을 깨닫는 것이다. 문자 그대로 "사이버" 또는 제어 기술 말이다. 1947년 와이너의 사이버네틱스 책

---

* 역주: 구약 성서에 나오는 바다 괴물로 영국 철학자 토머스 홉스가 1651년 저술한 『리바이어던』 에서는 인간의 안전을 보장해 주는 통치자로 절대적 권력을 가진 국가를 리바이어던으로 비유하고 있다.

을 처음 출판한 프랑스에서는 사이버네틱스 강의 중 하나가 폐강되고 미국에 대한 반감을 불러온 파업이 있었다. 하지만 사이버네틱스는 아마도 과학과 문화를 결합할 수 있었을 것이다. 왜냐하면 제어 시스템으로서의 기반은 발사 장치만큼 대중에게 잘 적용될 수 있었기 때문이다.

흥미롭게도 지리학의 제1법칙으로 대부분의 지리학자에게 익숙한 왈도 토블러Waldo Tobler의 초창기 이력에서 섀넌과의 유사점을 찾을 수 있다. 1950년대 말에 토블러는 캘리포니아주 산타모니카에 있는 랜드 연구소RAND corporation의 자회사에서 SAGE(Semi-Automated Ground System) 연구를 수행하였다. SAGE는 소련의 핵 미사일과 폭격기를 모니터링하기 위해 설계된 자동화된 추적 시스템이었다. 이러한 점에서 토블러는 "컴퓨터와 지도학을 함께 결합할 수 있는 가능성을 모색했던 최초의 지리학자 중 한 명이었다(Barnes 2008: 12)".

오늘날 섀넌은 20세기의 가장 위대한 과학자 중 한 명으로 인정받고 있다. 그의 업적에 있어 많은 부분은 커뮤니케이션 이론 또는 오늘날 정보 이론이라고 부르는 것의 발명에 있다. 이 이론은 컴퓨터와 같은 디지털 장치의 핵심이다.

섀넌의 가장 중요한 업적은 정보를 "셀 수 있다"고 인식한 것인데, 이를 통해 모든 유형의 커뮤니케이션 장비(전화, 인터넷, 웹)에 유용할 수 있도록 정보를 정의할 수 있었다. 섀넌의 방법을 사용함으로써 지금은 특정 채널을 통해 전송할 수 있는 최대 정보량을 셀 수 있다(Mindell et al. 2003).

정보를 셀 수 있다는 것은 무슨 말인가? 정보의 "단위"는 무엇인가? 다른 식으로 표현하면, 우리가 가질 수 있는 가장 적은 양의 정보는 무엇인가? 아마도 "하나"라고 생각할지 모르지만, 실제로 답은 "둘"이다. 왜냐하면 어떤 것 중 하나는 다른 것을 구별할 수 있도록 허용하지 않기 때문이다. 섀넌은 결정을 내릴 수 있는 것을 정보로 정의했다. 이를 위해서는 적어도 두 가지 가능한 상태를 구별할 수 있어야 한다.

 사형을 앞둔 사형수가 있는데 감형을 받을지 여부에 대해 주지사의 전화를 기다리고 있다고 가정하자. 전화가 왔을 때 받을 수 있는 두 가지 ("예" 또는 "아니오") 가능한 메시지가 있다. 이는 두 가지 가능한 상태라 할 수 있다. 전화가 울렸지만 침묵하고 있다면 그게 무슨 의미인지를 알 수 없을 것이다. 다른 사례로 평범한 동전의 앞면과 뒷면이 있을 때, 누구도 "나는 앞인지 뒤인지에 따라 할지 말지를 결정할거야"라고 말하지 않는다. 이러한 생각을 바탕으로 섀넌은 정보를 우리 스스로가 결정할 수 있는 것 [수감자를 처형할지 말지와 같이] 으로 정의했고, 정보의 기반을 이진수, 또는 비트bit로 정의하였다. 섀넌은 이 단어를 존 튜키John Tukey의 것으로 인정하며 1984년에 처음으로 사용하였다. 시간이 흐르면서 특정한 양의 정보에 대해 이름을 부여하기 시작했는데 2의 거듭제곱 형식이었다.

2^1 = 1비트

2^2 = 4비트

2^3 = 8비트 = 1바이트

2^{10} = 1,024바이트 = 1킬로바이트

2^{20} = 1,048,576바이트 = 1메가바이트

2^{30} = 1,073,741,824바이트 = 1기가바이트

2^{40} = 1,099,511,627,776바이트 = 1테라바이트

2^{50} = 1,125,899,906,842,624바이트 = 1페타바이트

2^{60} = 1,152,921,504,606,846,976바이트 = 1엑사바이트(10억 기가바이트!)

정보에 대한 가장 일반적인 사용 방식이다. [예를 들어, 컴퓨터의 RAM 메모리 양 측정에 있어, 하드 디스크의 크기는 대개 이진수가 아니라 십진수로 측정됨] 섀넌 시스템에서 하드 드라이브 크기나 메모리 양, 또는 인터넷 연결 속도를 측정할 수 있다. 인터넷 연결 속도는 비트 전송 속도로 알려져 있으며, 초당 지나가는 비트의 수를 의미한다. 예를 들어, 초기 모뎀은 초당 14.4비트로 작동했다.

1엑사바이트는 어마어마한 양의 정보를 말한다. 실제로 매년 생산되는 총 정보량을 계산하려는 시도가 있었는데, 답은 5엑사바이트였다(Lyman and Varian 2003). 솔직히 이 수치는 그냥 나쁘지 않은 추측일 뿐이다. 다른 연구에 따르면 2007년에 생산된 "디지털 세상"의 정보는 281엑사바이트에 근접했고 2011년에는 10배가 될 수도 있다(Gantz 2008). 크기가 어떻든 우리 주변에는 엄청난 정보가 존재하고 매 순간 생성되고 있다는 것은 의심할 여지가 없다. 어떤 사람들은 탄소 발자국과 유사하게 "정보 발자국information footprint"에 대해 논의하기 시작했다. 즉, 해마다 얼마나 많은 정보를 버리고 또 생산하는지에 대해 궁금해하는 것이다. "인생-로그"에 대한 초창기 실험이나 자신의 생활을 디지털로 기록하는 실험(24/7의 시청각 데이터)은 이러한 정보량이 연간 수 기가바이트를 차지한다는 것을 보여 주고 있다(Dodge and Kitchin 2007; Wilkinson 2007).

전쟁이 끝난 직후인 1948년 어느 날 섀넌의 획기적인 논문이 발표되었다. "커뮤니케이션에 관한 수학 이론A mathematical theory of communication"이라는 제목이었는데 벨 연구소가 소유하고 있는 학술지에 출간되었다(Shannon 1948). 이 논문의 핵심은 정보를 정의하고 셀 수 있는 것 외에도 만약 신호(정보)가 최대화되고 노이즈(불필요한 왜곡 또는 오차)가 최소화될 수 있다면 커뮤니케이션이 개선될 수 있다는 것이었다.

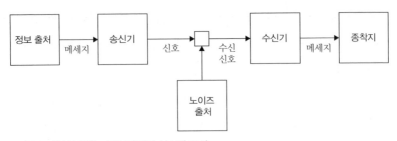

그림 5.1 섀넌의 일반 커뮤니케이션 시스템 도식
출처: Shannon(1948)에서 재작성

전화의 맥락에서 보면, 섀넌의 아이디어는 한쪽 끝에서 신호가 전송되고 커뮤니케이션 매체 또는 "채널"(전화선과 장비)을 통해 통과하여 다른 쪽 끝에서 수신되는 것이다. 이를 설명하기 위해 섀넌은 정보와 관련한 또 다른 중요한 아이디어를 제시하였다. 정보는 대체 가능한, 즉 다른 형태로 변환될 수 있다는 것이다. 예를 들어, 음성은 0과 1로 변환될 수 있고 다시 다른 쪽 끝에서 재변환될 수 있다. 디지털 특성에도 불구하고 여전히 원본처럼 들릴 것이다. 이는 아주 급진적인 생각이다. 왜냐하면 르네상스 미술품과 같은 물체나 소리 또는 사진도 변환을 통해 먼 거리로 전송될 수 있기 때문이다. 물론 지도도 가능하다.

이러한 "커뮤니케이션 모델"은 20세기 후반 지도학에서 지도가 어떻게 작동할 수 있는지를 설명하기 위해 자연스럽게 받아들여졌다. 지도학에서 커뮤니케이션 모델을 선도적으로 지지한 사람 중 한 명은 바로 아서 로빈슨 Arthur Robinson이다(Robinson 1952). 아마도 로빈슨의 가장 큰 기여는 20세기 후반 지도학의 본질과 현대 지도학이 어떻게 과학이 되었는지에 대한 설명일 것이다.

아서 로빈슨과 OSS

1960년대 후반, 정보 이론의 아이디어가 지도학 이론에서 어떻게 그렇게 쉽게 채택되었는지를 이해하기 위해서는 아서 로빈슨(1915~2004)이 세운 아이디어를 약간 들여다볼 필요가 있다.

학계에서 보여 주는 로빈슨의 엄청난 영향력에도 불구하고 그의 경력에 대해서는 비교적 잘 알려져 있지 않다. 놀랍게도 그에 대한 일대기나 연구에 대해 정리된 것이 거의 없다(Edney 2005b). 하지만 그의 삶을 모르고서는 로빈슨을 이해하기 어려울 것이다.

로빈슨은 1941년에 지리학자 리처드 하트숀Richard Hartshorne에 의해 초창기 정보국이자 CIA의 전신인 미국 전략사무국Office of Strategic Service: OSS의 지리 분과에 합류했다. 200명 이상의 지리학자가 OSS에서 일했다(Barnes 2006; Stone 1979). [반스Barnes는 129명이라 했다] 그 당시 하트숀은 자신의 최고 역작이라 할 수 있는 『지리학의 본질The Nature of Geography』(Hartshorne 1939)을 출간한 지리학의 거물이었고, OSS의 프로젝트 위원장이었다. 이 위원회는 OSS의 연구분석R&A 부서 내에 있었는데 명칭이 의미하는 것처럼 정보를 수집하고 평가하는 업무를 담당하고 있었다. 여기에서 중요한 지도 분과가 만들어졌고 로빈슨이 수장을 맡게 되었다. R&A 분과에는 로빈슨뿐만 아니라 프레스턴 제임스Preston James, 커크 스톤Kirk Stone, 촌시 해리스Chauncy Harris, 에드워드 울만Edward Ullman과 같은 지리학자들도 참여하고 있었다. 월터 로스토Walter Rostow, 아서 슐레진저 주니어Arthur Schlesinger Jr., 허버트 마르쿠제Herbert Marcuse와 같은 다른 분야 학자들도 참여하였다(Barnes 2006; Katz 1989). 사실상 전쟁 기간 미국의 정보 수집 및 분석을 위해 조직한 학계 조직이자, 윌슨 대통령이 제1차 세계대전 당시에 만든 "인콰이어리Inquiry" 조직의 후신이라 할 수 있다(Crampton 2006; 2007b).

1942년에 로빈슨은 OSS 지도 부서의 수장이었는데 그 짧은 시기에 8,200개의 새로운 지도를 만들어 냈고, [이 중에는 윈스턴 처칠과 루스벨트 대통령에게 보낸 50인치의 거대 지구본도 포함되어 있다(Robinson 1997)*] 지도 정보에 대한 50,000개의 질문에 답을 했으며, 4번에 걸친 루스벨트-처칠 공동 컨퍼런스에서 지도학을 소개하였다(Barnes 2006). 동시대의 지리학자 중 한 명인 로런스 마틴Lawrence Martin은 "전쟁 동안, 합동 참모 본부를 위해 지도를 만든 것은 군 정보국이 아니라 로빈슨의 지도 분과였다"고 말했다.

1946년 1월, 로빈슨은 위스콘신 주립대학교 매디슨University of Wisconsin-Madison에서 연구를 시작했고 "지도학 방법론의 토대Foundations of Cartographic Methodology"라는 제목으로 1948년에 박사 학위를 취득했다. 1997년 인터뷰를 통해 이 주제에 대해 어떻게 관심을 가지게 되었는지 말하고 있다.

그 당시 예술이나 색상, 그래픽 아트 등과 관련한 책들을 읽었던 것으로 기억한다. 이 책들을 통해 여러 심리학 관련 연구와 문자 지각 등에 대한 연구를 알게 되었다. 이 모든 것들이 지도 제작과 아주 잘 맞아 떨어지는 것으로 보였다(Cook 2005: 49).

전쟁 기간 수행한 그의 연구는 지도 디자인에서 과학적인 연구를 촉구한 자극제로 자주 언급되고 있다(Robinson 1979; Robinson et al. 1977). 아마도 가

---

* 12개의 지구본 세트 중 일부인데 하나는 내가 글을 쓰고 있는 여기에서부터 70마일 정도 떨어진 조지아대학교University of Georgia 지리학과에 있으며, 다른 것들은 차트웰Chartwell에 있는 윈스턴 처칠의 집과 미국 지리학협회 도서관, 의회 도서관에 있다.

장 잘 알려진 로빈슨의 기여는 커뮤니케이션 시스템으로서 지도일 것이다. 이러한 관점은 경험적 실험을 통해 커뮤니케이션 장비로서 지도의 효율성과 기능을 개선시키는 것을 목적으로 한다.

OSS에서 로빈슨의 일은 전장과 상륙 지역에 대한 정확하고 신뢰할 수 있는 지도를 제공하는 것이었다. 두 진영 모두에서 지도학적 선동(예를 들어, 적에게 둘러싸여 있는 독일을 보여 주는 나치 지도)이 증가하는 시기에 지도 디자인은 명확하고 효율적이고 효과적이기를 원했다(Edney 2005b). OSS 지도 분과는 유럽 작전 지역에 대한 공식적인 지위를 가지고 있었다. OSS는 의회 도서관, 국무부, 미국 지리협회American Geographical Society의 지도 자료를 마이크로필름으로 만들었지만, 적절한 지도가 너무 적어 OSS 국장인 윌리엄 도너번William Donovan이 공공 라디오에 직접 호소할 정도였다(Wilson 1949). 심지어 영국 외무부 산하 연구부의 수장을 맡고 있던 아널드 토인비Arnold Toynbee와 공식적으로 계약하여 영국 정치 지도를 제공받았다. OSS 지도팀은 독일의 고타Gotha에 있는 지도 전문 출판사 유스투스 페르테스Justus Perthes에도 있었다. 물론 그 팀에는 부분적으로는 독일 사람들이 고용되어 있었다(Wilson 1949). 미 육군 공병단도 유사한 작업을 했는데 아마도 가장 주목할 만한 사람은 유명한 구드Goode 지도집을 수년간 편집한 에드워드 에펜셰이드Edward Espenshade일 것이다. 그는 전쟁 동안 매핑과 항공 사진 정보 자료를 수집하기 위해 해방된 도시에 들어갔던 정보 전문가였다*.

감사하게 생각할 수도 있는데, 전시 군사 정보와 지리 및 지도학적 지식의 생산 사이에는 깊고 오래된 관계가 있다. 로빈슨의 경험과 경력은 제2차 세계대전에 있어 전형적인 사례라 할 수 있다. 보다 넓게는 OSS가 그랬고 제1

---

* 에펜셰이드의 부고 기사를 참조해라. https://archive.nytimes.com/query.nytimes.com/gst/fullpage-990CEFDD143AF933A25751C0A96E9C8B63.html.

차 세계대전에는 인콰이어리가 그런 역할을 했다. 하지만 비판 GIS와 비판 지도학은 공식적인 전쟁 시기가 아닐 때나 또는 테러와의 전쟁과 같은 준-전시 때도 "정부"의 지리적 지식 생산에 대해서 관심을 가져야 한다. OSS가 주는 교훈은 단순히 역사 속의 이벤트가 아니라 특정한 상황 속에서 특정한 유형의 지리적 지식을 생산했다는 것이다. 오늘날에도 마찬가지다. 누군가가 언급한 것처럼 "전쟁 과학"(Barnes and Farish 2006)은 전쟁이 끝난 후에도 영향력을 가질 것이고 "예외"적인 정치적 상태가 일시적일 필요는 없는 것이다(Agamben 2005). 이러한 경험이 매핑 분야에서 로빈슨의 영향력을 어떻게 이끌어 왔는지 다음 절에서 더 자세히 살펴볼 수 있다.

OSS에서 과학적 지도학으로

전쟁 후, 로빈슨은 지도학을 예술과 디자인으로부터 거리를 두기 시작하였다. 이게 어떻게 일어났을까? 로빈슨에게 있어 "기능은 디자인의 기반이 된다"(1952: 13). 다시 말해, **모양은 기능을 따른다.** 1933년의 한 연구를 이러한 접근의 최초 시도로 인식하면서, 이미 학문이 이러한 "기능적" 접근을 따라가고 있었다는 것을 알아챘다.

> 지도학은 화학이나 물리학과 같은 실험 과학도 아니며, 그렇다고 사회과학과 같은 방식으로 진리를 찾는 것도 아니다. 그럼에도 불구하고 이성과 논리의 형태는 과학적 방법을 채택하고 있다(Robinson 1953: 11).

로빈슨은 지도 디자인에서 "주관적인 예술적 또는 미학적" 감성에 의존한다는 것은 당혹스럽다고 주장했다. 만약 창의력과 상상력이 매핑에 있어 어떤 역할을 수행했다면, "그래픽 기법을 시각적으로 사용하면서 중요한 과정을 객관적으로 조사하는 것도 마찬가지로 중요하다"(1952: 17). "잘 그려진" 지도가 반드시 "좋은 지도"는 아니다(Robinson 1953: 9). 지도의 미적 구성 요소에서도 기능은 작동해야 한다.

로빈슨은 비과학적 지도학으로부터 자신이 원하는 과학적 지도학을 분리해 내기 위한 두 가지 길을 제안하였다. 하나는 모든 것을 완전히 표준화하는 것이고 ["이 제안은 명백히 불합리적이기를 바람"(Robinson 1952: 19)], 다른 하나는 사람들이 실제로 지도를 어떻게 사용하는지를 분석하는 것이다. 로빈슨에게 있어 이것은 지각에 대한 연구를 의미했다. 이를 위해 다른 학문 분야를 살펴보았고 이러한 연구를 추구하기 위한 다음과 같은 메커니즘을 찾아냈다.

객관적인 시각적 검증, 경험, 논리에 기반하여 디자인 원리 개발; 색상의 생리학적, 심리학적 효과에 대한 연구 추구; 타이포그래피typography에 대한 지각성과 가독성 조사(Robinson 1952: 13).

이 진술은 지도학의 새로운 방향, 즉 매핑과 지도 사용에 있어 지각적, 인지적 연구에 대한 방향을 제시하는 것으로 1990년대까지 잘 이어져 왔다.

로빈슨은 매핑의 예술적 요소에 대한 가장 강한 공격을 아름다움이 아닌 다른 다양한 반응을 일깨우려는 사람들을 위해 남겨두었다. 다시 말해, 정치적 선동 목적의 매핑에 대한 공격이었다(1952: 18). 세계대전 이후 양측 진영에서 선동 지도가 광범위하게 사용되면서(Pickles 2004: 37-47), 로빈슨은 당연하게 이러한 측면의 매핑을 걱정스러워했다. 그래서 그는 지도의 기능이나 목적이 아닌 것, 특히, 다른 사람들이나 다른 나라에 대한 특정한 관점으로 독자들을 과도하게 동요시키려는 것을 거부하였다. 정치적 선동 측면에서 지도는 예의 바르고 매너 있게 행동해야 하는 것처럼 보였다. 적절한 태도나 행동을 넘어서는 것은 나쁜 취향의 매핑 연습보다 더 안 좋은 것이었고, 또한 '나쁜 지도'라는 표시였다(Krygier 1996; Robinson 1952; Robinson and Petchenik 1976).

로빈슨은 종종 지도학에 과학적 방법을 소개한 "근대 지도학의 아버지"로 불린다(Montello 2002). 하지만 지도학자들이 적어도 1900년대와 1910년대 초부터 이 분야를 공식화하려고 노력했기 때문에 이에 대한 맥락을 살펴보는 것이 중요하다(Jefferson 1909; Wright 1930). 18세기와 19세기에 삼각법과 수학은 말할 것도 없고 합리성의 계몽주의 원칙을 이용하여 대규모 측량이 이루어졌다는 것을 잊어서는 안 된다. 예를 들어, 카시니Cassini 일가는 현대 프랑스를 측량하고 지도화하는 데 중요한 역할을 하였다. [토성의 궤도에 최초로 도달한 카시니 우주선도 카시니라는 성을 따서 이름 지었다.] 카시니 가문은 4대를 넘어 최초의 과학적인 프랑스 지도를 제작하는 데 관여했고 프랑스의 어떤 지역은 배치를 새롭게 하거나 크기를 다시 측정해야 하는 결과를 가져왔다. 1682년에 카시니 가문의 관측소를 방문한 루이 15세는 새롭게 축소된 자신의 국가를 보고 "너는 나의 모든 적들보다 더 많은 영토를 빼앗았다"라고 말한 것으로 유명하다. 이러한 정확성뿐만 아니라 카시니 일가의 가장 주목할 만한 업적은 이질적이었던 지역 지식을 하나의 일관된 지식 기반, 즉 1789년에 최종적으로 출판된 "카시니 지도Carte de Cassini"에 통합한 것이다.

중앙 집중식 지식 기반은 새롭게 등장한 근대 정치 국가와 독특한 측정 시스템(미터법), 그리고 공통의 측량 기법(표준 축척, 사분면, 체인 측량, 삼각법)이 있었기에 가능했다. 거의 한눈에 볼 수 있는 중앙화된 시스템은 합리적인 과학적 지식 창조의 특징이라 할 수 있다(Turnbull 2003).

당시 로빈슨이 자신의 길을 홀로 개척해 나갔던 것은 아니었다. 그는 개인적 상황뿐 아니라 그 당시의 어떤 지적인 상황적 맥락 속에서 연구를 수행하였다. 20세기 초 [지도학을 학문으로 인식할 수 있던 시절] 지도학자들의 연구 중 로빈슨에게 영향을 끼친 것으로 인정받아야 하는 것은 어윈 라이즈 Erwin Raisz의 연구였다. 특히 1938년에 출간된 라이즈의 지도학 교과서이다 (Raisz 1938). 라이즈(1893~1968)는 헝가리 출신으로 부다페스트에서 지도학을 배웠고 제1차 세계대전에서 패전한 오스트리아-헝가리에서 군 복무를 했다. 1923년 미국으로 이민을 가서 콜롬비아대학교에서 박사 학위를 받았고 이후 하버드대학교에 채용되었다. 그 당시 콜롬비아대학교와 하버드대학교에는 이름 있는 지리학과가 있었다. 하버드대학교에는 유명한 윌리엄 모리스 데이비스William Morris Davis가 있었고 그때 지리학은 자연지리학 분야에서 아주 강한 영향력을 가지고 있었다. 콜롬비아대학교에는 더글러스 존슨Douglas Johnson이 자연지리학 교수로 재직하고 있었다. 존슨은 전쟁 동안 미국 정부에 고용되어 군 정보국을 위해 유럽의 여러 지형을 조사하였다 (Johnson 1919).

지도학은 라이즈에게 가장 적합한 학문이었는데 그가 가지고 있던 가장 두드러지는 기술 중 하나가 손으로 경관을 그리는 능력이었다. 펜과 잉크로 그린 지형도는 지금도 여전히 사용 가능하다. 라이즈는 미국뿐만 아니라 남미, 유럽, 아프리카, 아시아 지역의 수많은 지형을 그렸다. 내가 학생이었을 때 교수 중 한 명이었던 퍼스 루이스Perice Lewis는 강의에서 라이즈의 미국 지형도를 "주제와 관계없이 최고의 미국 지도"라고 열렬히 지지하였다 (Lewis 1992: 298).

매핑에 대한 다른 종류의 이분법

로빈슨의 업적은 근대 지도학의 발달에 대해 무엇을 말해 주고 있는가? 로빈슨의 공리를 말하자면, 로빈슨은 처음으로 "적절한 지도"와 "부적절한 지도"의 개념을 소개하였다. 적절한 지도는 실증적이고 과학적으로 도출될 수 있는 일련의 진술과 질적 수준으로 정의될 수 있는 반면, 부적절한 지도는 반대로 이러한 질적 수준에 미달하는 지도로 정의할 수 있다. 다른 질적 특성을 갖기보다 부적절한 지도는 그냥 부정적인 공간이자 공허하고 결여된 공간이다. 이처럼 이러한 분할은 당시 사회 과학에 만연했던 사고방식인 이분법의 전통적인 특징을 보여 주고 있다(Cloke and Johnston 2005).

그럼에도 불구하고 이러한 이분법은 지리학에서 매우 빈번하다. 특히 최근 나온 책들이 그러하다(Cloke and Johnston 2005). 1989년에 브라이언 할리 Brian Harley는 "반대의 담론"으로 매핑에 자주 적용된다고 생각한 이분법적 형태들을 확인했다.

할리는 이러한 반대의 담론이 지도학의 역사를 좋지 않게 만들었다고 주

표 5.1 할리의 반대 담론

"예술적" 지도	"과학적" 지도
미학적	비미학적
기명	익명
상상적	사실적
주관적	객관적
부정확한	정확한
수동적	기계적
과거	현대
장소	위치

출처: Harley(1989b)

지도 패러독스

장하였다. 그는 "지도학을 납치한 근대 과학은 자신의 영역을 정의하고 방어하기 위해 일련의 근본적인 이원론을 만드려는 경향이 있다. 분류는 과학이 세상을 통제하고 반영한다고 주장하는 방식의 일부이다(Harley 1989a: 6)"라고 표현했다. 할리는 그레고리Gregory와 비슷하게 데리다Derrida의 연구에 영향을 받았지만, 재현의 형태로서 매핑은 특정하고 국지적이고 우연적인 맥락 속에 있어야 한다고 주장하는 미술사가에 더 영향을 받았다. "지도는 항상 문화의 일부이며 결코 그 바깥에 있지 않다(Harley 1989a: 18)".

"텍스트 바깥에는 아무것도 없다"는 데리다의 아이디어와 무척 유사한 이 마지막 감상은 비판적 연구의 공통된 특성이며 전역적인 지식보다 **국지적 지식**에 대한 강조를 가져왔다. 국지적 지식은 상황성situatedness을 강조하고, 전능한 시점이 아니라 부분적인 관점을 제공한다. 또한 국지적 지식이 가지는 위치성에 대해 스스로 의식한다. 그렇다면 분명히 지도가 정치적, 사회적, 미학적 관점에서 벗어나 있어야 한다는 로빈슨의 열망은 항상 틀렸을 것이다. 그럼에도 불구하고 매핑과 GIS 분야에서 여러 세대에 걸쳐 영향력을 미쳤고 관련한 수많은 흔적을 오늘날에도 발견할 수 있다(그 유명한 페터스 지도 논쟁 참조).

로빈슨의 업적은 예술적이거나 미학적인 요소들이 과학적 요소와 공존할 수 있다는 이전의 매핑에 대한 이해를 깨트리는 것이었고, 전자를 후자로 뒤집어 가정하는 것이었다. 매핑은 과학적 데이터에 대한 묘사이자 의사소통 방식이 되었고, 이에 로빈슨은 1960년대 후반 지도 커뮤니케이션 모델을 개발하는 데 착수하였다. 이 모델은 1972년 국제지도학회International Cartographic Association: ICA가 "지도 커뮤니케이션 이론"을 참고 용어 중 하나로 정하면서 학문적으로 확고하게 자리 잡았다(Ratajski 1974: 140). 로빈슨은 바버라 페체닉Barbara Petchenik과 함께 저술한 유명한 책인 『지도의 본질The

Nature of Maps』(Robinson and Petchenik 1976)에 이 모델에 대한 설명을 수록하였다. 이 책의 제목은 이후 지도의 **새로운** 본질을 필요로 한 브라이언 할리와 여러 **본질들**을 필요로 했던 데니스 우드Denis Wood와 존 펠스John Fels가 모두 사용하였다.

로빈슨과 페체닉은 제대로 된 지도학 연구는 1940년대에 그들이 지각자라 부르는, 다시 말해 "지도학자가 준비한 정보에 대한 수신자"에 대한 연구에서 시작되었다고 주장하였다(Robinson and Petchenik 1976: 24). 또한 "섀넌과 같은 공식적인 커뮤니케이션 이론과 조사가 발달한 이후에야 지도학이 이러한 측면을 포함시켰다"고 말했다(Robinson and Petchenik 1976: 24). 1977년에 쓴 논문에서 다음과 같이 기술하고 있다.

> 1950년대의 목적은 단순히 지도를 만드는 것이었다. 하지만 1975년에는 원칙적으로는, 지도 제작자는 지도학자가 만든 지도를 만들었는데, 이때 지도학자는 예상되는 지도 독자의 능력에 민감하게 반응해야 했다. 이러한 관점에 대한 결과로, 공간 데이터에 대한 저장 메커니즘으로서의 지도에 대한 우려는 줄었고, 대신 **커뮤니케이션 수단으로서의 지도**에 대한 우려가 증가하였다. 커뮤니케이션에서 지도 사용자의 심리는 지도학자가 지도를 디자인하는 데 있어 자유로울 수 있는 범위를 정해 줄 수 있다(Robinson et al. 1977: 6, 강조 추가).

"커뮤니케이션 매체로서 지도"라는 문구는 지도가 기본적으로 정보를 소통하기 위한 수단이고 반드시 3가지 요소, 즉 지도학자, 지도 독자, 지도 자체의 정보 능력을 고려해야 함을 의미한다. 이러한 정보 능력은 지도 디자인에 영향을 줄 것이다.

지도 커뮤니케이션 모델

Cartographic Perspectives 최신 호에 실린 주목할 만한 그림 하나가 있다. 이 그림은 로빈슨이 지금 세대의 지도학자들에게 얼마나 영향을 주고 있는지를 보여 준다. 안쪽 원 안에 로빈슨의 박사 학생들이 있고, 마치 연못에 돌을 던진 것처럼 그 학생들이 지도하는 학생들에 대한 후대의 파급 효과를 보여 주고 있다. 그림에는 199명의 이름이 포함되어 있다. 로빈슨의 아이디어는 제자들을 통해 직접적으로 퍼져나갔고 또 교과서를 통해 보다 폭넓게 전파되었다. 1980년대 중반이 되기 전까지 『지도학 개론Element of Cartography』 책에 대한 어떠한 심각한 도전도 없었다. 35년 동안 로빈슨의 이름은 매핑과 관련한 학문 추구에 있어 뗄 수 없는 불가분의 관계에 있었다. 로빈슨은 지도학에서 경력을 계속 이어간 노먼 스로어Norman Thrower, 주디 올슨 Judy Olsen, 헨리 캐스트너Henry Castner, 데이비드 우드워드David Woodward를 포함하여 총 15명의 박사 학생을 지도하였다.

지도 커뮤니케이션 모델Map Communication Model: MCM은 1960년대 후반 체첸의 지도학자 콜라치니(Koláčný 1969)가 출간한 아주 복잡한 버전을 통해 절정을 이루었다. 이 모델은 MCM에 대한 비판을 개선하기 위한 다중 피드백 루프를 포함하고 있다. 예를 들어, 사용자가 지도를 사용한 후 지도학자에게 입력을 주거나, 지도학자를 고용한 국가 지도기관이 사용자가 되기도 한다. 여전히 지도학자를 사용자로부터 분리하려는 것에 끈질기게 매달리고 있지만, 다양한 루프와 상호 연결을 따라갈수록 점차 분명해지는 것은 모델이 다루기 어려워지고 거의 모든 것을 의미할 수도 있다는 것이다. 지도 커뮤니케이션 모델의 단순화된 버전은 그림 5.2와 같다.

지도학자가 전달하고 싶은 메시지가 지도에 표현되는데 바로 이 지점에서

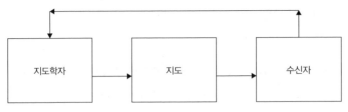

그림 5.2 단순화된 지도 커뮤니케이션 모델

로빈슨의 영향력을 쉽게 감지할 수 있다. MCM 모델은 이러한 메시지가 어떻게 수신되는지에 대한 것도 고려한다. 이전 지도학은 지도의 사용이나 지각, 또는 기억에 대해서는 고려하지 않았고 지도 디자인 단계에서 머물렀다. 하지만 지금의 지도는 메시지가 지도학자로부터 지도 수신자(사용자)에게 전달되는 중간지라 할 수 있다.

  지도학이 모델링으로 전환한 이유 중 하나는 전후부터 1960년대까지 지리학에서 공간 과학이 지배적이었기 때문이다. 이러한 경향은 1960년대 후반, 촐리Chorley와 해겟Haggett의 유명한 책『지리학의 모델Models in Geography』(Chorley and Haggett 1967)에서 명문화되었다. 당연히 지도 커뮤니케이션 모델의 주요한 특징이 이 책에 포함되었다(Board 1967). 거의 20년 전의 로빈슨과 마찬가지로, 보드Board는 지도 디자인과 지도가 기능하는 방식에서 지도가 임의적인 지침에 의해 지배되는 것을 걱정하였다. 여기에서 필요했던 것은 지도가 어떻게 작동하는지에 대한 보다 공식적인 이해나 모델이라고 말하였다. 지도학을 수학화하려는 시도뿐 아니라(Bunge 1966) 지리학에서 양적인 접근이나 모델링이 수행될 수 있다는 지적인 흥분 [1960년대 후반 지리학의 계량 혁명quantitative revolution] 에 기반하여, 보드는 지도뿐만 아니라 데이터 수집, 지도학적 일반화, 디자인 의사결정, 지도에 대한 사용자 응답을 포함한 프로세스 모델을 소개하였다. 이 모델은 매핑을 "과정"

으로 인식하는데, 지도학자로부터 정보가 수집되고 형태가 만들어지고 지도에 표현된 후, 사용자에 의해 해독되고 흡수되는 과정을 거친다. 이 모델은 또한 지적—인지적 이슈나 지각 이슈, 그리고 데이터 관리와 재현에 관한 모든 질문을 포함하고 있다.

보드는 신호 전송 과정에 대한 클로드 섀넌의 개념틀에 주목하였다. 그는 구체적으로 존슨과 클레어(Johnson and Klare 1961)에서 설명했던 섀넌의 일반화된 커뮤니케이션 시스템을 제시하였다. 정보 이론은 신호에서 "노이즈"나 간섭을 말하지만, 지금의 지도학자들은 지도를 통해 사용자에게 지리 정보를 성공적으로 전송하는 데 방해가 되는 장애물을 확인하고자 한다. 이러한 장애물에는 형편없는 지도 디자인이나 좋지 못한 일반화 결정, 불만족스러운 지도 보기 환경(예를 들어, 약한 조명이나 운전 중 보기)이 포함될 수 있다.

컴퓨터 기능과 이용 가능성이 점차 발달함에 따라 MCM 또한 기술적 개발에 중점을 두게 되었다. 1960년대와 1970년대에는 매핑과 GIS 기술에 있어 의미 있는 발전들이 나타났다. 오늘날 가장 영향력 있는 GIS 회사 두 개가 1969년에 설립되었다(ESRI와 Landscan). 하버드 그래픽 연구실은 ODD-YSEY와 같은 초기 GIS 소프트웨어 생산에 한창 집중하였다(Chrisman 2006). 냉전은 항공 사진 사용을 증가시켰고 더불어 1962년 소련 연방에 의해 미국의 U-2 정착기가 추락당한 이후 고해상도 위성 영상의 개발을 촉진시켰다. 미국 정부는 또한 1970년대 초 매우 성공적인 "랜드셋Landsat" 위성 시리즈를 발사하였다. 이 위성들은 우주 속에 있는 "블루 마블"로서 지구를 인식하는 데 도움을 준 지구 영상을 비롯하여 방대한 환경 데이터를 수집하였다(Cosgrove 2001).

지리적 지식과 과학의 뒤범벅

이 장에서 어떻게 매핑이 과학적으로 되었는지를 이해하기 위한 관점으로 아서 로빈슨의 업적을 일부 추적하였다. 물론 로빈슨도 자신의 공식적인 경력에서의 경험과 함께 클로드 섀년과 같은 초기 학자들의 연구를 이용하였다. 여기에서 인식해야 할 점은 매핑과 GIS가 더 과학적이 되었다면, 전쟁 시기와 그 여파로 인해 "정부"가 했던 실천들을 똑같이 했을 것이다. "평화" 시기의 지리는 전쟁 시기의 지리와 분리되지 않았다. 오히려 더 나아가 과학은 지정학적 목표와 함께 뒤틀렸다. 트레버 반스Trevor Barnes는 이를 "뒤범벅mangle"이라 표현하였다(Barnes 2008). 이러한 뒤범벅은 정치, 군사 정보, 지리적 지식이 서로 고립되지 않고 관련되어 만들어진다.

피클스Pickles가 지적한 것처럼, 이러한 유형의 커뮤니케이션 및 지식 모델은 하버드, MIT, 버클리, 벨 연구소와 같은 과학기술 연구소에서 개발되었다. 이러한 연구소들은 냉전 시기 방위 기관을 구축하기 위한 미국 정부의 협력적 노력에 의해 보다 직접적인 후원을 받았다(Pickles 2004: 33).

로빈슨의 관점은 잠시 인기 있었지만, 지금은 로빈슨 학파의 연구들이 지도학에서 "존재론적 위기"에 기여한 것으로 보고 있다(Kitchin and Dodge 2007). 왜냐하면 이들 연구가 지도학에 대한 존재론적 안전감을 보장하지 않기 때문이다. 지도는 스스로 자연스러운 재현 장치인 것처럼 행세해 왔다. [제1장의 "지도의 부적절한 사용에 대한 불편한 생각"을 상기해 보아라] 키친과 닷지Kitchin and Dodge는 지도가 "개체발생적인" 또는 "순간적인" 것으로 이해하기를 원한다. 그리고 끊임없이 다음과 같기를 바란다.

우리의 연구는 존재론적 안전감이 유지된다. 왜냐하면 지도학과 지도의 토대가 되는 지식은 계속 학습되고 끊임없이 재확인되기 때문이다. 지도 자체는 결코 존재론적 안전감을 가정한 지도가 될 수 없다. 인식, 해석, 번역, 의사소통 등의 실천을 통해 세상에 받아들여지고 임무를 다하게 된다. 실세계에 대해 우리가 어떻게 생각하는지를 그려 가면서 세상을 재현하거나 세상을 만들지는 않는다. 지도는 개인과 세계, 그리고 비문(碑文)이 함께 구성한 산물이다. 그리고 항상 존재론적으로 안전한 것처럼 보이려고 하면서 끊임없이 움직이는 산물이다(Kitchin and Dodge 2007: 335).

지도학의 튼튼한 기반을 만들기 위해 노력하는 과정에서 로빈슨은 해결책이 아니라 오히려 "불안"과 "위기"를 초래한 것처럼 보인다. 다음 장에서는 거버넌스에서 지도의 역할을 검토함으로써 지도와 권력, 그리고 지식 사이의 관계에 대해 보다 면밀히 살펴볼 것이다.

제6장

지도와 통치: 지도의 정치경제학

어떻게 정치 따위가 [지도학으로] 들어오게 되었는지 도무지 모르겠다.

두에인 마블(Wood 1992: 240 재인용)*

지도는 권력의 작용에 관여한다. 정치지리학자 모두가 아주 잘 알고 있
는 사실이다.

Political Geography 편집장 테일러(Taylor 1995)의

브라이언 할리Brian Harley 추모사

두에인 마블Duane Marble의 불평은 페터스Peters의 세계지도가 20여 년 동
안 지도학계를 뒤흔들며 논란의 중심에 있던 상황에서 터져 나왔다(제7장).

---

* 우드(Wood 1992)는 1991년 브라이언 할리의 펜실베이니아 주립대학교 강연 노트를 인용하고
있다. 노트의 일부는 이후에 출간되었다(Harley 1991). 안타깝게도 할리는 펜실베이니아 방문
몇 달 후에 사망했다.

지도의 정치성을 상징적으로 드러내는 발언이었다. 이와는 상반된 가정에 기초했지만, *Political Geography* 편집장 피터 테일러Peter Taylor도 지도의 정치성을 말했다. 이 장에서는 세 가지 관점의 가치를 살피며 어떻게 지도와 GIS가 정치경제와 결부되는지를 살펴보고자 한다.

길거리를 지나는 사람을 붙잡고 지도가 정치적인지 물어보면 아마도 "일부는 그렇지 않겠어요?"라는 답이 돌아올 것이다. "정치적일 **수도** 있지만, 최소화시켜야 하지 않을까요?"라고 반문하는 사람도 있을 것이다. 이것이 제5장에서 살펴보았던 아서 로빈슨Arthur Robinson의 견해다. 로빈슨은 지도가 전하는 정치적 메시지 때문에 "보기에 좋지 않아도 된다"는 말을 듣고 싶지 않았다. 대중 작가이자 지도학자인 마크 몬모니어(Mark Monmonier 2002a)는 정치적 매핑이 선 몇 개를 새로 긋는 일에 불과하다고 말했다. 이 경우는 조금 이상해 보인다. 몬모니어는 많은 책에서 지도, 감시, 의사결정의 정치를 다루고 있기 때문이다(Monmonier 1989; 1991; 1995; 1997; 2001; 2002b).

왜 이런 불일치가 일어났을까? 정반대의 주장이, 즉 **모든** 지도가 정치적이라는 주장이 아주 오랜 유서를 가지고 있는데도 말이다. 데니스 우드Denis Wood는 지도의 정치성을 아주 강력하게 이해했던 인물이다. 이는 1992년에 출간된 그의 저서 『지도의 권력The Power of Maps』에서 ["돌로 만든 심장"에 비유해] 논의되었다.* 이 책은 같은 제목으로 스미소니언 박물관에서 개최되었던 성공적인 전시회의 "카탈로그"의 성격을 가진다(그림 2.2). 여기에서 우드는 지형도나 도로 지도처럼 "중립적"인 것처럼 보이는 지도의 정치성을 보여 주고자 했다. [정확하게는 "이해관계"라는 용어를 사용했지만, 이 책에

---

* 『리어왕』 1막 4장 중: "배은망덕한 것, 너는 돌로 만든 심장을 가진 악마다. 네가 자식의 탈을 쓰고 나타나니 바다 괴물보다 더 흉악하구나!"

서 지도의 정치성에 대한 주장과 일맥상통한다] 노스캐롤라이나주 도로 지도에 대한 그의 분석은 역작으로 평가받으며 지금까지 지도학 논평의 고전으로 꼽힌다. 우드는 브라이언 할리와 마찬가지의 방식으로(제7장) 지도에서 침묵과 누락은 [가령, 자전거 도로나 대중교통에 대한 어떤 정보도 보여 주지 않는 것은] 자동차에 부여된 우선권을 재현하는 것이며, 하나의 고의적인 [그래서 정치적인] 선택이라고 말했다. 실제로 도로 지도는 자동차 도로망만 따라가고 있다. [유사한 논란이 구글지도와 관련해 제기되기도 했다. 처음에는 "운전 경로" 탐색 옵션만 제시했고, 대중교통과 "도보" 옵션이 추가된 것은 최근의 변화다]

우드는 지도의 "여백"도 정보로 간주해 분석했다. 지도 자체의 정보만큼이나 중요하다고 여겼기 때문이다. 그의 분석은 프랑스 문화 비평가 롤랑 바르트Roland Barthes의 업적에서 영감을 얻었다. 바르트는 우리 주위를 둘러싼 일상적인 사물에서 신화적 믿음을 찾아냈던 인물이다. 이러한 방법론에 기초해 우드는 [아주 자연스럽게 자동차 한 대에 기대어 있는] 주지사와 주지사 가족의 이미지를 해체하는 작업을 수행했다. 그리고 상공회의소 같은 단체가 주장하는 반노동조합, 친기업 메시지가 지도에 깔려 있음을 발견하여, 지도가 권리, 진리, 보는 방식과 관련된 체제와 밀접하게 결부되어 있다고 [그래서 그러한 체제의 창출에 일조한다고] 주장했다. 이처럼 지도를 "둘러싼" 담론을 지칭하기 위해서, 우드는 "주변지도perimap"란 용어를 제시하였다(Wood and Fels 2009).

지도의 정치성이 시사하는 바가 무엇일까? 아주 평범한 이야기부터 해 보자. 지형도는 국가가 만든다. 이게 전부일까? 다시 말해, 정부 기관이 [또는 기관들이] 제작한다는 이유만으로 지도를 정치적이라 할 수 있을까? 이것은 매우 제한된 시각이다. 페터스 지도 논쟁에서 살핀 것처럼, 지도학자와 GIS

사용자의 상당수는 매핑이 정치적**이어야** 한다는 말에 동의하지 않는다. 이들은 정치를 이데올로기나 선동과 동일시하는 경향이 있다. 그러나 매핑과 GIS를 "권력"과 정치의 문제로 환원하는 것이 부적절하지는 않고, 이것을 사실의 일부로 여기는 사람이 많다. 문화지리학자 데니스 코스그로브Denis Cosgrove가 적절한 사례의 인물이다. 그는 지도를 "상상력을 자극하며 욕망을 그리는" 문화적 가공물로, 즉 "공간의 시학poetics of space"으로 해석했다. 이러한 해석은 제12장에서 다루도록 하겠다.

그러나 지도의 정치성 여부에 대한 [그리고 정치적인 것으로 해석되어야만 하는지에 대한] 논쟁의 함정은 피해야 한다. 이를 위해서는, **통치의 정치경제** 맥락에서 지도를 파악하는 것이 중요하다.

통치의 정치경제

"정치경제"란 용어의 역사적 뿌리는 매우 깊다. 18세기 근대적 정치 국가의 등장과 밀접하게 연관되기 때문이다. 이와 관련된 [장자크] 루소의 설명은 아주 잘 알려져 있다. 이 글은 계몽사상의 핵심 문헌 중 하나로, 디드로Diderot와 달랑베르D'Alembert가 1755년에 출간한 백과사전에 수록되어 있다. 막 출현하기 시작했던 근대적 국가를 어떻게 조직해야 하는지가 루소나 그와 동시대 사람들에게는 중요한 문제였다. 독재적 통치권으로 지배하는 구시대적 방법을 유지하는 것이 불가능해졌기 때문이다. [한 국가의 최고 지배자인] 절대 "군주"에게 위임된 마키아벨리식 통치는 [무엇보다도 막대한 비용 때문에] 더는 가능하지도, 바람직하지도 않았다. 실제로 마키아벨리는 군주에게 국내외의 적으로부터 영토를 수호할 것을 당부했다. 한편, 루소는 경제economy란 말의 어원을 두 개의 고대 그리스어 오이코스oikos와 노모스nomos에서 찾으며 정치경제에 대한 자신만의 담론을 제시했다. 오이코스는 가정, 노모스는 법칙을 뜻한다. 따라서 경제는 본래 공동의 이익을 위해 가정을 "현명하고 정당하게 통치"하는 의미의 용어였다. 이러한 아이디어가 [루소의 주장에 따르면] 국가의 통치에도 적용될 수 있었고, 그렇게 되어야만 했다.

이것이 현실에서는 무엇을 의미할까? 통치는 "사물의 올바른 배치"를 뜻한다.* 이는 여러 가지 요구를 하나로 모아 정치가 조직화될 수 있도록 하는 행위이다. 무엇을 어디로 보내야 하는가? 얼마나 많은 것들이 필요한가? 나라의 어느 곳이 잘하고 있으며, 어디가 그렇지 못한가? "질서 정연"하다는 말이 실제로 무엇을 뜻하는가? 미셸 푸코Michel Foucault는 통치성governmentality에 대한 강의에서 그러한 요청이나 아이디어를 다음과 같이 설명했다.

> [오늘날] 통치가 관심 두어야 하는 것에는 … 관계를 맺고 있는 사람들, 유대감, 여러 가지 사물에 대한 개입이 포함된다. 부, 자원, 생계 수단뿐만 아니라, 경계를 가진 영토, 품질, 기후, 가뭄, 비옥도 등이 그러한 사물에 포함된다(Foucault 2007: 96).

통치성은 무엇이 통치이고 통치가 어떻게 수행되는지에 대한 의문의 기초를 이루는 [사상, 실천, 개념화, 담론 등으로 구성된] 합리성을 뜻한다. 그래서 "통치의 기술"은 누가 통치하는지, 무엇이 통치되는지, 어떻게 잘 통치할

---

* 이 구절은 푸코의 1978년 2월 1일 콜레주 드 프랑스Collège de France 강연에서 등장했다. 강연에서 푸코는 마키아벨리식 접근법과 통치를 강조하는 접근을 대조했다. 후자는 [기욤 드] 라 페리에르Guillaume de La Perrière가 1555년에 발표한 『정치의 거울Le Miroir Politique』에 등장한다. 푸코 강연의 "공식" 번역은 최근에 소개되었지만(Foucault 2007), 이전까지 거의 20여 년 동안은 사미즈다트samizdat 형태로 존재했었다(Burchell et al. 1991).

지도 패러독스

수 있는지, 무엇이 통치인지에 대한 의문과 관련된다(Gordon 1991: 3). 한 마디로 통치하는 행위에 대한 **정치적인** 의문이다. 따라서 통치의 기술에는 병원, 감옥, 학교, 비즈니스, 가족, 경찰, 그리고 심지어 자아를 관리하는 노력이 포함된다. 그래서 훨씬 더 확장성 있는 영토의 관념이라고도 할 수 있다. [마키아벨리 식으로] 수호가 필요한 경계의 단위만을 뜻하지 않고, 환경 또는 "밀리우milieu"의 관념에 더 가깝다. 그래서 국가가 통치에 관여하는 유일하고 최상의 제도라는 주장과는 상당한 차이가 있다.

푸코에 따르면, 정치경제는 분석 대상의 중대한 변동을 시사한다. 『감시와 처벌Discipline and Punish』 같은 저명한 업적을 통해서 그가 설파했던 것처럼(Foucault 1977), "규율"을 통한 권력 통제의 대상은 개인이었다. 이는 원형감옥 판옵티콘panopticon에 대한 논의로 잘 알려져 있다. 판옵티콘은 사회개혁주의자이자 건축가인 제러미 벤담Jeremy Bentham이 고안한 것으로, 여기에서 죄수들은 중앙의 전망대에서 감시받도록 각자의 감방에 배치된다.* 이와 달리, 정치경제에서 [통제의] 초점은 개인이 아니라 인구이다.

> 18세기 동안 인간 신체에 대한 해부 정치anatomo-politics가 확립되었다. 그 후에 등장한 것이 … 인간 종족에 대한 "생명 정치biopolitics"이다 (Foucault 2003b: 243).

실제로 17~18세기 유럽에서 통치적 합리성이 등장하면서 인구로 구성되는 자원을 관리하는 것이 중요해졌다. 가능한 최상의 목적을 달성할 수 있도

---

* 이러한 아이디어는 순전히 이론적이라는 대중적 믿음이 있지만, 전 세계 수백 곳의 감옥이 판옵티콘 디자인을 모델로 건축되었다. 수많은 학교 교실, 난민 수용소 등도 마찬가지다. 이와 관련해 본 저자는 [필라델피아의] 이스턴 주립 교도소Eastern State Penitentiary를 사례로 논의한 바 있다(Crampton 2007a).

록 자원을 관리하기 위해서였다. 한 영토의 거주민들은 더 이상 그들의 삶을 자유롭게 처분할 수 있는 절대 군주의 피지배인이 아니었다. 나름의 삶과 [전쟁이 발생했을 때] 지배권의 수호 모두에 관련되었다는 이야기다. 근대 국가에서는 자원이 올바르게 배분될 수 있도록 통제와 규제를 통해서 삶을 관리하는 것이 주요 관심사였다. 푸코는 이러한 변화의 두 가지 구체적 측면을 추적했다. 한편으로 규율과 역량의 최적화와 관련해 개인에게 [즉, **해부 정치**에] 초점을 맞췄다. 그리고 다른 한편으로 종species의 집단으로서 인구, 즉 **생명 정치**에 주목했다. 이러한 변화는 18세기에 일어났고, 같은 방식으로 푸코의 관심사도 개인에 대한 『감시와 처벌』에서 인구에 대한 통치성으로 바뀌었다.

이런 맥락에서 정치경제학이 [루소, 애덤 스미스, 데이비드 리카도의 이론에 뿌리를 두고 발전하여] 정당한 통치의 한 부분이 되었다. 절대 군주가 독자적으로 부과하지 못하는 국가 활동에 관한 지식을 제공했기 때문이다.

절대 군주의 시대가 저물고 근대적 정치 국가가 출현하면서, 국가가 어떤 정치적 목표를 설정하는지에 대한 흥미로운 연구가 많이 등장했다. 하지만 여기에서 염두에 두는 것은 지식의 목적이다. 근대 국가는 영토와 [개인적이나, 더욱 중요하게 집단 또는 인구의 차원에서] 그에 속한 사람들에 관한 지식이 필요했다. [물론, 일관된 인구가 무엇으로 구성되는지에 대해서 명백하지 못한 측면이 있기는 했다] 이에 따라, 매핑이 어떻게 해서 정치경제의 그러한 부분이 되었는지가 자명해졌다. 밀리우의 개념이 환경과 사물의 분포 사이의 관계를 이해하는 데 있어서, 특히 막 등장하기 시작했던 인구라는 관념에 대하여 매우 중요한 역할을 했다. 바로 이 지점에서 매핑이 중요해졌던 것이다. 인구와 그들의 요구를 이해하고자 한다면, 서로 다른 집단 사이에 차이점이 있다는 것을 알아야 한다. 16세기 탐험의 시대 이후로 유럽인들은 아프리카, 아시아, 아메리카에서 당혹스러울 정도로 온갖 다양한 사람들과 조우했다.

이런 집단들을 어떻게 이해해야 했을까? 이에 대해서는 범주화와 다양성이라는 두 가지의 답이 있었다. 우선, 위대한 [식물] 분류학자 칼 폰 린네Carl von Linné는 1740년 『자연의 체계Systema Naturae』에서 인간의 네 가지 지리적 범주를 제시했다. 여기에는 [옅은 피부색의 근육질에 낙천적이고 현명한] 유럽 백인, [난폭하며 호전적인] 아메리카 홍인, [우울하고 가혹하며 탐욕스러운] 아시아 황인, [느리고 여유로우며 태만한] 아프리카 흑인이 포함된다. 린네는 이들을 [예외와 중첩 때문에 지리적으로 잘 들어맞지는 않았지만] 자연적인 범주로 보았다. 이후로 [린네는 진화론을 거부했기 때문에] 그러한 인구들에 대한 인식이 고착화되었다. 린네와 그를 추종하는 사람들은 공통점을 바탕으로 인구와 종족을 이해했다. 이들은 어떤 특성을 공유했을까? 특정한 집단에는 어떤 구성원과 하위 구성원이 있었을까? 그들 간에는 어떤 관계가 있었을까?

범주화는 세계에 질서를 부여하는 매우 중요한 방법이다(Bowker and Star 1999). 많은 것들을 일부의 사물들로 분류하면 대응 기제의 이점을 이용할 수 있게 된다. 린네는 이러한 시스템을 매우 열심히 적용했다. 동물뿐만 아니라 식물과 "광물"에도 적용했고, [강class, 목order, 속genus, 종 등으로 구성된] 이것은 250년 동안 과학적 분류학에서 중요한 조직화의 원리로 남아 있다. 매핑을 통해서 누가 어디에 있는지, 어떤 인구가 어떤 영토를 차지하는지, 인종이 어떻게 분포하는지를 결정하려면 분류법이 답이 될 수 있다. 예를 들어, 공통점을 가진 인구 집단을 통해서 센서스 결과를 파악할 수 있다. 100년 전의 것이든(Walker 1874), 10년 전의 것이든(Brewer and Suchan 2001) 상관없이 말이다.

이것이 40년 전만 해도 인류학을 지배했던 사고방식이었다고 조나단 막스(Marks 1995)는 말했다. [인류학을 넘어서 사회학이나 지리학과 같은 다른 학문에서도 마찬가지였다] 특히 인종에 대한 일반인들의 이해 방식을 지배하는 데 큰 영향을 미쳤다. 공통점에 기초한 그러한 집단을 통해서 지구상에서 인간이 어떻게 분포하는지를 파악할 수 있었기 때문이다. 그러나 막스는 린네의 인종 집단에 근거한 범주화 시스템은 다양성을 이해하는 데 장애 요소로 작용한다고 생각했다. 이러한 문제점 때문에 린네는 다른 사상가들의 반대에 직면하기도 했다. 대표적인 인물이 [프랑스의 박물학자] 뷔퐁Buffon이었다. 뷔퐁은 진화론을 반대하며 종은 형성된 이후로 안정적이라고 주장했지만, 종의 **내부**에서 환경이 [즉, 밀리우가] 인구 간 독특한 차이의 원인이 될 수 있다고 말했다. 린네가 자신의 목적을 위해 [공통 요소를 구별하기 위해] 범주화를 추구했다면, 뷔퐁의 주안점은 [변이를 설명하는] **다양성**에 있었다. 그의 주장에 따르면 환경, 특히 기후와 온도가 변화의 요인으로 작용한다. [아프리카 인구를 덴마크로 데리고 오면 (흑인이) 백인으로 변하는 데 얼마나 오랜 시간이 걸리는지 알 수 있을 것이라고도 말했다] 이처럼 뷔퐁은 린네의 총체적인 인종 범주화를 거부하고 인구 연구의 초점을 다양성의 범위에 대한 이해로 옮기려고 했다. 인구가 어떻게 환경에 적응할까? 여기에서 유전적 부동genetic drift의 역할은 무엇인가?* 이것이 오늘날 인간의 다양성을 설명하는 핵심 질문이 되었다. 밀리우가 형성하는 것은 인종이 아니라 인구 집단이란 의미이다.

이와 같은 두 가지 접근법, 즉 범주화와 다양성이 인구에 대한 우리의 관점에 프레임을 제공하며, 어떻게 매핑이 정치경제학의 한 부분이 되었는지

---

* 역주: 유전적 부동은 임의적 요인 때문에 특정 집단에서 유전자의 질적, 양적 빈도가 변화하는 현상을 말한다.

를 파악할 수 있게 한다.

'짐이 곧 국가'에서 '국가는 곧 국가'로

1661년 루이 14세가 권력을 잡았을 때만 해도 프랑스에서 지도학은 이류에
해당하는 분야였다. 지도 제작, 측량, 항해의 측면에서 [측정 도구의 개발과
관련해서도] 프랑스는 영국과 네덜란드에 한참 뒤처져 있었다. 그러나 불과
몇 년 안에 프랑스는 더 이상의 노력을 멈춘 경쟁 국가를 따라잡고 우월성을
확보하였다. 그리고 100년 정도 계속된 카시니Cassini 가문의 지원을 바탕
으로 국가 연구소를 설립하였다. 연구소에 대한 후원은 장 바티스트 콜베르
Jean-Baptiste Colbert 장관이 아니었다면 불가능했다. 콜베르는 프랑스에서
지도의 양과 질을 검토하고 결점을 찾아내는 역할을 했던 인물이다. 이러한
이야기를 통해 정치경제에서 지도가 무슨 역할을 하는지 알 수 있다. 콜베르
는 프랑스의 국익을 회복하고 국가의 권위를 높이고자 했다. 이 과정에서 매
핑은 새로운 차원의 일이 되었다. 국가의 정치적 경계가 처음으로 정확하게
그어졌고, "수치를 가진 지도cartes figuratives", 즉 주제도가 발전하기 시작했
다(Konvitz 1987). 두 가지는 모두 중요한 변화의 이정표 역할을 했는데, 이는
17세기에 시작되어 18세기에 가속화되었으며 19세기에 들어서는 성숙화
단계에 이르렀다. 결과적으로 지도와 정치경제가 서로 맞물리게 되었다.

   크리스틴 페토(Christine Petto 2005)는 영향력 있는 프랑스 지도학자 알렉
시 위베르 자이오Alexis-Hubert Jaillot와 기욤 드릴Guillaume Delisle에 대한 연
구를 통해 18세기 프랑스에서 절대 군주로부터 정치경제로 전환되는 과정
을 살폈다. 자이오는 17세기 후반에 활동하던 상업 지도 제작자였는데, 그
에게 매핑은 ["태양 왕"으로 불렸던] 절대 군주 루이 14세를 향한 찬양의 작

업이었다. 실제로 루이 14세는 예술과 과학의 후원자였고, 그의 베르사유 궁전은 작가, 예술가, 과학자로 가득 차 있었으며, 자이오도 그들 중 한 명이었다. 이들이 하는 일의 명백한 목적은 "짐이 곧 국가l'état, c'est moi"란 국왕의 찬란한 이미지를 만들어 내는 것이었다.

> 미술, 조각, 비문, 태피스트리 등을 막론하고 르네상스 시대에 발전한 "이미지의 수사"를 바탕으로 왕을 표현했다. 몸, 자세, 예복, 신비로운 초상화 등을 비롯한 모든 주제가 그러한 수사의 일부였고, 이는 "이미지의 컬트cult"를 낳았다. 루이 14세의 이미지와 태양 왕이란 컬트는 그러한 수사의 결과였다(Petto 2005: 55).

여기에서 지도도 중요한 역할을 했다. 지도의 여백에서 왕은 [30년 전쟁 동안 왕권을 거역해 반역을 일으켰던] 패배한 병사 위에 있었다. 머리 셋 달린 케르베로스는 잉글랜드, 스페인, 네덜란드로 구성된 삼국동맹의 위협을 재현하는 것이었다. 페토(Petto 2005: 55)의 설명에 따르면, 권력과 매핑을 가지런히 놓았던 것은 단순한 지도 디자인의 요소만은 아니었으며, 루이 14세의 압도적인 권력이 투영된 것이기도 했다. 이것은 지도가 절대 군주에게 봉사하는 것이었음을 명백하게 드러낸다.

이러한 참여의 결과로 자이오는 1686년 상당한 급여를 받는 왕실지리학자Geographer to the King로 추대되었다. 그러나 1712년 그가 사망할 무렵에 이르러 국가와 절대 군주를 동일시하는 인식이 약해졌다. 새로운 형태의 관변 지도학이 등장하기 시작했는데, 이것은 과학적 권위에 따른 영토 구획에 기초하는 것이었다. 페토는 이를 "국가는 곧 국가l'état, c'est l'etat"로의 전환이라고 말했다. 18세기 프랑스 지도 제작자들이 예전보다 정확한 측량 기술을 채택하였기 때문이다. 카시니 가문에 후원을 받는 이들은 새롭게 등장한 강력한 망원경과 천문 관측 기술을 사용할 수 있었다. [루이 14세는 그러한 측량 기술이 정확할지는 몰라도 왕국의 크기를 20%나 줄어들게 한다는 불평을 늘어놓기도 했다]

기욤 드릴은 자이오보다 약간 뒤늦은 18세기 초반부터 활동했던 인물이다. 그가 왕을 위해 [1715년까지 살았던 루이 14세를 위해] 지도를 제작한 것은 확실하지만, 강조점에는 변화가 있었다. 그의 지도는 절대 군주 한 사람만 돋보이게 하려 하지 않고 국가를 위해 제작되었다. 드릴은 외국 지도, 특히 미국 지도 제작에 관심이 많았다. 장소에 대한 정보의 대부분은 여행자들의 보고서나 스케치에서 얻었기 때문에, 전적으로 신뢰할 만하지는 못했다. 믿을 만한 것은 천문 관측뿐이라는 가정이 있었는데, 이는 과학적 접근에 대한 강조가 증대하고 있었음을 시사한다. 프랑스에서 해외 매핑에 대한 관심은 설탕, 노예, 가죽 등과 관련된 상업적, 무역적 이익과 결부되어 있었다. 드릴은 그러한 유형의 매핑에 몰두했다. [예를 들어, 1718년 루이지애나 영토의 매핑은 "지도 전쟁"을 유발했었다. 프랑스의 경계가 영국이 주장하는 영토를 노골적으로 침범했기 때문이다. 영국은 몇 개의 지도를 제작해 이를 반박했다]

하지만 당시의 매핑이 절대 군주에 대한 칭송에서 과학적 방법을 사용하여 국가에 봉사하는 방향으로 넘어갔다는 것은 과도한 단순화에 불과하다. 드릴도 자이오만큼이나 열정적으로 왕실의 후원을 받으려고 노력했고, 결국 자이오를 능가하는 **수석 왕실지리학자**가 되었다. 드릴은 천문 관측 기술을 사용한 최초의 프랑스인이 아니었다. 카시니는 1669년 프랑스로 옮겨와 파리 천문대를 세웠고, 프랑스 지도학자들은 1560년대부터 국가 영토의 경계를 수정하기 위해 노력했다(Buisseret 1984). 이는 과학적인 일이라기

보다 법률적인 절차에 가까웠다.* 그러니 두 사람의 삶과 노력은 통치적 지식의 형태로서 매핑에 대한 태도가 변화했음을 시사한다. 이러한 변화는 18~19세기 동안 집중적으로 나타났다. 드릴이 몰두했던 문제, 즉 영토 지식에 대한 진리의 추구는 이전 시대 동안 절대 군주를 섬기는 것과는 달랐다. 진리의 문제가 작동했다는 말이다. 이는 알려진 것이 무엇인지, 알아가는 최상의 방법이 무엇인지, 진리와 지식은 어떤 관계 속에 있는지 등의 의문과 관련되어 있었다. 이들은 매핑에 관여된 새로운 질문이었다.

주제도와 통치성: 계산하는 감시국가의 등장

앞에서 근대 국가는 영토의 인구와 인구 분포를 정치경제의 한 부분으로 파악하기 위해서 지도를 이용했다는 것을 이야기했다. 여기에서는 그러한 국가의 작업이 천편일률적이지 않았음을 살펴볼 것이다.

인구가 이해되는 방식은 역사적으로 상당한 변화를 겪었다. 19세기 초반 동안 정치경제학자들은 주제도를 발명했고, 그러면서 정치적 경계로 정의되는 특정한 장소와 이를 점유하는 사람들에 대한 지식은 인구 문제의 한 부분이 되었다. 장소가 이미 존재하는 것으로 가정되었으며, 그러한 장소들이 어떠한지가 의문의 대상이었다는 이야기다.

그러나 20세기 초반 무렵 지도학이 하나의 학문 범주로 발전하면서 강조의 방향에 역전 현상이 발생했다. 인구의 밀도와 특징으로 인해서 어떻게 장소가 **만들어지는지**가 더욱 중요해졌다. 장소 만들기나 공간의 생산이란 용어가 있듯이, 그러한 문제는 오늘날에도 여전히 우리가 장소를 이해하는 방

---

* 비세(Buisseret 1984)에 따르면, 변경 지역의 분쟁 지점에 법률 대리인들이 모였고 이들은 가장 연로한 거주민과 인터뷰하며 증언을 수집했다.

식을 구성한다. 이러한 개념들의 유용성은 경합의 장소나 대항적 생산의 측면을 인식할 수 있도록 하는 점에서도 찾을 수 있다.

예들 들어, 지방 정부의 GIS 프로젝트 대다수는 교통의 흐름과 같은 자원을 매핑하는 데 초점이 맞춰져 있다. 이는 응급차 경로, 교통 신호 타이밍의 패턴, 속도 제한, 경찰 배치 등에 대하여 함의를 가진다. 한편, 연방 정부는 공원 지역과 야생 구역을 관리하길 원한다. [1960년대 최초의 GIS는 토지 자원과 용도를 식별하려는 목적의 캐나다 정부 프로젝트에서 시작되었다] 비즈니스에서는 잠재적 고객이 어디에 있는지를 파악하고자 한다. 이들 모두는 자원을 관리하여 고갈 위험을 방지하려는 공통점을 가진다. 데이터의 수집과 분석이 특정한 통치 목적이나 목표와 분리될 수 없기 때문에, 여기에서는 통치성의 정치적 문제가 전면에 등장한다.

이러한 역전 현상이 언제 발생했는지를 정확하게 말하는 것은 불가능하다. 어쩌면 역전이 나타나지 않았을 수도 있다. 그러나 역전 현상을 예시할 수 있는 두 가지의 중대한 역사적 순간이 있었다. 첫째는 남북전쟁 직후 센서스 결과를 기초로 한 『1874년 통계 아틀라스』였다(Walker 1874). 이에 대한 논의는 매슈 한나(Matthew Hannah 2000)의 상세한 연구를 참조하며 제시될 것이다. 두 번째는 그보다 40년 후에 출간된 제1차 세계대전 이후 경계 설정인데, 여기에서는 인종을 기초로 유럽의 정치 지도가 새롭게 그려졌다는 사실에 주목해야 한다(Crampton 2007b; Winlow 2009).

매핑은 수천 년의 역사를 가지고 있지만, 주제도는 근대적 형태의 매핑이다. 이는 18세기 후반 이후로 개발되어 정교화되기 시작했다. 오늘날 GIS에서 사용되고 있는 주제도 형태의 대부분은 1850년대 무렵에 만들어졌다. 예를 들어, 단계구분도는 1826년에 처음으로 사용되었고(Delamarre 1909; Robinson 1982), 이는 윌리엄 플레이페어William Playfair의 1802년 말처럼 "눈에 말하는" [눈에 잘 들어오는] 주제도의 훌륭한 사례라 할 수 있다. 단계구분도는 그런 방식으로 자원 평가의 담론에 공헌하기도 했다. 플레이페어의 획기적인 그래프 통계에는 정치적 목적도 있었다. 예를 들어, 그의 무역수지 그래프는 정부로 하여금 다른 국가에 [특히 미국에] 채무를 줄이는 노력을 기울이도록 하였다.

1826년 최초의 단계구분도는 프랑스 각 지역의 인구 중 취학한 [남성] 아

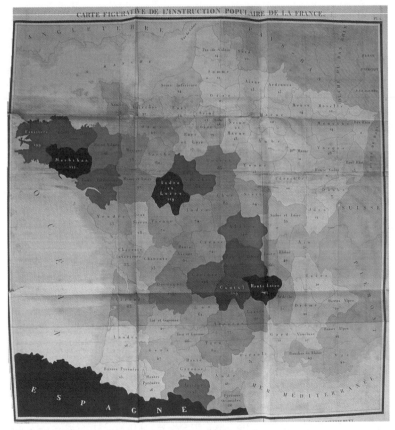

그림 6.1 바롱 샤를 뒤팽이 제작한 최초의 단계구분도(1826)
출처: Dupin(1827)의 사진

지도 패러독스

동의 비율을 나타낸다. 이를 통해 제작자 바롱 샤를 뒤팽Baron Charles Dupin은 계몽된 지역과 그렇지 못한 지역을 식별하고자 했다(Dupin 1827). 이렇게 해서 [학교 건축과 같은] 희소 자원에 대하여 더욱 효율적인 계획이 가능해 졌다. 이 지도는 당시에 엄청난 관심을 끌었고, 프랑스에서 학교를 확충하는 데 이바지했다. 이를 모방한 지도들도 많이 등장해서 거의 비슷한 지도가 [범죄, (벨기에, 네덜란드, 룩셈부르크 등 유럽) 저지대의 교육 등] 여러 가지 주제로 만들어졌다. 그러나 [수학자이자 경제학자였고 이후에 정치인이 된] 뒤팽은 지도학자가 아니었고, 지도 자체에는 [심지어 그가 중요한 지도의 형태를 창안했다는 사실에도] 큰 관심을 가지지 않았다. 그가 관심을 두었던 것은 정치경제, 특히 자원의 생산, 분배, 소비였다. 이후에 뒤팽은 국가의 건강과 인구의 교육 간 관계를 조명하며, 국가에 이로우면 인구에게도 이롭다고 주장했다. 역으로, 인구에게 이로우면 국가에도 이롭다고 말했다. 정리하자면 뒤팽은 인구를 국가의 자원으로 이해했다.

1874년 센서스 지도

이러한 합리성은 통계 매핑의 형태로 미국에서도 나타나기 시작했다. 이는 남북전쟁의 결과이기도 했다. 남북전쟁 직후인 1870년에 센서스가 실시되었다. 국가 전체를 조사하는 것에 대한 필요성이 커졌기 때문이다. 1870년 센서스에 대한 매슈 한나의 분석은 주제도의 최초 발명과 이후 20세기 초반의 "재발명" 사이의 중간 단계에 대한 연구로 볼 수 있다. 한나의 연구는 장소가 어떻게 "계산되어" 있었는지에 초점을 맞추고 있다. 공간의 계산이란 용어는 일부 학자들이 공간의 통치적 생산을 탐구하기 위해 사용하였다 (Elden 2007; Hannah 2009). 즉, 공간을 인지할 수 있는 자원의 세트로 생산하는 작업과 관계된 연구였다. 이에 대해서는 제11장에서 인종을 주제로 다시 논의하도록 하겠다.

앞서 간략하게 언급한 바와 같이, 워커(Walker 1874)의 『통계 아틀라스』는 미국 최초의 센서스 통계 지도집이다. 이 책은 몇 분야의 발전상을 한데 모은 것이라 할 수 있고 매핑 발전의 필수 요소였다. 첫째, 신생 근대 국가인 미국에서는 센서스를 통해서 국가와 국가를 구성하는 요소들에 대하여 알고자 하는 욕구와 알아야 하는 필요성이 있었다. 둘째, 19세기 초반 통계와 확률의 발명 덕분에 계산과 측정이 가능해졌다. 그러나 무엇을 측정하고 계산해야 하는지에 대해서는 의문이 있었다. 셋째, 인구는 영토에 분포하고 있었다. 정치적 지도학의 삼총사, 즉 정부, 통계, 인구가 갖추어져 있던 것이다. 다시 말해, 푸코가 말하는 "생명권력biopower" 관념의 기반이 마련되었다. 그리고 『통계 아틀라스』는 주제도를 통해 정치경제학자와 20세기 초반의 지도학자를 한곳으로 모으는 거멀못hinge과 같은 역할을 했다(그림 6.2).

당시의 인구에 대한 지대한 관심은 1900년대 초반 출간된 서적들을 통해서 확인할 수 있다. 이스턴 미시간대학교Eastern Michigan University의 지도학자이자 지리학자였던 마크 제퍼슨Mark Jefferson의 업적이 대표적이다(Martin 1968). 자신만의 혁신적인 지도학 기술과 경험을 바탕으로 이룬 제퍼슨의 인구 연구는 사람들이 어디에 어떤 이유로 살고 있는지 알 수 있게 해 주었다. [그는 1919년 파리강화회의에서 미국의 수석 지도학자로 파견되었다]

제퍼슨은 정치적 경계를 통해 장소를 정의하는 것을 넘어서 사람들이 살아가는 장소의 의미에도 관심을 가졌던 인물이다. 장소를 실제로 경험되는 공간으로 이해했다는 측면에서 제퍼슨은 시대를 앞서 갔던 사람이라고 할 수 있다. 이것은 실제로 오늘날 정치지리학에서 큰 영향력을 발휘하는 이해의 방식과 일치한다(Agnew 2002). 여기에서 사람들과 그들의 삶을 통해서

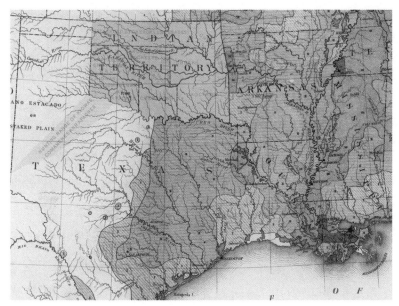

그림 6.2 『통계 아틀라스』에 수록된 "헌법 인구"의 밀도
출처: Walker(1874), 저자 촬영

구성된 장소를 이해하려는 명백한 욕구를 확인할 수 있다. 19세기 정치경제학자들의 접근 방식과는 확연한 차이가 있는 것이었다. 정치경제학자들은 사전에 정치적으로 구분된 지역에서 어떤 부류의 사람들이 살고 있는지만을 알고자 했기 때문이다.

"공간 구상": 파리의 미국인들

미국은 1917년 제1차 세계대전에 참전했고, 이와 동시에 "인콰이어리"란 명칭의 비밀 연구 단체를 결성해 평화를 준비하고 있었다. 인콰이어리는 윌슨 대통령이 창설했고, 아이제이아 보먼Isaiah Bowman이 이끌던 미국 지리협회American Geographical Society: AGS에 본부를 차렸다. 인콰이어리의 임무는 앞으로 다가올 [1919년 1월부터 6월까지 파리에서 개최되었던] 강화회의에서 사용될 미국 정책을 결정하는 것이었다. 전후 유럽의 지도를 새로 그리기 위해서 인콰이어리는 **정체성**과 **영토** 모두를 구분하고자 했다. 경계로 분할된 공간 [지역] 내부의 사람들, 즉 인구는 중요한 측면에서 유사해야만 했다. 19세기 이후로 언어가 정체성의 중요한 기준이었지만(Dominian 1917), 인콰이어리의 궁극적인 목표는 **인종 분할**racial partitioning이었다. 인종 분할 영토의 단위를 식별할 수 있다면, 유럽에서 안정적인 주권 국가를 설정할 수 있을 것이라는 기대가 있었다. 그렇게 되면 인종적 점유지 외부의 영토에 대한 권한을 주장할 수 없을 것이라고 예상했다. 다시 말해 구별되는 자연적 인종이 존재하고 각각의 범위를 분명하게 결정할 수 있다면 독자적으로 생존 가능한 평화로운 주권 국가가 유지될 수 있다고 보았다.

파리로 파견된 미국인들은 푸코(Foucault 1984: 244)의 말처럼 "공간을 구상"할 특별한 방안을 가지고 있던 것이다. 이들은 인종과 인종 경계를 이용했는데, 이 계획은 그림 6.3의 문서로 정리되어 있었다.

인콰이어리는 유럽에 임의의 경계를 부과할 생각은 없었고, 경계가 과학적으로 정당화될 수 있기를 바랐다. 윌슨 대통령은 미국이 "민족 자결의 의지"를 심어주길 바란다고 모호하게 선언했다. 그러나 민족은 **누구**였으며 그들은 **어디**에 있었을까? 인콰이어리의 소속원들은 그들이 각각의 인종이나 최소한 국적에 따라 경계를 신중하게 설정한다면 모든 이들이 행복하고 더 이상의 전쟁은 막을 수 있다고 믿었다. 오늘날 이스라엘/팔레스타인, 미국/멕시코 경계와 관련해서도 친숙한 생각이다. 그러나 윌슨 대통령의 연구자들에게는 새로운 문제였다. 과거의 식민주의 시대 외교관들은 인구를 거의 고려하지 않고 경계를 설정했고, 그 대신 원주민들이 "그들의 장소"에 계

III. 강화회의 주요 업무에 대한 인콰이어리의 지원 방안

1) **경계:**

  a) 인종 경계:

   i) 유럽, 아시아 터키 등의 인종 지도를 제작하여 경계, 혼합 구역, 불안 구역을 보여 줌.

   ii) i을 기초로 가능한 곳에, 즉 각국이 합의할 때 인종 경계를 설정, 합의에 이르지 못할 경우 가장 잘 따를 만한 경계 선정, 이 또한 합의에 도달하지 못하면 해당 지역을 지도화하고 인구의 밀도와 분포를 연구

   iii) 각각의 사례에 대하여 인종 분포의 안정성과 불안정성을 연구(예: 마케도니아, 북동부 알바니아), 정치적 경계와 통치 행위로 인한 변화, 안정성과 불안정성을 고려해 경제적, 종교적, 문화적 영향력 연구

  b) 경계 설정에서 필요한 역사적 사실과 민족적, 인종적 열망(예: 1912년 세르비아–불가리아 협정)

  c) 경계 설정에서 필요한 경제적 사실과 수요(예: 유고–슬라비아, 알바니아, 폴란드, 체코–슬로바키아의 균형 잡힌 경제 단위, 항구 접근성, 시장; 혼란을 방지해야 할 작은 단위)

  d) 경계 설정에서 방어의 필요성

  e) 경계 제안에 영향을 미치는 국제적 협약과 책무

2) **정부:**

  a) 인콰이어리는 각 "국가"의 경제적, 군사적 강점 및 약점, 정부 인사의 참여 방식에 대한 설명과 단독 정부 역량에 대한 평가를 제시할 수 있다.

그림 6.3 인콰이어리 문서 893 "예비 조사"
출처: FRUS(1942–7: Vol. I, 20)

속 머물 수 있도록 전략적으로 방어 가능한 경계 설정을 목표로 했다(Noyes 1994). 따라서 산 정상이나 하천을 비롯한 지형에 따른 경계가 좋다고 보았다(Holdich 1916). 이러한 관점을 옹호하는 대표적인 인물이 핼퍼드 매킨더 Halford Mackinder였다. 인콰이어리는 "이상적 지도 제작"을 추구했지만, 매킨더는 이미 1915년에 그것의 어려움을 경고했었다. 그 대신, 협상국이 "권력을 정복"하고자 한다면 독일의 날개를 잘라 내는 현실정치가 중요하다고 여겼다(Wilkinson et al. 1915: 142). 이러한 현실정치는 친숙한 것이었다. 이미 10년 전에 매킨더가 그 유명한 "추축pivot" 또는 심장부heartland 지도를 출간했기 때문이다. 이는 해양 기반 권력에서 대륙 기반 권력으로의 전환을 재현하는 지도였다(그림 6.4). 토얼(O'Tuathail 1996: 31)은 매킨더의 1904년 지도를 "어쩌면 지정학 전통에서 가장 유명한 지도"라고 말했다.

윌슨 대통령이나 인콰이어리처럼 등질한 인구 주위에 경계를 설정해야 한

THE NATURAL SEATS OF POWER.
Pivot area—wholly continental.   Outer crescent—wholly oceanic.   Inner crescent—partly continental, partly oceanic.

그림 6.4 매킨더의 추축 또는 심장부 지도
출처: Mackinder(1904)

지도 패러독스

다는 이들과 현실주의자들 간의 논쟁은 중요하다. 매킨더의 세계관이 냉전과 한 세기 동안의 지정학에 영향을 주었던 것처럼(Dodds and Sidaway 2004), 인구 기반의 매핑이 신자유주의에서도 계산하는 감시 국가calculating surveillant state의 도구로 사용되고 있다. 인구에 대하여 알고자 한다면, 국가는 상당수의 감시 방안을 동원해야만 한다. 센서스가 가장 명백한 계산적 감시 방안 중 하나다. 국경처럼 위험하다고 여겨지는 영토의 부분에서는 추가적 감시가 수행되기도 한다(Amoore 2006).

인콰이어리가 유럽의 국경 문제에 쏟아부었던 노력은 어마어마했다.* 150명으로 구성된 강력한 팀은 연구에 힘을 쏟아 수천 개의 문서, 보고서, 지도, 통계를 작성했다. 지리학, 역사학, 경제학, 영문학, 심지어 중세학에서 명망 높은 학자들이 동원되었다. 여기에는 아이제이아 보먼, 엘런 처칠 셈플Ellen Churchill Semple, [예일대학 총장을 역임한] 찰스 시모어Charles Seymour, 노동학자 제임스 숏웰James Shotwell, 인류학자이자 우생학자 찰스 대븐포트Charles Davenport,** 아르민 로백Armin Lobeck, 자연지리학자 더글라스 존슨Douglas Johnson 등이 포함되어 있었다.

인콰이어리의 구성원들은 장기간 답사를 떠나기도 했다. 저명한 저널리스트 월터 리프먼Walter Lippmann은 유럽으로 가서 영토 분쟁을 경험한 국가

---

* 인콰이어리의 역할에 대해서는 거의 알려지지 않았다. [예를 들어, 매킨더에 대해 알려진 것보다 훨씬 덜 알려져 있다] 인콰이어리의 지리학적, 정치학적, 지도학적 업적 또한 일부의 이례적인 예외를 제외하고 거의 검토되지 않았다. 한 가지 확실한 점은 파리강화회의에서 미국 사람들의 목소리가 가장 높았다는 사실이다. 윌슨 대통령의 "국가안전보좌관" 에드워드 하우스Edward M. House 주도하에서 인콰이어리의 활동은 미국 외교협회Council on Foreign Relations의 설립으로 이어졌다. 같은 방식으로 영국에서는 [채텀하우스Chatham House로 불리기도 하는] 왕립 국제문제 연구소Royal Institute of International Affairs가 설립되었다.
** 대븐포트는 당시 미국의 우생학을 이끌고 있던 인물이다. 인콰이어리는 1918년 봄과 여름 동안 그를 고용해 문제 지역에서 민족 인구에 관한 보고서를 준비하도록 했다. 그에 대한 보다 상세한 논의는 Crampton(2007b)을 참고하길 바란다.

의 대표자나 [소설가 허버트 조지 웰스 등] 당대 유명인과 인터뷰했다. 인콰이어리는 아이제이아 보먼의 스승인 마크 제퍼슨을 수석 지도학자로 고용했고, 미국 지리협회 건물 3층 공간 대부분을 점유했다. 경비원이 지켰던 이곳은 패스워드를 가진 사람만 출입할 수 있었다.

기존에 공개되지 않았던 인콰이어리의 지도를 살펴보자. 이를 통해, 지형을 시각화하고 영토 경계를 설정할 때 인콰이어리가 엄청난 주의를 기울이며 상세한 정보에 주목했음을 알 수 있다. 국경에 대하여 국가 간 분쟁이 있는 경우, 인콰이어리는 민족지적 조사를 수행해 "언어선linguistic line"을 고안해 내기도 했다. 이는 사람들이 실제로 사용하는 언어를 기준으로 영토를 구분한다는 인구 분할의 이상을 추구하기 위해서였다(그림 6.5). 이 지도는 "이탈리아가 주장하는 선"이 이탈리아어를 사용하지 않는 영토를 침범하고 있었다는 사실도 보여 준다.

로벡이 손으로 직접 그린 이 지역의 지도에서는 분쟁 도시 피우메Fiume 인근 석회암 지대의 싱크홀 대부분을 볼 수 있다(그림 6.6; 그림 6.7).

보먼은 로벡이 그러한 지도를 그릴 수 있었던 "네 명의 미국인" 중 한 명이라고 말했던 바 있다. 어쨌든 이것은 단순히 "지도를 그리러 가는" 일 이상이었다. 인콰이어리는 엄격한 조사 과정을 견뎌내야 했는데, 이는 법적, 정치적 문제에만 한정되지 않았다. 세계의 의견을 들어야만 했던 곳이기도 했다. [파리강화회의는 엄청난 주목을 받으며 개최되었다. 미국 대통령과 그의 스태프들은 호텔 전체를 점유하며 6개월 동안이나 머물렀다] 로벡의 지도는 점을 찍는 정도의 단순한 일이 아니었다. 가로 세로 5피트의 크기였고, 상세하게 표현하기 위해 세로 방향의 크기는 4배나 과장되어 있었다.

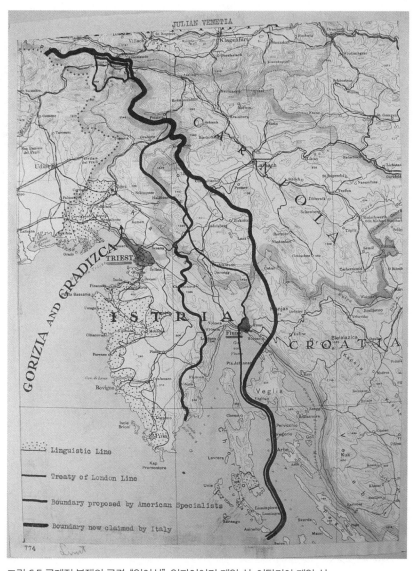

그림 6.5 국제적 분쟁의 국경, "언어선", 인콰이어리 제안 선, 이탈리아 제안 선
출처: NARA RG256, Entry 55 Italy

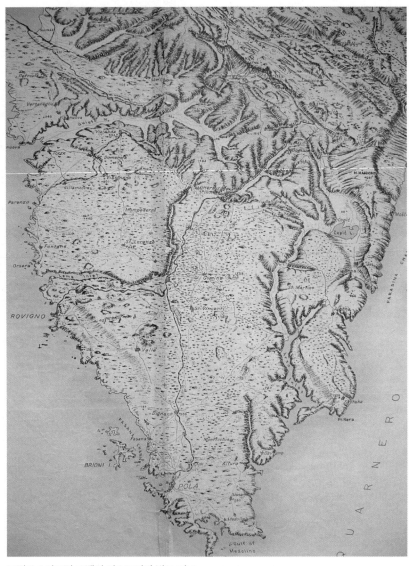

그림 6.6 아르민 로벡의 이스트리아 반도 지도

출처: NARA RG256, Entry 45

지도 패러독스

그림 6.7 아르민 로벡의 블록 다이어그램block diagram 지도
출처: NARA RG 256, Entry 45

요약

유럽에서 과학적인 인종 경계가 등장하는 데 [파리강화회의] 인콰이어리가
어떤 역할을 했는지 살펴보았다. 그러한 경계는 인종 분할의 아이디어를 반
영하는 동시에, 인종 분할이 지도에서 구획될 수 있다는 가정하에 만들어졌
다. 인콰이어리에서는 이 작업이 정체성을 공간으로 환원시키는 단순한 작
업이 아니라는 것을 알고 있었다. 하지만 신중하게 관찰하고 올바른 데이터
를 수집하면 영토와 그에 합당한 인구를 구별할 수 있다는 가정이 있었다.
"선동"을, 즉 "정치"를 제거할 수 있다면, 영토에 대한 경쟁적 주장의 늪에서
빠져나올 수 있다는 믿음도 있었다. 세르비아 지리학자 요반 시비집(Jovan

Cvijib 1918: 470)은 민족 답사를 통해서 유럽의 "자연 장벽"을 구분하여 "문명화의 구역"을 찾아낼 수 있었다고 말했다. 그러나 인류학에서는 정반대의 이야기를 한다. 인종 구별에 대하여 인류학자 조나단 막스(Marks 1995: 275)는 "얼마나 많은 인종이 존재하는지, 그들 사이의 경계는 어떻게 그려지는지, 장소와 민족을 하나로 묶는 그러한 경계가 무엇을 재현하는지 우리는 알지 못한다"(인종 관련 논의는 제11장 참조)라고 말했다.

따라서 매핑과 정치를 이해하는 한 가지 유용한 방법은 그것들을 통치 기술로 파악하는 것이다. 그러나 국가의 수준에서만 생각해서는 안 된다. "유일한" 정부를 넘어서 다양한 통치 수준이 존재한다. 도시, 근린, 가정에 대한 통치가 작동하고, 심지어 자아에 대한 통치[기술]도 존재한다. 이 주장은 푸코(Foucault et al. 1988)의 후반부 연구에서 핵심을 차지한다.

마지막으로, 정치경제에 대한 통치적 접근에 대한 비판을 생각해 보자. 무엇보다, 국가에 대한 이론이 없는 상태에서 그러한 접근이 가능할까? 이런 맥락에서 제임스 스콧(James Scott 1998)의 영향력 있는 업적 『국가처럼 보기Seeing Like a State』도 생각해 보자. 그는 가독성legibility 개념을 제시하며, 국가가 [주소 체계, 지적 측량, 격자 계획, 지식의 표준화 등을 통해서] "사물의 올바른 배치"를 관찰하고 다루는 방식을 논의한다. 그의 주장에 따르면, 중앙집권적인 계획과 지도 주도형 국가는 로컬 지식을 중시하는 국가보다 성공적이지 못했다. 이를 기초로 매슈 한나는 계산가능한 영토calculable territory의 두 가지 핵심 요소를 제시한다. 첫째는 **가독성**이고, 둘째는 [GIS, GPS, 지형도 등을 통해서] 영토에 대한 지식이 **동원**되는 방식이다. 국가가 영토를 계산하기에 여념이 없다면, 어떻게 우리가 국가에 [또는, 국가의 실패에] 대한 이론 없이 잘 버텨낼 수 있겠는가?

이 질문에 대하여 푸코는 『생명 정치의 탄생Birth of Biopolitics』에서 다음과

지도 패러독스

같이 답했다. "그렇다고 답할 것이다. 나는 … 국가에 대한 이론 없이 지내야 한다. 소화가 되지 않는 음식을 포기하는 것과 마찬가지다(Foucault 2008: 76-77)." 일면 맞는 이야기지만 9·11 이후 벌어진 국가의 시민 자유권 침해나 감시 국가의 진전 등에 관심을 두는 사람들을 설득하기에는 역부족이다. 이와 관련해서 푸코는 다음과 같이 말하기도 했다.

> 국가 이론 없이 버틴다는 말이 무슨 말인가? 나의 분석에서 국가 메커니즘의 존재나 효과를 부인한다고 생각하면, 그건 오해이거나 잘못된 이해이다. 어쩌면 여러분 자신을 속이는 것이다. 진실을 말하자면, 정반대가 맞는 이야기다. 무엇을 연구하든 국가가 수많은 실천, 행동 양식, 통치성을 하나하나씩 점진적으로, 그리고 꾸준하게 장악하는 모습에 주목해 왔다. 광기와 그것의 범주화, 준자연적 사물, 정신질환, 임상의학, 규율 메커니즘의 통합, 처벌 시스템의 기술 등의 사례에서 모두 그랬다. 국가의 통제로 옮겨가는 문제, 즉 "국가화statification"는 언제나 내가 다루고자 하는 문제에서 핵심을 차지했다(Foucault 2008: 77).

이것을 고찰하는 하나의 방식은 통치성이 말끔하게 정돈되지 않은 다양한 지리에서 위계적으로 작용한다고 생각하는 것이다. 개인적 수준에서부터 지역, 국가에 이르기까지 말이다. "단지 부분적으로만, 그리고 확신을 갖지 못한 채 지속적인 불신의 표현이 되풀이"된다고 할지라도(Hannah 2009: 66), 통치성 논의는 그런 방식으로 국가 이론가들과 조응할 수 있다. 마찬가지로, 제솝(Jessop 2007)도 다음과 같이 통치성과 마르크스 이론 간의 양립 불가능성은 자명하지 않다고 말했다.

마르크스가 자본 축적과 국가 권력의 원인을 설명하고자 했다면, 푸코는 규율성과 통치성에 대한 분석을 통해서 경제적 착취와 정치적 지배의 방식을 설명하려는 듯하다. … 이렇게 다시 읽고 생각해 보면, 비판적 마르크스주의와 푸코주의 분석 간의 대화는 많은 이들이 생각하는 것보다 더 많은 [교류의] 여지가 있을 수 있다(Jessop 2007: 40).

한나는 계산가능한 영토 개념을 통해서 두 가닥의 주장을 [즉, 통치성과 마르크스에 정통한 국가 이론을] 한데 모으는 것이 가능하다고 보았다. 이런 주장이 [보다 많은 연구가 필요할 정도로] 부정확해서 이 장에서 통치성만을 다루는 것은 아니다. 국가와 매핑 간의 관계를 검토하는 데 [마르크스주의에 비해] 통치성이 지도학적으로 다루기 쉬운 용어이기 때문이었다. 여기에서는 나의 논의가 너무 단정적이지 않도록 암시적인 상태로만 남겨 놓고, 다음의 몇 장에서 논의를 계속해 이어 나가도록 하겠다.

제7장

지도학 해체의 정치사: 할리, 골, 페터스

1977년 5월 늦봄의 어느 날이었다. 날씨는 화창했고 기온은 21℃ 정도였다. 장소는 잉글랜드 남서부 데번Devon의 뉴턴애벗Newton Abbot 북쪽이었다. 이곳에서 두 남성은 하이위크에서 올 세인트 처치로 향하는 산책길을 거닐었다. 한 사람은 현지인이고 다른 사람은 런던에서 온 방문객이었다. 현지인 가족의 복서견 벨라도 함께 걸었다. 이 개는 길을 따라 여기저기를 뛰어다녔고 이따금 들판으로 사라졌다. 아주 친숙한 길이었기 때문에 개를 잃을 걱정은 없었다. 산책의 "일상적인 경로는 … 노울즈 힐 로드를 따라 동쪽으로 향하는 길이었다. 이곳은 지도의 오른쪽 구석 근처에서 목초지를 따라 북쪽에 있다. 이 길을 따라가면 하이위크 교회가 나왔고, 여기에서 우리는 뒤를 돌아 주택가를 거쳐 집으로 돌아왔다(Woodward 2004)".

교회까지 가는 길은 살짝 경사진 언덕이었지만 두 남성 모두 힘들어하지는 않았다. 복서견의 주인은 45세였고, 젊었을 때 즐겼던 크로스컨트리 훈련 덕을 보고 있었다. 산책로는 언덕을 감싸며 돌아오는 길이었고, 언덕의 경사는 그다지 가파르지 않았다. 이들이 거닐던 길 왼편의 나무숲과 산책의 목적지인 제1차 세계대전 추모비가 세워진 교회 사이에 있던 작은 마을은 이제는 사라지고 없다.

런던의 패딩턴역에서부터 뉴턴애벗에 이르는 3시간 여행은 아주 즐거운 일이었다. 두 사람 다 노울즈 힐 로드 6번지 브라이언 자택의 추운 사무실을 벗어나는 것을 즐거워했다. [이 공간의 난방은 "온디맨드"였다] 교회로 향하는 길을 반쯤 지나면 "오른쪽에 들판이 맞닿아 있고 산울타리가" 나왔다. 바로 이곳에서 [중요한 정보인지는 모르겠으나 정확하게 말하면 북위 55°32′ 15.4″, 서경 3°37′05.8″ 좌표에서] 그들은 운명적인 대화를 나누었다. 학계에서 활동하고 있는 두 사람은 역사, 구체적으로 매핑의 역사에 대해서 말하고 있었다. 두 남성은 [지금쯤 여러분 모두 눈치챘을 것 같은 데이비드 우드워드David Woodward와 브라이언 할리Brian Harley는] 당시 지도학사 연구 상황이 불만족스럽다고 공감하고 있었다. 당시 브라이언은 북아메리카의 매핑에 관한 네 권의 저술 작업을 준비하는 중이었다. 탐험기부터 빅토리아 시대까지 이어지는 엄청난 역사적 내러티브를 포함하는 프로젝트였다. 브라이언은 이 작업을 "어쩌면 여생을 모두 바쳐야 하는 15년의 프로젝트"로 생각했다.

데이비드는 "지도학의 **일반** 역사를 다루는 네 권은 어떤지"를 물었다. 자연스럽게 나왔던 아이디어였고, 그렇게만 된다면 [각 권 25만 자, 총 100만 자 분량의] 이 책들을 두 사람이 함께 편집할 수 있었기 때문이다. 당시 데이비드는 "우리 인생의 **10년**만 쓰면 충분하다"고 말했다.

실제로는 10년이 지나서야 첫 권이 나왔고, 이후에 시리즈는 총 여섯 권으로 늘어났다(Harley and Woodward 1987). 본서를 집필하고 있는 2008년까지도 단 세 권만이 출간되었을 뿐이다(Woodward 2007)*. 교회까지 거닐던 "데

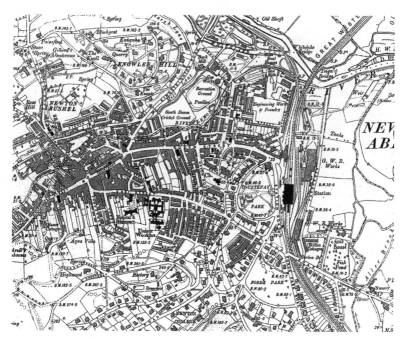

그림 7.1 뉴턴애벗(영국 지리원 6인치 지도)
출처: Harley(1987)

번 산책"은 할리의 14년 여생 동안 많은 기억을 남겼다. 이 교회에서 딸이 결혼했지만, 할리(Harley 1987: 20)에게 "이곳은 슬픔의 장소이기도 했다. 아내와 아들이 교회 북쪽 담 쪽에 묻혀 있기 때문이다". [할리의 아내와 아들은 1983년 각기 다른 이유로 세상을 떠났다] 가족 이야기를 쓰고 몇 년이 지나지 않아 그 또한 같은 장소에 묻혔다.

브라이언 할리는 역사지리학, 지도학사, 매핑에 큰 영향을 미친 인물이다.

---

* 역주: 이 책의 번역 작업이 이루어지고 있는 2023년 2월 현재 여섯 권 중 다섯 권의 발간이 마무리되었다. 4권은 2019년, 6권은 2015년에 완료되었고, 5권의 작업은 여전히 진행 중이다. 관련 정보는 위스콘신 주립대학교 지리학과의 프로젝트 홈페이지(https://geography.wisc.edu/histcart)에서 확인할 수 있다.

그림 7.2 1988년 브라이언 할리의 모습
출처: Ed Dahl 촬영 사진

이 장에서는 앞에서 말한 5월의 아침에 할리가 무슨 생각을 했는지를 살펴볼 것이다. 할리의 추모식에서 한 연사가 말했듯이, "지도학사와 관련해 [사망 직전까지] 10년 동안 브라이언 할리가 이룬 업적은 그 이전 50년 동안 모든 사람이 했던 일보다 많았다(G.M. Lewis 1992: 19)".

매우 인상 깊은 추도사가 아닐 수 없다. 그러면 할리와 우드워드가 어떤 생각을 하고 있었는지 우드워드의 회고를 읽으며 생각해 보자.

선사, 고대, 중세 시대의 지도학을 경험하면서 우리는 지도를 매우 다양한 각도에서 바라볼 수 있다는 사실을 깨달았다. 지도가 단순히 측정되고 객관적으로 재현된 것만은 아니란 뜻이다. 할리는 몇 권으로 구성된 [지도학] 역사책이 참고서적 이상이어야만 한다고 주장했다. 그는 물질적 접근을 넘어서 해석적 접근의 새로운 길을 개척하고자 했다. 그러면서 표면적으로 분명해 보이지 않는 지도 속의 의미를 알아내려고 애썼다. 물리적 밀리우milieu를 재현하는 지도를 넘어서, 집필의 범위도 상

　　　　　　　　　　　　　　　　　　　　　　지도 패러독스

상력이 동원된 우주 구조학cosmography 지도까지 넓혀야만 했다. 공간에 대한 구조화된 개념을 보여 주고자 하는 노력이었다. 이러한 확장의 과정을 거쳐서 다른 분야, 예를 들어 역사학, 예술사, 문학비평 분야의 학자들과 새로운 관계도 형성되었다. 무척 보람된 일이 아닐 수 없었다(Woodward 1992b: 121-1).

새로운 길을 개척하고, 새로운 관계망을 형성하는 것은 전혀 쉬운 일이 아니었다. 우드워드가 1995년의 한 인터뷰에서 다음과 같이 밝힌 것처럼, 그들의 작업은 반대에 직면하기도 했다.

지도가 무엇인지에 대한 개인적인 생각을 재정의해야만 했다. … 지도에 대한 서구적 생각에는 한계가 있었기 때문이다. 우리는 대개 지도를 체계적이고 기하학적이라고 생각한다. 축척과 투영법을 가지고 측정할 수 있다는 이유로, 지도를 편견 없는 절대적 진리처럼 말하기도 한다. … [이와 달리 아시아 사람들은] 땅의 정신을 포착하는 데 훨씬 더 많은 관심을 기울였다. … "그런 것은 지도가 아니라 종교에 대한 진술에 불과"하다고 비판하는 지리학자들도 있었다. … 개인적으로 우리가 한 일이 무척 기쁘다. 종교, 문학, 문화와의 연줄을 열었기 때문이다(Hayes 1995).

할리(Harley 1989)는 지도의 해체deconstruction 관련 업적으로 가장 잘 알려져 있다. 그러나 그가 이론가는 아니었음은 분명히 해 둘 필요가 있다. 실제로 할리가 가장 인정받는 업적 중 하나는 영국 지리원Ordnance Survey 지도와 제작 기술에 대한 상세한 경험적 설명이다. 이데올로기에 사로잡힌 인물도 아니었다. 이것저것 시도해 보는 사람이었다. 그래서 할리의 업적을 요약할 수 있는 어떠한 이론적 입장도 존재하지 않는다. 그는 도상학, 기호학, 예술사, 프랑스의 해체 등 다양한 접근을 시도했다. 이들 중 하나를 선택해서 사용하고 꽤 심각하게 생각한 다음에, 눈이 번쩍 뜨이는 새로운 것이 보이면 그것을 손에서 놓았다. 그 대신 [이론이 아니라!] 구호나 선언이라고 할 수 있는 것은 있었다.

지도는 어때야 한다고 지도학자들이 말하는 것에 대하여 반대의 목소리가 거의 없는 광범위한 합의를 무비판적으로 받아들인다면, 그것은 이해의 장애물에 불과하다(Harley 1989a: 1, 원문 강조).

그의 동료이자 친구인 매슈 에드니(Matthew Edney 1992)가 추도사를 썼을 때 제목에 "질문하기"란 말이 세 번이나 등장했다. 과장된 말은 믿지 말라! 이것이 비판 지도학자 할리를 상징하는 말이다. [비판적 태도와 관련해서는 제2장 참고] 지도학 밖에서 그는 이론적인 인물로 알려졌지만, 그의 업적은 지도학에서 이론이 무미건조한 것으로 여겨졌을 때 이루어졌다. 할리 자신도 이론가라고 생각하지 않았다. 그의 마음가짐은 언제나 매우 경험적이었다. 그는 매핑과 GIS에 대하여 명료하고 신선하게 생각하는 방법들을 자신의 경험적 감수성을 바탕으로 섞어 놓았을 뿐이다. 그에게 거대 이론이라는 것은 없었다.

진리와 권력: 사회적 실천으로서 지도학

그렇다면 할리는 실제로 무엇이라고 말했을까? 그는 원래 영국 태생의 역사지리학자였다. 학자 이력의 초반에는 중세 시대 영국의 역사지리에 관한 연구에 열중했고, 역사가들을 위해서 영국 지리원 가이드를 작성하기도 했다(Harley 1964). 할리는 지리원의 옛 지도 시리즈를 좋아했고, 이것의 복사본이 재발행될 때 "1인치" 지도에 대한 역사 서지 에세이를 작성했다(Harley 1969-71).* 그는 지도가 연구의 핵심 자료임을 깨닫고 지도를 평가하는 방법을 개발했다. 지도가 믿을 만하지 못하다면, 또는 지도의 특정한 측면만 신뢰할 수 있다면, 이것으로부터 도출된 역사적 결론에 [나쁜] 영향을 준다고 생각했기 때문이다.

1970년대 동안 할리는 데이비드 우드워드를 자주 만났지만, 둘 중 어떤 누구도 그들의 협력이 얼마나 위대한 결과를 낳을지 기대하지는 못했을 것이다. 이 두 사람은 오랜 기간 계속되고 있는 지도학사 프로젝트만을 함께한 것이 아니었다. 물론 이것이 지도학에서 가장 중요한 학문적 프로젝트인 점을 부인하기 어렵다. 할리는 또한 지도의 엄청난 다양성에 흥미를 가져 지도에 대한 자신의 개념을 재정립하였다. 이것은 방법론에서 시작해 보다 이론적인 지식에 입각한 접근으로의 변화를 의미했다.

1980년대와 1990년대 초반 사이의 연구 논문에서 할리는 커뮤니케이션 도구로서의 지도 개념에 도전하여 지도를 권력의 효과로 재인식했다(Harley 1988a; 1988b; 1989a; 1990; Harley and Zandvliet 1992). 제5장에서 살펴보았듯이, 비평가들은 커뮤니케이션 모델로서 지도는 불충분하다고 생각했다. 할리 또한 그러한 점을 확고하게 이해하고 있었지만, 무엇으로 대체해야 하는지에 대해서는 일관된 생각을 가지지 못했다. 계속해서 꾸준히 지도와 지도학에 대하여 다른 이해의 방식을 찾으려고 온갖 노력을 쏟아부었다.

이 중 가장 많이 알려진 것은 지도의 해체에 관한 논문이다(Harley 1989a).

---

* "1인치" 지도는 1마일을 1인치로 줄인 1:63,360 축척의 지도를 말한다.

여기에서 그는 데리다Derrida와 푸코Foucault에 주목해 지도를 권력/지식 시스템의 행위자로 인식했다. 그리고 지도가 사회와 별개로 존재하지 않는다고 이해했다. 이 논문을 수정한 또 다른 글에서 할리(Harley 1992a: 232)는 "지식의 정치를 초월하는" 존재로 지도를 인식해서는 안 된다고 말했다. 푸코를 읽고 받아들이면서 도출해 낸 주장이었다. 그러나 그가 얼마나 깊이 이런 연구를 하고 싶어 했는지는 불분명하다. 단지 2년 후인 1991년 12월 59세의 나이로 사망하면서 이 아이디어에 대한 심도 깊은 탐구가 중단되고 말았기 때문이다.

그러나 할리가 그의 업적에서 거부하고 싶었던 부분은 분명했다. 첫 번째는 과학적인 지도만이 진리라는 견해였다. 할리는 반과학적인 인물이 아니었지만, 과학이 진리의 전부를 보장하지는 못한다고 분명하게 이해했다. 과학이 제시하는 진리는 너무나 쉽게도 다른 지식을 [예를 들어, 예술이나 과학 이전의 문화를] 배제하는 경향이 있다. 그래서 할리는 과학적인 것만을 진지하게 생각하는 지도학자와 GIS의 과도한 노력에 대하여 자주 우려를 표명했다. 이는 학문적 스펙트럼에서 다른 위치에 있지만 과학적 진실성에 대하여 회의적이었던 학자들의 견해에 부응하는 것이다. 미국 지리협회 American Geographical Society: AGS 사서이자 사무장이었던 존 커틀랜드 라이트John Kirtland Wright는 이미 1942년에 다음과 같이 주장했다. "잘 그린 지도가 제시하는 정돈되고 정확하며 명확한 모습은 과학적 진실성의 분위기를 자아내지만, 이것은 그만한 가치가 있을 수도 있고 그렇지 않을 수도 있다(Wright 1942: 527)".

할리의 입장은 이보다 훨씬 더 급진적이었으며, 여기에서 그가 두 번째로 거부하고 싶던 문제가 나온다. 그것은 바로 지도가 사회적 맥락에서 어떻게 활용되는지를 지도학과 GIS에서는 설명하지 않는다는 점이다. 할리는 무엇보다 권력/지식의 관계를 중시했다. 할리와 우드워드의 역사는 새로운 학문을 기초로 최상의 기준으로 쓰였다는 점에서 철두철미하게 현대적이라고 할 수 있다. 기존의 역사를 업데이트하는 수준이 아니었다는 말이다. 그들은 자신들의 분야, 즉 지도와 매핑을 재정의할 수 있는 프로젝트를 계획했다. 불합리, 종교적 신조, 미신 등에 대하여 지식과 과학의 승리를 말하는 지도의 이야기도 아니었다. 브라이언 할리가 공동 편집자로 있는 한, 프로젝트는 비판적 지도학사가 될 수밖에 없었다. 객관성이나 자연주의와 관련된 주장은 검토의 대상이 되고, 지도에 관한 서구적 정의는 원주민과 비서구 매핑 전통까지 고려하기 위해서 [서구에서 역사상 처음으로] 확대되었다. 핵심은 아니었지만, 할리의 지도학사 시리즈는 매핑의 정치적 차원도 회피하지는 않았다. 다시 말해, 영토를 매핑하는 과정에서 발휘되거나 그런 가운데 생산되는 지식의 유형과 관련된 권력 관계를 검토했다. 지도는 경관의 진리를 기록하는 효율적 문서로서만 이해된 것이 아니라, 그러한 진리를 생산하는 능동적 도구로서도 기능한다고 여겼다는 이야기다.

페터스 지도 논란: 상황적 지식과 진리의 정치

… 악마 같은 메르카토르.

1922년 전 AAG 회장 존 폴 구드John Paul Goode

지도를 상황적이고 정치적인 지식으로 이해하는 할리의 주장과 관련해 가장 적절한 사례 중 하나가 지도학 역사의 중심에 있다. 그것은 바로 독일 역사학자 아르노 페터스Arno Peters가 제작한 지도에 관한 오랜 논쟁이다. 이로 인해 학계는 양분되었고, 잊혔던 무명의 스코틀랜드 성직자 한 명이 논란

속으로 소환되었다.

왜 그랬는지 살펴보기 위해, 데번을 떠나 북쪽으로 이동해 역사 도시 에든 버러로 이동해 보자. 에든버러 로열마일의 하이 스트리트 65번지에는 복음 주의 교회인 카러버스 크리스천 센터Carrubbers Christian Centre가 있다. 로 열마일에 남아 여전히 본래의 목적(예배 장소)으로 쓰이는 몇 안 되는 건축물 중 하나다. 이것은 한 시대를 주름잡던 복음주의자 네 명이 1858년에 창립 한 교회이다. 이 중 제임스 골James Gall이라 불리는 창립자가 1895년 사망 했을 때, 교회 연감에는 다음과 같은 글이 기록되었다.

> 우리가 사랑하는 이 형제는 어릴 적부터 주님의 일에 헌신했다. … 세련 된 마음가짐, 풍부한 상상력, 성경에 대한 철저한 지식을 가졌고, 유능 하며 흥미를 끄는 작가이자 스승이기도 했다. 하지만 그가 책에서 발휘 하는 상상력의 범위가 과도하게 넓다고 생각하는 사람들도 있었다(Car- rubber's Mission 1983).

교회의 추도사 담당자가 골의 글이 과도한 상상력을 발휘한다고 말한 이 유는 명백했다. 골은 천문학 관련 서적을 몇 편 쓰기도 했지만, "성서의 인 류학"이라는 이름으로 "태초의 인간"이 어떻게 기원했는지를 논하기도 했 다. 이는 19세기 동안의 새로운 고고학적 발견, 다윈의 진화론, 그리고 자신 의 종교적 신념 사이에 조화를 추구한 것이었다. 골에 따르면, 이러한 조화 는 아담 **이전에** 인류가 존재했다는 사실을 받아들여야만 가능했다. 이것이 "선아담론Preadamism"이라고 불리는 신념이다. 선아담론자들은 19세기 동 안의 지질학적 발견을 참고해 오래전 지구의 모습을 이해한다. 동시에 성경 의 재난, 성스러운 경전, 아담과 이브의 역사적 실체성과 노아를 비롯한 그

지도 패러독스

들의 후손 등을 문자 그대로 받아들이며 믿는다(Livingstone 2008). 골은 예수가 "어느 별자리에서" 물질적 형태로 살아 있다고 쓰기도 했다. 예수가 승천해 말 그대로 천국에 물질적으로 존재한다고 믿었던 것이다.

이렇게 불가사의한 믿음을 가진 골이 어떻게 지도학자들 사이에서 선망의 권위를 가진 인물이 되었을까? 이에 대한 답은 상황적인 지리학 지식이 어떻게 특정한 시간과 장소에 맥락화되는지를 확실하게 보여 준다. 지도학자들은 제임스 골이 1960년대 후반과 1970년대 전반 사이에 혜성처럼 등장한 아르노 페터스 도법의 실제 발명가라고 칭송한다. 골과 그의 신념에 대한 정보는 권위 있는 교재에서도 매우 부족한 상태이다. [골에 대해 앞으로 등장할 이야기 대부분이 사상 처음으로 소개되는 것이다] 골이 기상천외한 믿음을 가진 비범한 사람에 머물렀다면, 지도학자가 되지 못했을 것이다. 그는 아리스타르코스Aristarchus 분화구를 근거로 달 내부의 움푹 파인 곳에 사람들이 산다고 주장했다(Gall 1860[1858]). 여기에는 빛을 비추는 중심핵이 있어 낮이 지속된다고도 믿었다. 또한, 아담과 이브 이전에 살던 종족은 6,000년 전 에덴에서 추방당했다는 주장도 했다. 그에 따르면, 이 종족은 타락한 천사 사탄의 후예이다. 이러한 발상은 장소에 근거했고, 지도는 그것의 일부였다. 골에게 이러한 생각을 자극한 지도학자들은 실제 이야기에서 빠져 있다.

선아담론

오늘날 선아담론은 잘 알려지지 않았다. 어쩌면 150년 전 사람들도 잘 몰랐을 것이다. 하지만 선아담론이 성경의 성스러운 말씀과 당시의 과학적 발견을 조화시켰던 진지하고도 현명한 노력이었음은 분명하다(Snobelen 2001). 여기에는 오늘날 창조론자들의 주장과도 일치하는 부분이 있다. [아담, 이브, 노아 등] 성경의 사람과 사건은 실제의 역사처럼 받아들여지고, 신의 영감을 받은 성서에는 잘못이 없다고 말하기 때문이다. 골은 선아담론을 자신의 방식으로 확장해 이야기했다. 창세기의 처음 다섯 장은 신의 계명을 받은 모세가 작성한 글이 아니라고 설명했다. [모세오경이라고 알려진 성경의 첫 다섯 권(창세기, 출애굽기, 레위기, 민수기, 신명기)은 유대교 율법 토라Torah의 일부이며, 이는 초창기 교회로부터 모세에게 전해졌다고 말했다] 창세기 1장은 노아가 쓴 것이며, 아담이 2장을 쓰고 난 다음 1,000년 후에 쓴 글이라고 주장했다.

이처럼 골은 성경과 과학의 조화를 추구했지만, 당대의 유명 공상과학 소설가 쥘 베른Jules Verne에 필적할 만한 자신의 상상력을 억누를 이유는 없다. 골은 자신을 달에 사는 사람의 입장에 대입하며 다음과 같이 말했다.

우주적 환대를 옹호하는 친구들이여, 아주 상쾌한 조망의 장이 여기에 있다! 지금까지 우리는 옳지 못한 곳에서 달 사람을 찾아 헤맸다. 한탄스럽고 불필요하게도 공기가 없는 곳에서 말이다. 안으로 들어가 들여다보자. 그러면 무엇을 볼 수 있을까? 그곳에는 중력이 균등하게 분포하는 오목한 세상이 있다. 움푹 파인 달의 표면으로 들어가면 구름 위를 날아다닐 수도 있을 것이다. … 낮만 지속되는 기쁨 속에서 살며 **매우** 확실한 여름의 따뜻함도 즐길 수 있다(Gall 1860[1858]: 50-51).

이와 같은 아리스타르코스 분화구 안쪽에 대한 골의 상상은 오래된 지구 공동설hollow earth narratives의 전통에 근거한 것이었다. 골의 책이 나오고 얼마 지나지 않아서 출간된 베른(Verne 1863)의 『지구 속 여행Journey to the Center of the Earth』은 지구 공동설을 보다 상세히 전했다. 이들보다 훨씬 앞

지도 패러독스

선 17세기 천문학자 에드먼드 핼리Edmond Halley는 1692년 지구를 포함한 모든 행성은 내부 세계를 가지고 있다고 가정했다. 이들은 층층이 감싸고 있는 형태이며, 가장 안쪽에는 작은 태양이 있다고 말했다. 지구 공동설은 이후에도 [미국과 영국 간의] 1812년 전쟁 참전 용사 존 시메스John Symmes를 통해서 대중화되었고, 19세기 내내 커다란 영향력을 떨쳤다(Clute and Nicholls 1995).

오늘날 우리에게 골의 상상은 말도 안 되는 이야기다. [다음 장에서 **태양** 생명체의 존재 가능성을 논할 것이다] 그래서 지도학자들이 골을 매우 높게 평가하며 페터스를 깎아내리는 이유가 더욱 흥미로워진다. 실제로 둘 사이에는 공통점이 아주 많다. 둘은 모두 종교에 충실한 사람으로 세상을 더 나아지게 하려는 욕구도 가지고 있었다. 페터스 지도를 받아들이고 전파하는 데에서 복음주의 단체들이 역할이 중요했다. 어쩌면 골은 페터스를 괜찮게 생각했을지도 모른다.

스코틀랜드 국교회 성직자 제임스 골

제임스 골은 1808년 9월 27일 에든버러에서 인쇄업과 지도 제작을 하는 집안에서 태어났다(그림 7.3). 골과 [제임스 골이란 이름을 공유했던] 그의 아버지는 모두 복음주의자였고, 오늘날의 말로는 크리스천 과학자로 불릴 만한 사람들이었다. 마치 자연의 모든 곳에서 신의 손길을 찾으려 하는 학자 같았다(Livingstone 1992a: 105).

과학과 종교적 세계관을 통합하려고 노력했다는 점에서 골은 오늘날에도 매우 흥미로운 인물이다. 그는 오늘날의 창조론자와는 달리 지질학과 다윈 진화론의 발견을 거부하지 않았다. 골은 지식과 종교는 상호강화적이라고

그림 7.3 목사 제임스 골
출처: 카러버스 크리스천 센터(Carrubber's Christian Centre) 연간 리포트

다음과 같이 말했다.

과학적인 안목과 역사적인 안목을 동시에 가지고 동일한 사물을 입체
적으로 본다면, 그리고 두 가지 표현이 합치하는 곳을 찾는다면, 사물은
가시적 현실의 모습으로 명확하게 보일 것이다. … 과학적 크리스천은

만물이 어떻게 성경과 연결되었는지를 이해하여 알 수 있지만, 비과학적 크리스천은 그렇지 못하다. 크리스천 철학자는 만물이 어떻게 과학과 연결되어 있는지 이해하여 알 수 있지만, 성경을 읽지 않는 사람은 같은 것을 알아차리지 못한다(Gall 1860[1858]).

성경은 역사적 문서로 지상에서 발생하는 사건을 이야기하고, 과학을 통해서는 세상이 밝아질 수 있다는 말이다. 이렇게 두 가지가 조화를 이룰 수 있다. 두 가지 책의 아이디어는, 즉 자연의 책과 창조주의 책이 있어서 진리를 좇아 각각을 읽을 수 있다는 말은 성경에서 [시편 제19편] 찾을 수 있다.* 프랜시스 베이컨Francis Bacon도 같은 견해를 가졌다.

골은 천상이 성자, 천사, 악마, 창조주, 예수, 성령이 있는 장소라는 성경의 내용을 문자 그대로 받아들여 천문학에 관심을 가졌다. 천문학자가 항성과 행성에 대하여 무엇인가를 밝혀냈을 때, 크리스천 과학자로서 골은 "역사적으로 이미 알고 있는 사실이라고 그에게 말할 수" 있었다(Gall 1860[1858]: 25).

천문학 연구를 통해서 골은 매핑과 투영법에 대하여 생각하게 되었다. 그가 나중에 집필한 『작은 별자리 아틀라스』에서 밤하늘을 완벽한 형태로 재현하는 일은 매우 어렵다고 말했다. 그래서 작은 부분이 아니라 "하늘의 3/4을 포함하는" 파노라마 같은 투영법을 원했다(Gall 1885: 119). 골은 지구에서 관찰자의 시각과 같은 모습으로 별자리의 형태와 면적 모두를 유지하길 원했기 때문은 문제는 더욱 어려워졌다. 처음에는 메르카토르 투영법을 사용

---

* 관련 논의에 대하여 데이비드 리빙스턴David Livingstone의 도움을 받았다. 이는 골이나 이자벨 덩컨Isabelle Duncan 같은 19세기 복음주의자들 사이에 유행했던 견해이다(Duncan 1860/1869; Snobelen 2001).

해 봤지만 만족스럽지 못했다. "[메르카토르 투영법에서처럼] 위도와 경도 전체를 [서로 직교하도록] 조정하는 대신에 45도에서만 조정하는 것이 어떨지를 생각했다(Gall 1871: 159)." 이렇게 해서 정적과 정각 모두를 충족하지 못하지만, 고위도 지방에서 면적과 거리의 왜곡이 훨씬 더 적은 절충 투영법이 마련되었다. 다시 말해, 극지방으로 향하면서 넓어지는 위선 간의 간격이 메르카토르 투영법보다 크게 증가하지 않았다. [메르카토르 투영법에서는 극에서 수렴하는 자오선들이 직선화되는 양에 비례해 직각을 유지하기 위해 위도가 조정되기 때문에 면적의 왜곡이 극으로 갈수록 훨씬 더 커진다] 이처럼 골의 투영법은 원통 투영법을 수정한 것이다. 이는 동시에 [남위와 북위 45도에서] 축척이 정확한 할격secant 투영법이다. 골은 자신의 투영법을 "골 평사Gall Stereographic" 투영법으로 불렀다.

골(Gall 1871: 159)의 다음 단계는 "메르카토르 투영법을 많이 개선한" 자신의 새로운 투영법을 실세계에 적용하는 것이었다. 이를 위해, 골은 1855년 글래스고에서 개최된 영국 과학진흥협회British Association for the Advancement of Science 회의에 참석해 논문 두 편을 발표했다. 협회의 공식 회의 기록은 1856년에 출간되었는데, 여기에 골의 논문이 수록되었다(Gall 1856). 첫 논문에서 골은 그의 평사 투영법과 함께 두 가지 변형을 소개했는데, 하나는 이소그래픽isographic 또는 정방형 투영법이고 다른 하나는 정사orthographic 투영법이었다. 세 가지 모두는 표준선을 45도에 위치시킨 원통 투영법이었다. 이 중 정사 투영법은 1960년대 페터스가 개발한 투영법과 정확하게 일치한다. 이는 면적이 유지되는 정적 투영법으로서, 남·북위 45도에서 비율이 정확했다.

선아담론자 제임스 골

골의 인생은 스코틀랜드 계몽주의나 이것이 초래한 지식 형태의 문제와 교차점에 있었다. 그의 이전 세대 연구자들은 기독교적인 학문에 만족했었지만, 종교는 더 이상 지식의 최종 결정자로서 기능하지 못했다. 그래서 [1770년 제임스 허턴James Hutton이 에든버러의 솔즈베리 크랙Salisbury Crag에서 경험했던 것처럼] 화석화된 양서류가 높은 산지에서 발견되면, 지반 융기 운동의 증거로 간주되었다. 이것은 지구가 젊지 않다는 수많은 증거 중 하나였다. 천지창조에 관한 성경의 엄격한 설명을 기각해야만 하는 이유가 분명해지고 있었던 것이다. 스코틀랜드 계몽운동에 참여하는 사람들 사이에서 인간의 합리성과 도덕성에 기초한 새로운 사회 질서를 요구하는 목소리가 커졌다. 하지만 동시에 그들은 종교를 **떨쳐 버리고** 싶지 않았다. 인간과 인간의 이성이 도덕, 사상, 시민사회의 근원이 된 새로운 요구의 상황에서도 그랬다. 과학과 신 모두가 존재하길 원했지만, 문제는 둘의 관계였다. 하나가 다른 하나를 대체할 것인가? 둘은 상호강화적인가? 성경을 과학적 증거와 일치시킬 수 있지는 않을까?

골은 선아담론에서 해답의 실마리를 찾고자 했다. 그는 성경이 과학적 예측을 할 수 없다는 점을 인정했으며, 심지어 그러한 성경의 한계를 강조하기까지 했다. 실제로 그는 성경을 "모든 나이의 모든 사람을 위한 책"으로 말했다(Gall 1860[1858]: 21; 1880: 13). 그러면서 "성경이 과학의 영역에서 무엇을 폭로하든, 그것은 인간의 기원을 기만하는 일"이라고 주장했다(Gall 1860[1858]: 21). 하지만 성경을 읽는 사람들이 과학적 관찰을 수행하는 데 가장 적합하다고 생각했다. 골은 성경의 장면에 대해 이렇게 말했다.

허구의 장소에서 발생하지 않았다. 성경의 사건이 세상과 연결되어 있다는 것도 우리는 알고 있다. 일상적으로 알려진 사실들과 매우 강력하고 두드러지게 연결되어 있다. 역사, 지리, 심지어 다른 과학 분야들까지 성격의 진리성에 대하여 신선한 증거를 꾸준하게 제시하고 있다(Gall 1880).

특히, 천문학이 우리의 지식에 많이 공헌한다고 믿었다. 예수가 인간의 모습을 하고 물질적 신체를 가지고 있었기 때문이다. 예수는 승천을 통해서 천국에 거주하고 있기 때문에, "천문학자는 자신도 모르게 자신의 망원경을 현재 예수가 있는 별로 향하고 있을지도 모른다. 예수의 목소리가 지금은 들리지 않더라도 말이다(Gall 1860[1858]: 25)".

골은 창세기의 천지창조 이야기는 문자 그대로 엿새만의 일을 말하지 않는다고도 주장했다. 성경의 증언과 지질학을 통일시키기 위해서 골은 선아담론의 "격차 이론gap theory"을 주창했다(Livingstone 1992). 선아담주의 격차 이론가들은 [엿새만의 천지를 창조하는] 창세기 1장과 [아담과 이브의 이야기인] 2장 사이의 오랜 격차를 상정함으로써 창세기와 화석의 증거를 절묘하게 조화시킨다.

성경의 이야기는 일반적으로 가정되는 것처럼 천지창조와 함께 시작되지 않는다. 지구가 창조되고, 수백 만년 뒤에 창조주가 아담과 이브를 만들면서 이야기가 이어진다. 아담과 이브 이전의 역사는 성서에 쓰이지 않았다. 아담 이전의 인류는 단일 민족이 아니라 20여 개의 서로 다른 종족으로 구성되어 있었다. 여러 세계에 20여 개의 인종이 분포하는 것처럼 말이다(Gall 1880: 50).

이 문제에 대한 골의 서술은 흥미롭게 변화했다. 다윈(Darwin 1859)이 『종의 기원On the Origin of species』을 출간한 뒤에 벌어졌던 일이다. 다윈 이전에 골은 성경과 과학적 발견을 어떻게 조화시킬지 몰랐다. 엿새 동안의 천지창조가 문자 그대로 사실이 아니라는 것만을 인식했다. 다시 말해, 과학과 종교를 어떻게 일치시켜야 할지를 몰랐다. 19세기 중반의 다윈과 새로운 지질학 증거를 알고서야, 골은 기존의 논의를 확장하고 가다듬을 수 있었다(Gall 1880). 성경의 신봉자로서 골은 다윈의 자연선택설에 **도움**받았다. 다윈, [영국 지질학자] 라이엘(Lyell 1863), 선아담론자들의 업적이 동시에 골에게 영향을 주었다는 말이다.

골은 지질학 기록에 나타난 선사시대 유적은 선아담 종족들의 것이고 이들은 아담 전에 사라졌다고 주장했다. 이러한 일반적인 선아담론자의 믿음에 당대 선아담론자 사이에서 친숙하지 않은 이야기도 추가했다. 그것은 바로 선아담시대 사람들이 타락한 천사 루시퍼의 후손이었다는 주장이다. 골은 루시퍼, 즉 사탄을 매우 흥미로운 방식으로 이야기했다. 루시퍼를 천국이 아닌 이 세상의 일반인으로 여겼다. 루시퍼의 선아담 종족들은 죄를 지어 몰락했고, 이들의 원시성 증거를 "덴마크의 패총, 브릭섬의 동굴, 나일강의 진흙더미"에서 찾았다(Gall 1880: 27). 오늘날 우리가 선사시대의 고고학적 증거로 이해하는 것들이다.* 이러한 이야기는 지도학에서 너무 멀리 나갔다.

---

* 데번의 토키Torquay에 위치한 브릭섬Brixham 동굴은 1858년에 발굴되었다. 이 유적에서는 인간과 지금은 멸종해 사라진 동물이 공존했다는 증거가 발견되었다. 그래서 선사시대 사람들에 대한 증거로 간주된다. 덴마크 패총은 먹고 버려진 조개껍데기 더미였는데, 다른 동물의 뼈와 석기시대 도구도 같이 발굴되었다. 영국학술원은 1851~1854년 나일강의 범람원을 발굴 조사했다. 골이 소개한 모든 사례는 찰스 라이엘(Charles Lyell 1863)의 『인간의 유물The Antiquity of Man』에서 인용한 것이었다.

페터스 지도

115년이 흐른 뒤 아르노 페터스가 자신의 지도를 공개하기 위해 기자회견을 열었을 때, 그는 아마도 제임스 골을 생각하지 못했을 것이다. 여기에서 페터스는 참석한 기자들에게 모든 국가의 상대적 크기가 동일한 새로운 투영법을 만들었다고 말했다. 그는 사각형 지도를 만드는 이유를 이렇게 설명했다. "우리는 네모난 세계에 살고 있다. 우리 앞에 놓인 텔레비전 상자가 아마도 그런 세계의 상징일 것이다(Morris 1973: 15)". 메르카토르 지도도 사각형이고 나름의 용도가 있었지만, 페터스는 매우 비판적으로 말했다. 그는 메르카토르 지도를 보여 주면서 "철저하게 잘못된 그림이다. 특히 비백인 사람들의 땅과 관련해서 … 그 지도는 백인을 높이 평가하면서 세계의 모습을 왜곡하고 있다. 당대 식민주의 지배자가 이용하던 것이다"라고 말했다. 페터스에 따르면, 메르카토르는 부당한 양의 공간과 중요성을 규모가 작은 서구 국가들에게 부여한 반면, 서구 밖의 커다란 국가는 상대적으로 작아 보이게 했다. 장소의 실제 크기에 상응하지 않았다는 것이다. 이에 마크 몬모니어(Monmonier 1995: 39)는 페터스가 사람들에 대한 공정성보다 "에이커에 [크기에] 대한 공정성"에 관심이 많았다고 농담을 던지기도 했다(그림 7.4).

페터스 투영법에 대한 지도학자들의 첫 반응은 미적지근했다. 그러나 이후에 기존 지도학자들의 분노를 산 두 가지 사건이 발생했다. 첫째, 페터스 지도의 인기가 날로 높아졌다. 1980년대까지 8,000만~8,500만 부가 팔렸다(Devlin 1983; Economist 1989). 둘째, 페터스는 지도학자들이 동의하기 어려운 주장을 너무 많이 했다. 그런 주장은 특히 그가 집필한 『신지도학The New Cartography』에 많이 등장했다(Peters 1983). 누구보다 목소리를 높여 페터스를 비판한 사람은 아서 로빈슨Arthur Robinson이었으며, 그는 페터스의 책에

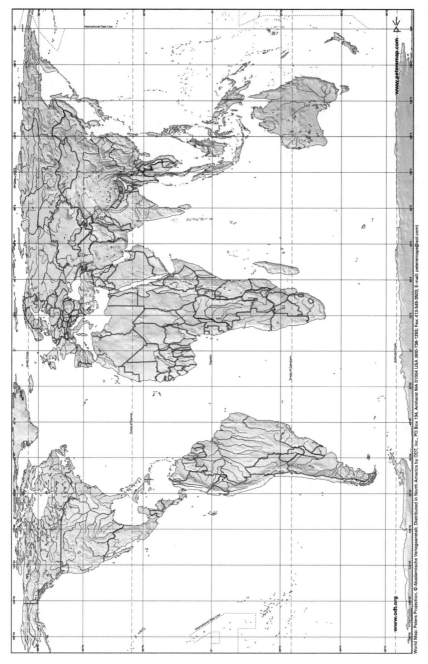

그림 7.4 페터스 투영법의 세계지도

출처: www.ODTmaps,

대하여 다음과 같이 주장했다.

[페터스는] "이미 유행에 뒤떨어진 이론들"과 제대로 설명하지도 못하는 지도학의 "신화"에 대하여 교묘하게 꾸며내고 사악할 정도로 기만적인 비난을 쏟아붓는다. 그런 공격은 비논리적이며 오류로 가득하다. 가치 없는 말이기 때문에 여러분은 그냥 무시하면 된다. … [페터스는] 능수 능란한 상인에 불과하며, 자신의 잇속만 차리는 그의 캠페인은 지도학의 이미지에 해만 끼치고 있다(Robinson 1985: 103).

로빈슨의 비판과 더불어, 페터스의 지도학적 주장에 대한 가장 중요한 반박은 그의 투영법이 전혀 새롭지 않다는 점이다. 지도학자들은 골의 업적을 페터스 투영법의 원조로 여겼다. 앞에서 살펴본 바와 같이, 골은 페터스가 개발한 것과 동일한 목적의 투영법을 이미 발표했다. 1989년 페터스에게 골의 투영법을 알고 있었냐고 물었을 때, 그는 "최근까지도 골의 업적을 알지 못했다"고 답했다(Monmonier 1995: 27).

공격적인 비평은 페터스를 좋은 먹잇감으로 만들었고, 최소한 지도학계 내에서 그에 대한 의견은 일치를 보았다. 1990년대 들어서 논란은 시들해졌지만, 이따금 다시 등장하기도 한다. 예를 들어, 텔레비전 시리즈 〈웨스트 윙The West Wing〉의 한 에피소드에서 페터스 투영법은 새로운 관심의 대상이 되기도 했었다. 이처럼 "페터스 현상"은 쉽게 사라지지 않는다(Vujakovic 2002). 페터스는 말년의 인터뷰에서 다음과 같이 설명하기도 했다.

나는 정확하게 현실과 일치하는 크기의 지도를 원했다. … 새로운 지도 보다 세계를 새롭게 보는 관점이 필요했다. … 내가 찾고자 했던 건 지도가 아니라 세계관이었다. 지도를 통해서 세계관을 보여 줬던 것이다 (ODT Inc. 2008).

"세계를 새롭게 보는 관점"은 페터스의 캐치프레이즈가 되었다. 골과 마찬가지로 페터스도 지도를 그 자체가 목적이 아닌, 목적을 위한 수단으로 여겼다. 그는 세계와 세계의 지리를 바라보고 이해하는 방식이 행동에 영향을 준다고 말하고자 했다. 예를 들어, 대외 정책과 원조 결정은 우리의 글로벌 관점에 영향을 받는다. 군사력 증강은 위협이 인식되는 곳에서 발생한다. ["악의 축"이란 말을 생각해 보자!]

페터스는 살아가는 동안 진보적 대의에 참여했던 인물이다. [학자이자 인권운동가] 윌리엄 피컨스William Pickens를 [그가 독일을 방문했을 때] 만났던 것은 페터스의 가장 오래된 정치적 기억 중 하나였다. 페터스가 13살밖에 되지 않았던 1929년의 일이었다. 피컨스는 해방된 노예의 아들로 태어났고, 예일대학교에서 공부했으며, 볼티모어의 모건대학교Morgan College 부총장까지 역임했다. 1910년 창립기부터 미국 유색인지위향상협회National Association for the Advancement of Colored People: NAACP에서 활동했던 인물이며, 당대 미국에서 가장 유명한 흑인으로서 NAACP 회장을 맡기도 했었다. 독일어를 구사한 피컨스는 독일을 최소 네 번 이상 방문했다(Avery 1989). 나치의 권위적인 지배가 심각해지는 상황에서 그는 일반 독일인들의 저항에 감화를 받기도 했다. [노동운동에 참여했던] 페터스의 어머니 루시는 저자 서명이 새겨진 피컨스의 자서전『브러스팅 본즈Bursting Bonds』를 소장하고 있었다(ODT Inc. 2008). 역사학자로서 페터스는 유럽 중심의 편견은 우연이 아니라고 주장했다. 그것을 의도적인 지리-정치적 정책이라며 다음과 같이 생각했다.

세계를 그렇게 바라보는 지리적 관점은 백인, 특히 유럽인을 영구적으로 과대평가하려고 만든 것이다. 이는 유색인에게 무기력함의 인식을 지속 시키는 효과가 있다. … [메르카토르] 지도는 세계의 유럽화 시대, 즉 세계를 백인들이 지배했던 시대의 표현이다. 무기를 잘 갖추고 기술적으로 우위에 있는 무자비한 소수의 백인 종족이 세계를 식민주의적으로 착취했던 시대의 유물이란 말이다(Peters 1974).

이처럼 페터스는 지도가 시대의 산물이라고 주장했다. 특히, 당대에 잘 알려져 있고 널리 사용되는 메르카토르 지도에 주목하며, 이것이 지정학적 착취를 재생산하는 데 연루되었다고 비판했다. 이 주장이 오늘날에도 대단해 보이는 이유는 한 시대 앞서 있었던 페터스의 모습이 드러나기 때문이다. 페터스가 역사와 지도 탐구에 열중했던 1950~1960년대 동안 지리학 문헌에서는 권력 관계와 착취에서 [지도와 같은] 지리적 지식의 역할에 거의 주목하지 않았다. 제2장에서 살펴보았듯이, 당시 지리학자와 정치지리학자는 여전히 20세기 초반의 환경결정론과 하우스호퍼Haushofer의 지정학을 떨쳐 내려고 애쓰고 있었다(Agnew 2000). 오랫동안 그러한 정치적 조건을 조명했던 인류학자나 마르크스주의자와는 대조를 이루는 모습이었다. 지도학의 경우는 더욱 심했는데, 정치적 논의가 거의 없는 것이나 마찬가지였다. 20년 후에 브라이언 할리의 업적이 나타나기 전까지는 말이다.

할리와의 인연

1991년 할리를 두 번이나 만났던 것은 나에게는 너무나도 큰 행운이었다. 대학원생이었을 적에 펜실베이니아 주립대학교Pennsylvania State University

지도 패러독스

의 독특한 강연 시리즈의 혜택을 받았다. 이곳에서 석좌교수로 추대된 피터 굴드Peter Gould 덕분에 가능했다. 굴드는 자신의 명예 수당을 석학 초청 강연 시리즈에 연사를 초청하는 데 기부했다. 1991년 우리 [지리학과] 대학원 생은 굴드를 찾아가 브라이언 할리를 초청해달라고 요청했다. 우리는 [그의 논문만 보고] 할리를 막 떠오르고 있는 급진적인 젊은 학자라고 생각했기 때문이다. 굴드는 동의했고, 할리는 3월에 방문해 4번의 강연회를 열었다. 강연은 그가 존 피클스John Pickes와 함께 작업하고 있었던 『이데올로기로서 지도The Map as Ideology』를 기초로 마련됐다. [그림 7.5에 나타나는 것처럼 책의 제목은 두 번째 강연의 주제였다]

학과 교수 없이 연사와 대학원생만 참여하는 저녁 모임을 개최하는 것이 강연 시리즈의 전통이었다. 나와 [지금은 오하이오 웨슬리언대학교Ohio Wesleyan University에서 일하는] 존 크리지어John Krygier의 제안으로 강연을 준비하면서, 내가 살던 집에서 파티를 열기로 했다. 이때 우리는 엄청난 충격에 빠졌다. 푸코와 데리다를 인용하는 이 학자가 우리 연령대가 아니었기 때문이다. 59세였다!

시인 엘리엇Eliot은 4월을 잔인한 달이라고 했는데, 펜실베이니아의 4월에 딱 들어맞는 말이다. 엄청나게 추웠고, 땅은 여전히 눈으로 덮여 있었다. 서클빌 로드의 나의 작은 아파트는 너무 작아서 모두를 수용할 수 없었다. 몇 잔을 마신 다음 몸이 좀 달아올랐을 때, 우리는 초청한 석학과 함께 밖으로 나가 눈싸움을 시작했다.

마지막이 되어 버린 할리와의 두 번째 만남은 같은 해 5월 미국 지리학회를 마치고 돌아오는 길에서였다. 공항의 체크 라인에서 그는 위스콘신, 나는 펜실베이니아 라인에 있었다. 서로에서 안전한 비행을 빌며 각자의 비행기에 올랐다. 그해 9월 나는 영국으로 돌아가야만 했다. [돈이 다 떨어졌고,

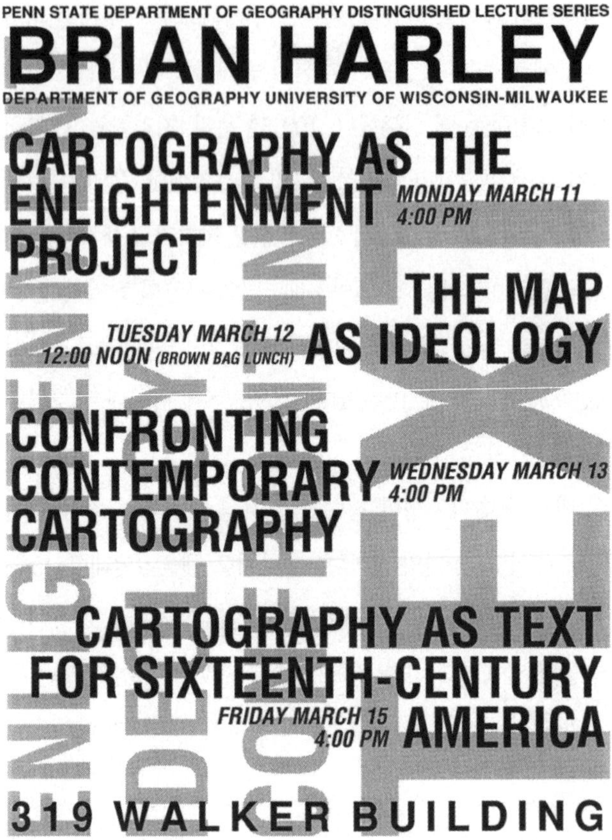

그림 7.5 1991년 할리의 펜실베이니아 강연 포스터

출처: John Krygier

펜실베이니아 주립대학교도 나의 학업을 지원하는 것에 지쳤을 때였다] 그
리고 크리스마스가 왔다. 아버지 댁 거실에 앉아 신문을 읽고 있었는데, 갑
자기 친숙한 얼굴이 눈에 들어왔다. 다름 아닌 [젊은 시절] 브라이언 할리의
사진이었다. 시간이 지나고 나서야 신문에 그의 얼굴이 실린 이유를 알아차
렸다.

이듬해 3월 런던에서 왕립지리학회가 주최했던 그의 추도식에 참석했다.

그때 살고 있었던 포츠머스에서 기차로 얼마 걸리지 않는 곳이었지만, 이 경로가 엉망이라고 사람들이 주의를 줬던 걸 기억한다. 추도식에서 할리의 딸 세 명을 만났고, 영국과 미국에서 그와 함께 했던 동료들의 추도사도 들었다 (Royal Geographical Society 1992).

이와 같은 일대기를 쓰는 이유는 브라이언 할리를 "알았다"거나 [원고의 심사자 한 명이 지적했듯이] "달콤한" 무엇인가를 추가하기 위해서가 아니다. 오늘날 거의 알려지지 않은 그의 글 한 편 때문이다. [이 글은 그의 "명저" 모음집에 수록되지 않았다] "일대기로서 지도The Map as Biography"라는 제목의 글인데, 학술 논문집이 아니라 지도 수집 관련 잡지에 실렸다. 할리를 이해하고자 한다면 세 쪽밖에 되지 않는 짧은 이 글이 핵심이다. 매년 학생들이 읽도록 하고, 나도 읽는다. 이 글의 힘이 항상 나를 사로잡는다.

이 글에서 할리는 지도가 의미를 불러일으키는 과정에 대해 다음과 같이 이야기한다. "지도는 그래픽이 있는 자서전 같다. 시간을 기억으로 되살리고, 내면의 눈을 위해서 지난 삶의 질감을 재창조하기 때문이다(Harley 1987: 20)". **시간을 기억으로 되살린다.** 이 글을 쓰기 얼마 전 할리는 잉글랜드에서 위스콘신 밀워키로 이주했고, 그가 선택한 지도는 그의 삶과 여러 가지 방식으로 교차했다. 다름 아닌 "데번 산책"의 무대였던 뉴턴애벗을 중심으로 하는 6제곱마일 지도이다. 이 지도를 통해서 할리는 다음과 같이 모든 종류의 이야기를 기억해 냈다. "평범해 보이는 선에는 개인적 경험과 누적된 연상이 깃들어 있고, 측정된 수를 뜻하는 알파벳에도 일련의 독특한 의미들이 서려 있다. 심지어 새하얀 여백의 공간마저도 그것의 침묵을 곱씹어 볼 때 수많은 생각들로 가득 차게 된다. … 여기에 좁은 길은 [그다지 오래전이 아닌] 여름 저녁에 한 여자를 만난 곳이다. 그녀가 가꿨던 과수원의 넝쿨 담벼락도 지도에 새겨져 있다(Harley 1987: 20)".

드 세르토(De Certeau 1984)가 일상생활의 철학을 말했던 적이 있다. 우리의 삶을 구성하는 수많은 작은 순간, 움직임, 경로, 방랑 등과 관련해서 말이다. 할리가 철학자는 아니었다. "포스트모더니스트"는 더더욱 아니었다. 터무니없이 포스트모더니스트라고 주장하는 이도 있었지만(Ormeling 1992), 실제로 할리는 그 어떤 누구보다 모더니스트에 가까운 사람이었다. 17~18세기 동안 지도가 [진리의] 거울이었다면, 포스트모더니스트에게 진리는 환상에 불과하다. 할리와 같은 20세기 모더니스트에게 진리는 환상 아래에 묻혀 있는 것이었다.

할리는 진리가 필연적으로 지도 속에 존재한다고 믿었다. 하지만 그에게 진리는 지도에 부착된 거짓, 허위, 이해관계 아래에 묻혀 있던 것이었다. 그래서 데리다와 달리 할리는 "해체"를 참된 의미를 갈구하고 회복하는 일이라 생각했다. 여기에서 여러분은 할리가 아서 로빈슨이 추구했던 것과 얼마나 동떨어져 있는지 궁금할 것이다. 한 마디로 이야기하자면, 그다지 멀리 떨어져 있지 않다.

지도를 일대기로 이야기하는 이 짧은 글은 진리의 추구가 이론의 영역에서 일어나지 않는다는 것을 보여 준다. 여러분들이 가지고 다니는 종이 지도와 아틀라스의 실천적인 물질 세계에서 생기는 일이다. [할리는 컴퓨터를 잘 다루지 못했다. 이메일을 "악마 메일"이라고 불렀을 정도다]

마지막으로, 위에 소개한 할리의 글은 가장 강력한 방식으로 그의 관점이 가진 멋을 보여 준다. 지도를 통해서 상황적 장소의 의미를 **찾아내는** 행위는 [그리고 한때 그것을 가능하게 했던 과거의 매핑 도구는] 그 자체로도 멋있는 일이다.

제8장

비판 이후의 GIS

GIS는 단순하게 데이터를 '시각화'하는 것이 아니며, 존재론적 권력을
보유하고 있다.

마리안나 파블로프스카야(Marianna Pavlovskaya_2009)

GIS 전쟁

1988년 미국 지리학회American Association of Geographers: AAG 소식지 첫 표
지에 당시 회장 문화지리학자 테리 조던Terry Jordan은 "지리학의 핵심"이란
제목의 칼럼을 기고했다. 이 칼럼은 조던 교수가 미국 지리학회장을 내려놓
기 전에 마지막으로 쓴 글이었다. 그는 GIS가 지역지리학, 문화지리학, 역사
지리학 등 전통적인 지리학 분야들을 먹어 삼키고 있는 것을 우려했다. 조던
의 주장에 따르면, GIS는 쉽게 정당화되지만 "비지성적인" 활동이며 취업은
보장되더라도 그에 상응하는 학술 가치가 부족했다(Jordan 1988).

이것이 소위 "GIS 전쟁"이라 불리는 사건의 선전포고와 같았다. 마지막도 아니었고 가장 심한 수준도 아니었다. 이 소식지는 모든 AAG 회원에게 보내졌고 GIS 이용자 사이에서 엄청난 공분을 샀다. 모든 사람이 의견을 말할 수는 있지만, AAG 회장 입장으로 그런 말을 했기 때문이다. 다른 사람들도 GIS에 대한 불편함을 드러냈다. 예를 들어, 테일러Taylor는 GIS가 가치 있는 지식에서 일탈해 사실 기반의 "정보"만 다룬다고 말했다.

GIS를 실증주의로의 회귀나 감시 사회surveillance society의 징후로 여기는 학자도 있었다(Pickles 1991). 가장 심한 말은 1990~1991년 걸프전의 맥락에서 GIS가 지리학을 "이라크 사막의 킬링필드killing field"로 인도하고 있다는 논평이었다(Smith 1992). GIS 때문에 지도학도 죽어가고 있었던 것일까?

이것은 실제로 널리 퍼진 공포였다. 많은 이들이 지도에 대한 사랑을 고백했지만, 지도학이 지리학의 핵심은 아니었다는 점에는 의심의 여지가 없었다. 지도학자 주디 올슨Judy Olson은 AAG 회장을 맡고 있을 때 노스캐롤라이나 주립대학교 샬럿University of North Carolina at Charlotte에서 개최된 1996년 연례 학술대회에서 "GIS가 지도학을 죽였는가?"라는 질문을 던지기도 했다.

다른 한편으로, 당시에는 "포스트모던" 사회이론에 대한 반감도 비슷했다. 이를 위험하고 부적절하다고 생각하는 사람이 많았다. 예를 들어, 오픈쇼(Openshaw 1997: 8)는 비판적 사회이론은 "근본적으로 파괴적이고 개인주의적"이라고 말했다. 유명 지도학자 마크 몬모니어Mark Monmonier도 포스트모더니즘이 상호확증파괴mutually assured destruction의 길로 인도할 것이라고 말했다(Openshaw 1997: 24).

오픈쇼는 실증주의가 가장 바람직하다고 목소리를 높였던 사람 중 하나였다. 그는 실증주의를 지리학이 과학이 될 수 있는 가장 큰 희망으로 이야기했다. 오픈쇼는 다음과 같이 매우 유명한 농담 같은 발언을 했다.

다가올 새로운 질서에서 지리학자 한 명이 월요일에는 화성의 하천 네트
워크를 분석하고, 화요일에는 영국 브리스톨의 암을 연구한 다음, 수요
일에는 런던의 극빈층을 지도화하고, 금요일에는 아마존 분지의 지하수
흐름을 분석할 수 있게 될 것이다. 무슨 말이냐고? 지금은 시작에 불과
하다는 말이다(Openshaw 1991).

물론 "나는 화요일의 암 폴리곤cancer polygon 라벨을 금요일까지 붙이고
있을 것이다"라고 반응하는 사람도 있었다(Stacey Warren, Schuurman 2000
재인용).

훨씬 더 과격한 반응도 있었다. 존 피클스John Pickles의 책『그라운드 트루
스Ground Truth』가 "파괴 선언"이란 반응을 얻으며 영국 지리학회Institute of
British Geographers: IBG의 학술대회를 휘젓고 다닐 때도 있었다(Schuurman
2002: 294 재인용). 그러나 GIS의 방어는 능수능란했다. 비판으로 인해 "산산
조각이 난 것을 다시 하나로 뭉쳐" 재통합하려는 노력이 있었다(Openshaw
1991). 사회 비평가들조차 GIS를 사용하고 있는 상황에서 GIS가 오해받고
있었다. [1992년 "지리정보과학Geographic Information Science"이란 용어를 처
음 만들어 낸] GIS의 선구자 중 한 명인 마이클 굿차일드Michael Goodchild는
GIS를 실증주의의 귀환으로 이해했던 반응에 대해 다음과 같이 말했다. "실
증주의가 1970년대에 사망했다는 이야기를 읽고 매우 놀랐다. 나의 관점에
서 실증주의는 아팠던 적도 없다(Schuurman 1994b: 4)".

오늘날의 관점에서 본다면, 이러한 발언들은 유통기한이 훨씬 지난 것처
럼 보인다. GIS는 연간 100억 달러의 비즈니스가 되었고, 지오웹과 구글 어

스가 널리 사용된다. 학교에서는 GIS 강의의 수요도 높다. 동시에 페미니스트 GIS(Kwan 2002a)라는 분야도 생겼고, GIS가 인권의 신장을 위해 쓰이기도 한다. 도대체 무슨 일이 있었던 것일까? GIS가 "승리"한 것일까? 오늘날의 비판 GIS가 남긴 것은 무엇일까?

GIS 전쟁의 역사

GIS 전쟁의 역사를 둘러싼 논쟁의 상세한 사항에 대해서는 나딘 슈르만(Nadine Schuurman 2000; 2002)의 논문이 유용하다. 슈르만은 논쟁에 참여한 사람들을 두 집단으로 구분했다. 하나는 광범위한 사회이론 입장에 기초한 사람들이고, 다른 부류는 GIS를 사용하거나 연구하는 사람들이었다. 이 집단 간의 조우와 논쟁은 1980년대 후반에 시작되었고 세 번에 걸쳐 진행되었다(표 8.1).

1991년 마이애미에서 개최된 AAG 연례학술대회에서 "지도학 윤리", "공간, 권력, 재현: 사회적 행동과 사회-공간 변증법"에 관한 세션이 많이 열렸다. 마크 몬모니어, 존 피클스, 존 폴 존스John Paul Jones 주도로 조직되었다. 여기에서 논문을 발표한 사람들은 패트릭 맥하피Patrick McHaffie, 브라이언 할리Brian Harley의 밀워키 동료였던 소나 카렌츠 앤드루Sona Karentz Andrews, 마이클 커리Michael Curry, 울프강 나터Wolfgang Natter, 에드워드 소자Edward Soja 등이었다. 이들은 브라이언 할리(Harley 1990a; 1991)의 지도학 "윤리" 논문을 논의의 출발점으로 삼았다. 이 논문에서 할리는 권력, 정치, 지식의 이슈를 고려하여 윤리적 매핑의 관념을 도전적으로 재고찰했다. 당시 AAG 세션에는 할리도 토론자로 참여했다.

세션에서는 GIS에 대한 비판의 목소리가 높았다. 대표적으로 존 피클스

표 8.1 GIS와 사회이론 간의 논쟁

1988~ 1992년	GIS가 "비지성적"인 실증주의라고 공격받았던 비판의 첫 번째 시기이다. GIS 학자들의 강력한 역공도 있었다. 주요 문헌: Openshaw 1991; 1992; Taylor 1990
1993~ 1998년	비판의 정교화가 이루어졌던 두 번째 논쟁 시기이다. 두 집단 간의 만남이 있었고, 비판에 대처하기 위해 미국의 국가지리정보분석센터(National Center for Geographic Information and Analysis: NCGIA)에서는 특별 프로젝트가 마련되었다. 주요 문헌: Pickles 1995; Sheppard 1995
1998~ 2001년	GIS 연구자와 GIS 비판자 모두가 GIS의 비결정적인 유연성을 인정하기 시작했던 세 번째 시기이다. 양 진영은 과거의 대립을 뒤로하고, 사회적 책무를 추구하는 "재구성된" GIS를 만들기 위해 노력했다. 주요 문헌: Elwood 2006a; Kwan 2002a; St. Martin and Wing 2007

출처: Schuurman(2000; 2002)

(Pickles 1991)는 GIS를 실증주의로의 귀환이라고 비판했다. 그러나 참가자 대다수 사이에서 대화에 참여하고자 하는 의지도 분명하게 나타났다. 1993년 봄 사이먼프레이저대학교Simon Fraser University의 톰 포이커Tom Poiker는 GIS 리스트서브listserv를 통해서 워크숍 초대 이메일을 보냈다. 이메일은 포이커, 에릭 쉐퍼드Erik Sheppard, 닉 크리스먼Nick Chrisman, 헬렌 코우클레리스Helen Couclelis, 마이클 굿차일드, 데이비드 마크David Mark, 할랜 온스룬드Harlan Onsrund, 존 피클스로 구성된 조정위원회를 대표해서 보내진 것이었다. 워크숍은 차이를 토론하고 가교를 놓기 위해 마련된 것이었다.* 이 행사는 개최 장소였던 워싱턴주 산후안섬San Juan Island 마을 이름을 따서 "프라이데이 하버Friday Harbor" 미팅으로 불렸고, 여기에는 논쟁의 양 "측"이 초대되었다. 사회이론에 관심을 가진 학자들이 GIS 개발자 및 사용자와 함께

---

* 이메일의 원본은 구글 유즈넷(Usenet)에서 지금도 열람할 수 있다(http://tinyurl.com/623eb2).

모였다는 것이다. 프라이데이 하버 미팅은 미국의 국가지리정보분석센터 NCGIA의 후원이 있었기 때문에 가능했다. 여기에서 24편의 논문이 입장 표명 형식으로 발표되었다.

프라이데이 하버 워크숍의 발표 논문과 토론이 공식적으로 출간되지는 않았다. 그러나 이것은 사회이론가와 GIS 간 비판적 참여의 이정표였다. 이 중 몇 편은 학술지 *CAGIS*(Cartography and Geographic Information Systems)에 게재되었고, 피클스의 편저 『그라운드 트루스』에도 실렸다. 톰 포이커는 나중에 이 워크숍이 어땠는지 다음과 같이 이야기했다.

존 피클스(Pickles 1991)의 논문이 회의 준비의 자극제였다. 1992년 여름 동안 논문을 읽은 다음에 톰 포이커는 존에게 편지를 썼다. 사회 이론가와 GIS 사람들 간의 토론이 필요한 주제라는 내용이었다. 존이 답을 주기 전인 1992년 9월 톰은 이 이슈를 버펄로대학교 그룹에게 제시했고, 데이비드 마크는 이 주제에 대한 워크숍을 조직하기 위해 NCGIA에 제안서를 제출했다. 에릭 쉐퍼드도 [질병 때문에 프라이데이 하버 미팅에 참석하지 못했던] 마이클 굿차일드에게 편지를 보내서 사회과학에서 GIS 이슈를 논의할 수 있도록 도움을 요청했다(Poiker, report, 1).

이후 1990년대 말에 피클스는 프라이데이 하버 워크숍의 주요 시사점을 다음과 같이 요약했고, 이것이 오늘날 "비판 GIS"의 토대가 되었다.

• 기술적이거나 도구적이지 않은 GIS 이론에 공헌했고, GIS를 학문적, 사회적 효과를 가진 대상, 제도, 담론, 실천에 위치시켰다.
• 그러한 학문적, 사회적 효과가 어떻게 작동하는지를 보여 줬다.

지도 패러독스

- GIS의 한계와 그러한 한계의 조건, 그리고 GIS 발전과 실천에서 의도되지 않았던 결과의 [가령, 기업계 영향, 인식론적 가정, 적절한 적용의 이해 등의] 심각성을 이해했다.
- GIS가 달라질 수 있는지, 만약 아니라면 미래에는 GIS가 어떻게 달라질 수 있을지에 의문을 품게 되었다.

비판의 교훈

프라이데이 하버 워크숍이 잊힐 무렵부터 새로운 연구의 방향을 통칭하는 비판 GIS라는 용어가 등장했다(Schuurman 1999a). 이 용어에는 몇 가지 문제가 있다(제2장, 제4장 참조). 많은 사람이 지적했듯이, 비판 GIS는 다른 연구가 무비판적임을 암시했다. 브롬리(Blomley 2006)는 이 용어의 사용을 반대하며 우리가 하는 모든 것이 비판적이지 않냐는 중견 지리학자들의 이야기를 전했다. 비판이 의문을 제기하는 것이라면, 부인하기 어려운 견해다. 그렇다면 우리는 어떤 교훈을 얻었는지 자문해 보아야 한다.

위치성

한 가지 분명해진 것은 GIS와 GIS를 바탕으로 형성된 지식은 위치성positionality을 가진다는 점이다. GIS 지식과 사회 간에는 양방향의 관계가 성립한다는 이야기다. 이것은 1980년대의 문화적 전환을 따라가는 신세대 인문지리학자 사이에서 잘 수용되는 아이디어이지만, GIS의 지리공간적 지식을 특정한 시간과 장소의 상황에 위치시키는 데에는 어려움이 많았다. 지식은 여전히 "시간과 무관"하다고 가정되었기 때문이다. 예를 들어, 페터스 투영법 논란 당시 많은 지도학자들은 페터스의 정치적 주장을 못마땅하게 여겼다(제7

장). 지도학자들은 정치가 매핑에서 부적절한 주제라고 생각했고, 매핑과 사회 간에는 간섭이 없어야 한다고 주장했다. 매핑은 탈정치적이어야 한다는 것이다.

쉐퍼드(Sheppard 1995: 6)는 메르카토르 투영법 발전의 사례를 제시하며 그러한 주장을 반박했다. 그의 설명에 따르면, 메르카토르 투영법은 "항로와 해안선을 지도화하는 능력을 개선하고자 했던 16세기 유럽 항해사들의 사회적 요구에 부응"하는 것이었다. 동시에, "지도학, 항해술, 조선업계 혁신 클러스터의 일부"를 차지하는 것이기도 했다. 이는 "부와 중상주의적 영향력을 확대하고자 했던 서유럽 신생 국민국가의 욕망에 자극받은" 것이었다. 한 마디로, 매핑은 권력 관계와 사회적, 정치적 교차점에 있다.

매핑과 사회적 발전 간 관계의 또 다른 사례로 ESRI ArcGIS와 같은 일명 '거대 GIS' 기업을 생각해 보자. 이들은 지오웹의 발전에 부응할 수 있도록 빠르게 변형되고 있다(제3장). GIS가 혁신의 최전선에 있는 것이 아니라 적절성을 유지하기 위해 안간힘을 쓰고 있다는 점을 보여 주는 사례다. 구글에 따르면, 구글 어스 소프트웨어의 다운로드 횟수는 4억 회가 넘었다. 반면, ESRI의 ArcGIS의 설치 건수는 100만 건에 불과하다. GIS는 더 이상 혁신의 원동력이 아닌 것일까?

결코 그렇지 않다. 비판 GIS는 GIS의 위치성과 사회적 효과에 대하여 의문을 제기한다. 여기에서 우리는 어떤 종류의 지식을 생산하여 어떤 효과가 나타나는지를 생각해 보아야 한다. 제11장에서는 매핑이 인종 및 정치적 효과와 함께 지식을 구성하는 방식에 대해서 논한다. 다른 사례도 많다. 참여 GISParticipatory GIS: PGIS를 활용해 환경 정의와 같은 사회적 불평등의 문제를 해결하거나 근린의 권한 신장을 추구하는 노력도 있다.

이러한 기술과 사회의 변증법적 관계는 기술을 맥락화하는 표준적인 방법이 되었다. 예를 들어, 기술과 모더니티에 대한 선구적 문헌에서 그러한 관계는 "상호구성" 중 하나로 이해된다(Misa et al. 2003). GIS와 같은 기술은 현대 사회의 성격에 구조화되고, 동시에 현대 사회를 재구조화한다.

성찰성

쉐퍼드(Sheppard 2005; 2009)는 비판이 자아에 대한 비판, 즉 성찰성reflexivity을 동반해야 한다고 주장했다. 그는 프랑크푸르트 학파Frankfurt School의 논의를 끌어들여 GIS 실천을 보다 광범위한 분야인 비판 인문지리학에 연결하고자 했다. 쉐퍼드(Sheppard 2009)는 "비판의 의미는 계속해서 불안정할 것"이라고 주장하면서 동의는 기대하지 말아야 한다고 말했다. 지역적인 지식이 GIS로 통합될 때 어떻게 되는지도 성찰해 보아야 한다. 이것은 "말하지 않고 쓰지 않으며 인코딩하지 않는" 거부의 정치 맥락에서 룬드스트롬(Rundstrom 1998: 53)이 주장한 것이다.

PGIS의 민주적 가능성

파블로프스카야(Pavlovskaya 2006)는 비판 GIS를 오늘날의 실천을 극복하는 방안으로 여겼다.

"비판"은 현 상태 유지에 의문을 제기하는 것이다. 가령, 지배적 지식 생산의 실천인지, 아니면 지배적 사회 권력의 모습인지에 의문을 품는다. 단순한 비판을 넘어서, 어떻게 새로운 가능성, 사회적 상상력, 희망, 욕구를 만들어 낼 것인지도 생각해 보아야 한다. 따라서 비판 GIS는 지리 공간적 기술을 사용해 과학적, 사회적 보수주의에 도전하는 분야라고 할 수 있다(Pavlovskaya 2009).

이처럼 파블로프스카야는 단순한 비판이 충분하지 않다고 말한다. 비판이 GIS의 사회적 역사를 만드는 데에 필수적인 단계이지만, "비판 이후"에 무엇인가 있어야만 한다는 뜻이다. 그녀에게 그것은 "비판 인문지리학 관점에 근거한 … 진보적 사회 연구"였고, 이를 통해 "포스트실증주의적 감수성 postpositivist sensibility"을 자극할 수 있기를 바랐다. 실증주의가 계량적 방법론과 동일시될 수 있는지는 논란의 여지가 있다. 이것은 계량지리학자들이 부인하는 입장이기도 하다(Schuurman 1999b). 그러나 파블로프스카야는 GIS의 계량적 가능성은 매우 제한적이며, 민족지ethnography와 같은 다양한 정성적 분석 기법에 개방되어야 한다고 주장한다(Pavlovskaya 2006). 물론 많은 이들은 GIS가 계량적이지 않다는 관념과 인식을 받아들이지 못한다. 그러나 파블로프스카야가 주장하는 바는 비판 이후에 필요한 기술의 재맥락화의 중요한 사례이다. 그녀에 따르면, GIS는 새로운 가능성을 시각화하기 때문에 강력한 접근이라고 할 수 있다. GIS는 지도와 마찬가지로 시각적 설득의 강력한 수단이며, 대안적 세계를 창출하여 드러낼 수 있는 지리적 상상력의 근원이 될 수도 있다. "GIS는 단순하게 데이터를 '시각화'하는 것이 아니며, **존재론적 권력**을 보유하고 있다(Pavlovskaya 2009)".

마찬가지로, 던(Dunn 2007)도 지역적인 토착 지식이 어떻게 PGIS에 통합될 수 있는지를 검토했다. 그리고 PGIS를 "대중 GIS"로도 불렀고, 다음을 PGIS의 네 가지 핵심 이슈로 제시했다.

1. 누가 정보를 통제하고 정보 접근성을 가지는가?
2. 지역 토착 지식이 어떻게 재현되는가?
3. GIS를 어떻게 민주화할 수 있는가?
4. 어떻게 지속가능성을 가지고 장기적 효과를 나타낼 수 있는가?

지도 패러독스

던은 이러한 질문에 대하여 단일한 해답이 있을 수는 없다고 말했다. 어떻게 지역적인 토착 지식이 재현되는지와 관련된 예를 생각해 보자. 룬드스트롬(Rundstrom 1995)과 같은 많은 논객이 반문하는 것처럼, 그러한 재현이 가능은 할 것인가? 토착 지식을 어떻게 공식적인 "전문" 지식에 통합할 것인가? 민속, 격언, 음악, 이야기를 어떻게 "재현"할 것인가? 재현이 가능하더라도 무슨 가치가 있겠는가? 마지막 문제는 다른 연구자들 사이에서도 제기되었다. 이들은 지역 지식이 엘리트 지식에 "적합"할 수 있도록 PGIS를 통해서 재구조화될 수 있는지에 의문을 품었다. 예를 들어, "정밀성precision과 정확성accuracy 개념이 다르다면(Dunn 2007: 622)", 지역적 지식을 어떻게 다른 공간 데이터에 통합할 수 있을까? 그런 지식을 향상, 삭제, 변형시켜야 하지는 않을까? GIS 대부분이 공간에 대한 데카르트적 관점에 기반하기 때문에, 비데카르트적 관점과는 호환되지 않을 수 있다. [이는 통약 불가능한 지리 incommensurate geography를 중첩하는 맵아티스트map artist의 작품에서 종종 다루어진다(제12장 참조)]

지역 커뮤니티의 참여가 자동적인 통제로 이어지지는 않는다. 참여가 착취를 계속되게 하는 [즉, 포섭cooptation의] 구실만 제공할 수도 있다.

참으로 우울하게 들리는 이야기다. 하지만 커뮤니티의 역할은 계속해서 협상 과정에 있다. "총체적" 착취나 "총체적" 권한 신장이 나타나지 않도록 하는 것이다. 제3장에서 "넷루트netroot"와 관련해 논의한 바와 같이, 커뮤니티는 계속된 참여의 과정을 경험할 가능성이 크다. 이러한 문제는 엘리트나 전문 지식까지 **포함한** 모든 지식의 부분성partiality이나 상황성situatedness을 시사한다. 예를 들어, 세라 엘우드(Sarah Elwood 2006)는 시카고 커뮤니티에 관한 민족지 연구에서 온전한 포섭도 아니고 순수한 저항도 아닌 여러 관계의 결합을 발견했다.

유연적인 공간 내러티브를 생산함으로써 복합적 목적을 추구하는 것이 가능해졌다. 커뮤니티 조직들은 제도적, 공간적 지식 정치를 전략적으로 찾아다니며 도시 공간을 창출하고 변형시키려 노력했다. 강력한 국가나 비즈니스 이해에 완전하게 포섭되거나, 그것들을 철저하게 저항하지 않았다.

페미니스트 GIS

페미니스트 GIS는 비판 GIS에서 가장 생산적인 분야 중 하나다(Kwan 2002a; 2007; Schuurman 2002). GIS 전쟁 참전자들은 극도로 정형화된 입장 중 하나를 선택하도록 강요받았지만, 페미니스트 GIS에서는 더욱 포용적이고 맥락화된 전략을 강조한다. 페미니스트들은 이분법적 젠더나 그와 관련된 정체성 비판의 유산을 바탕으로 우리와 저들이라는 전형적인 이분법을 거부한다. 콴(Kwan 2002b)은 페미니스트 GIS 연구자와 사용자의 목소리에 귀를 기울이고 GIS 사용자의 주관성(주체성, subjectivity)에 주목하면서 단순한 이분법적 내러티브를 약화시키고자 했다. 또한, 페미니스트 GIS는 위치성과 성찰성도 강조하는 경향이 있다.

페미니스트는 성찰성을 통해서 연구, 연구자, 연구대상자 간의 관계를 [당연시하지 않고] 문제화하려 노력한다. 앎의 주체의 부분성과 위치성도 인정한다. 이렇게 함으로써 학문적 연구의 불평등한 권력 관계의 효과를 누그러뜨리려 하는 것이다(Kwan 2002b: 275).

GIS는 대개 원격탐사나 센서스와 같은 2차 데이터를 사용하는 "비체화된 disembodied" 연구를 우선시하지만, 페미니스트 GIS는 [연구 대상자와의] 거리두기를 줄이고 보다 많은 정성적 데이터를 사용하고자 한다. 콴은 질리언 로즈(Gillian Rose 2001)의 비판적 시각 방법론에 기초해 위치화된 성찰적 연구가 공헌하는 세 가지 위치site를 제시했다. 지식 생산의 위치, 재현의 위치, 해석의 위치가 그에 해당한다. 모든 종류의 문제가 이들 사이에서 순환한다. 이에 콴은 다음과 같이 물었다. 우리의 재현을 통해서 대안적으로 보는 방식을 자극할 수 있을까? 어떻게 객관화된 남성의 시선을 전복할 수 있을까? 어떻게 하면 주인 주체master subject의 대안적 주체를 생산할 수 있을까?

세라 엘우드(Elwood 2008)는 최근 논문에서 페미니스트 GIS가 지오웹과 자발적 지리정보Volunteered Geographic Information: VGI에 연결될 수 있음을 주장했다. 그녀의 주장에 따르면, 지오웹은 페미니즘과 페미니스트 GIS에서 중요한 교훈을 얻을 수 있다. 특히 GIS를 사회적 현상이자 기술적 현상으로 파악하는 입장의 시사점이 크다. 또한, 엘우드는 유연하고 다각적인 목소리가 모든 것을 포괄하는 관점보다 낫다고 주장한다. 그리고 VGI와 지오웹은 잘 설명되거나 합의가 잘 이루어지는 데이터 세트를 강조하는 일반적인 의사결정 모델로 볼 수 없다. 그래서 데이터의 다양성, 불확실성, 모순에 직면할 가능성이 크고, 연구자가 구식의 모델을 사용한다면 문제에 봉착할 수 있다.

이러한 비판 GIS의 새롭고 강력한 고려 사항들은 1990년대에 GIS와 사회가 가지고 있던 의제보다 한 발 앞으로 나아간 것이다.

비판 이후? 지리정보과학을 향한 가능성의 확대

지금까지의 논의가 시사하는 바가 무엇일까? 사회학자 브루노 라투르Bruno Latour는 자주 인용되는 자신의 논문에서 비판이 아주 성공적이어서 어떤 것도 더 이상 믿지 못하게 되었을 때, 그다음에도 비판이 발생할지에 대해 의문을 제기하였다(Latour 2004). 예를 들어, 과학자 대부분은 인간이 원인이 되어 글로벌 기후 변화가 발생했다는 점을 수용한다. 여기에서 라투르는 『뉴욕타임스』의 글 하나를 인용한다. 이 글은 과학적 사실의 구성에서 사람들 **일부**가 비판적이라는 이유로 확실성의 부족을 지적하는 공화당 전략가에 대한 것이다. 이처럼 비판이 "불확실성의 승리"라면, 비판이 승리한 이후에는 어떤 일이 벌어질까?

이와 관련해 라투르의 논문은 무엇이 위태로운지를 파악하는 데 매우 유용하다. 아마도 궁극적으로는 성찰성이 문제가 될 것이다. 성찰성을 통해서 비판의 과정 그 자체에 도전할 수 있기 때문이다. 이에 대해 우리는 무엇이라 답할 수 있을까? 라투르가 우려하는 바가 있더라도 비판, 보다 구체적으로는 비판 GIS의 가치를 인정하는 것이 가능하다.

라투르는 난공불락의 지식 기반을 기대하는 사람들에게 그가 경고했던 함정에 스스로 빠진 듯하다. 그러나 어떤 지식도 완벽하지 못하다. 이와 같은 입장은 반대하고 있는 지식에 대해서는 충분히 적용될 수 있는 것처럼 보이지만, 글로벌 기후 변화처럼 광범위하게 지지받는 지식과 관련해서는 다른 느낌일 것이다. 라투르는 그러한 측면에 대해 우려하는 것처럼 보인다. 그러나 첫째, 글로벌 기후 변화나 지도의 진리에 대한 주장은 사실−가치의 구별이나 객관적 정보의 문제가 아니다. 오히려 그러한 주장들은 과학, 정치, 권력이 교차하는 지점에서 논의될 것이다. 지식은 정치를 초월하지 않는다는 비판 또는 비판 GIS에서 얻은 통찰력은 여전히 유효하다.

둘째, 사회적으로 구성되며 역사적 계보를 가지는 진리라고 해서 열등한 진리로 치부될 수 없다. 오히려 그러한 것들이 진리에 대한 더 나은 설명이다. 생산된 진리가 여러분 앞에 있는 책상만큼이나 현실적이다. 그래서 진리가 어떻게 생산되며 무슨 효과를 발휘하는지가 문제가 된다. 성찰성과 위치성의 개념이 시사하는 바처럼, 진리에 대한 사람들의 관계, 예를 들어 찬성, 반대, 항의 등의 여부도 관건이다. 다른 문화를 연구하는 사람에게 인류학자가 이야기하는 것처럼, 모든 문화는 동일하지 않고 특정한 문화에 대한 착근성이 세계를 구조화한다. 한 마디로, 다른 문화는 다른 세계이다.

비판 이후의 GIS도 앞에서 살펴보았던 것처럼 비판적 요소를 포용하여 더욱 다양해져야 한다. 이미 GIS는 보다 많은 뉘앙스를 가진 분야가 되었고, 이론적, 철학적 기초에 대한 논의에 참여할 준비도 되어 있다. 아마도 가장 흥미로운 연구가 진행되는 분야 중 하나는 소위 "온톨로지"라고 불리는 영역일 것이다.

지난 몇 년간 "온톨로지"란 용어가 점점 더 많이 사용되고 있다. 온톨로지는 컴퓨터 과학에서 등장한 개념이지만, GIS 분야에도 널리 퍼져 가고 있다. 미국에서는 이 개념이 국가지도 제작에 동원되기도 했다. 국가지도는 고도, 경계, 수문 등 국가의 지형을 지도화하는 목적을 가진 연방 정부의 대표적 생산품이며, "대중 지도"의 참된 모습이라 할 수 있다.

그렇다면, 온톨로지가 무엇인가? 주어–동사–목적어를 포함하는 정의의 "트리플" 형태로 생각해 볼 수 있다. "홍수"는 "일기 현상"의 하나"이다"라는 식으로 말이다. 온톨로지는 새로운 현상은 아니다. 기존에는 기능 목록이나 메타데이터metadata로 불리던 것이다. 컴퓨터가 잘 정의되고 안정된 지식의 재현을 통해서 어떻게 작동하는지 알면, 지리정보과학에서 온톨로지의 용법도 명백하게 이해할 수 있다. 예를 들어, "생태적 멸종위기 동물", 식물 건강의 측정치인 "정규 식생 지수Normalized Difference Vegetation Index: NDVI"가 때에 따라서나 사람별로 다르다면 GIS는 작동하지 못한다. 그 대신 "온톨로지"가 의미론적 정의semantic definition에 관여된 추상적 트리플을 통해서 지식이 안정화되어야만, GIS의 상호운용성이 보장된다. "지리적 온톨로지에 관한 관심이 증가하고 있으며 그것의 중요성도 계속 커지고 있다(Agarwal 2005: 502)".

GIS 온톨로지는 확장 가능하며 호환 불가능한 정보를 포함할 수 있다. 예를 들어, 미국 항공우주국NASA 제트추진연구소Jet Propulsion Laboratory: JPL의 롭 라스킨은 SWEET(Semantic Web for Earth and Environmental Terminology)를 개발했다(Raskin 2005). SWEET 온톨로지는 확장 가능한 상위 수준의 개념들로 구성된다.

GIS만이 온톨로지가 도입되는 분야는 아니다. 나이절 섀드볼트Nigel Shad-bolt와 팀 버너스-리Tim Berners-Lee는 최근 *Scientific American* 논문에서 웹 사이언스Web Science라는 신생 분야의 일부로서 형식적 온톨로지를 홍보하고 있다. [버너스-리는 월드와이드웹World Wide Web의 창시자다] 트리플을 [시맨틱웹semantic web으로 불리는] 네트워크에 연결하면, 정보의 유용성이 높아진다. 각각의 트리플에는 인터넷 식별자Uniform Resource Identifier: URI가 부여되어, 웹페이지처럼 웹상에 위치할 수 있게 된다. 사람들은 이러한 시맨틱웹, 즉 트리플의 네트워크를 이용해서 정보를 검색하고 이해하여 평가할 수 있다. 섀드볼트와 버너스-리(Shadbolt and Berners-Lee 2008)는 특정 지역에서 특정 가격 이하의 중고 도요타 자동차를 검색하는 사례를 제시하였다. "중고 도요타"와 같은 일상적인 웹 검색은 원하는 기준에 맞지 않은 수많은 응답을 제시해 줄 것이다. 이와 달리 중고차 시맨틱웹을 사용하면, [자동차 X] [브랜드이다] [도요타], [자동차 X] [가격] [8,000달러 이하], [자동차 X] [위치한다] [특정 지역]의 트리플 묶음을 이용하여 자동차 X가 실제로 적합한 차량인지를 쉽게 결정할 수 있다.

시맨틱웹은 객체들이 어디에서 식별되고 태그되어 있는지에 대한 정보를 찾는 데에도 사용될 수 있다. 예를 들어, 오픈스트리트맵OpenStreetMap: OSM에서는 모든 지리적 지형지물이 태그되거나 식별되어 있다. OSM은 하나의 오픈소스 매핑 프로젝트이며 라이선스는 크리에이티브 코먼스Creative Commons로 공유된다. OSM에는 도로, 운하, 길, 철길 등 일반적인 지형지물의 종류가 포함되어 있다. 그리고 각각의 항목에는 보다 구체적인 태그가 연결된다. 예를 들어, 도로는 "자동차도로", "유료도로", "상습정체" 등의 범주로 태그된다. 이를 통해 시맨틱웹이 구현된다. 예를 들어, 시맨틱웹을 통해 상습 정체가 발생하지 않는 애틀랜타의 모든 도로처럼 특정한 도로를 검색할 수 있다. 인간이 OSM 데이터에 정의와 태그를 부여하기 때문에, 이것은 매우 강력한 검색 역량을 가지게 된다. 라스킨과 그의 동료들은 그러한 시맨틱웹을 공간 웹 포털spatial web portal의 강력한 구성 요소라고 했다(Li et al. 2008).

GIS에는 여러 가지 흥미로운 발전이 나타나고 있는데, 사고방식이나 환경 관계의 내러티브를 문화 간 비교하는 것도 그중 하나이다. 예를 들어 데이비드 마크David Mark와 그의 동료들은 미국과 오스트레일리아에서 원주민 인구의 사고 범주들을 연구했다(Mark and Turk 2003; Mark et al. 2007). 이들의 연구를 통해서 지리적 용어에 대한 사고가 문화마다 어떻게 다른지 이해할 수 있다. 또한 다양한 존재 방식을 이해하는 데에도 사용된다.

그러나 시맨틱웹은 텍스트 기반의 시스템이기 때문에 비텍스트적 이해와 존재 방식을 파악하는 데는 한계가 있다. 매슈 스파크Matthew Sparke는 두 캐나다 원주민, 즉 웨추웨튼족Wet'suwet'en과 기트산족Gitxsan이 영토 권리를 두고 국가와 분쟁하는 캐나다 대법원 사건을 분석했다. 그의 분석에 따르면, 국가의 전략은 공간을 "추상화", "탈맥락화"하는 것이었다. 여기에서 "지도는 신체, 사회관계, 역사에서 멀어질 수 있도록 하는 추상화"의 도구로 사용되었다(Sparke 2005: 10). 따라서 국가가 땅을 가져가기 위해서는 영토를 "규범화된 추상적 공간"으로 전환하는 것이 필수적이다. 그렇다면 텍스트도 아니고, 그래픽도 아니지만, 외부인이 볼 수 없게 거의 비밀리에 수행되는 의식을 위한 노래는 어떻게 지리적으로 처리할 것인가(Turnbull 1993)? 어떻게 이러한 세계를 시맨틱웹으로 구현할 수 있을까?

이 질문은 콴과 딩(Kwan and Ding 2008)이 제시한 지리-내러티브geo-narrative를 통해서 부분적으로 해결되었다. 지리-내러티브는 정성적인 참여 GIS 방법으로의 확장을 뜻하며 구술사, 일대기, 생활사를 포함한다. 이러한 자료들은 GIS는 물론 컴퓨터보조 질적자료 분석Computer-Aided Qualitative Data Analysis: CAQDA 소프트웨어에도 통합되지 못했었다. 콴과 딩의 연구는 다양한 질적(정성적) 자료를 이용해서 9·11 테러 이후 무슬림 여성 대상의 증오 범죄를 분석하는 것이었다. 이를 위해 연구자들은 "연구 참여자들이 경험한 삶에 대한 해석과 분석에 도움이 되도록 지리적 맥락을 제공하는" 여러 가지 정석적(질적) 방법을 활용했다. 그리고 이 방법을 통해서 "참여자들의 주관적 환경의 창출과 상호작용적 지리적 시각화geovisualization가 가능해졌다(Kwan and Ding 2008: 458)".

다른 한편에서는 컴퓨터 과학이 아니라 철학적 설명에 근거한 온톨로지 연구도 진행되고 있다. 철학에서 온톨로지, 즉 존재론은 존재의 의미에 대한 의문과 관련된다. 존재론은 보통 세 가지 특성을 가진다. 첫째, "그것은 홍수이다"라는 진술에서 볼 수 있듯이 존재의 동사인 "이다"는 사건과 홍수를 이어 주는 연결사의 역할을 한다. 존재의 두 번째 의문은 실존주의적인 것으로, "나는"이라는 발언이 그러한 사례이다. 셋째, "이 도로는 교통에 취약하다"는 진술에서 나타나는 것처럼 존재는 정체성에 관한 질문을 포함한다. 존재론은 이러한 세 가지 진술의 뜻을 파악하는 것이다.

"온톨로지"와 "존재론"의 차이에 대해서도 생각해 보자. 전자는 아리스토텔레스 시대에 실체적 존재substance ontology로 알려진 정의definition와 특성propertie을 지칭하고, 후자는 존재의 의미와 존재가 생기는 관계들의 연결에 관한 의문이다. 컴퓨터 과학자와 지리정보과학자 모두는 현명하지 못한 방식으로 온톨로지란 용어를 사용하고 있다. 철학에서 존재론은 매우 다른 것을 뜻하는데, 이는 그 용어가 고대 그리스 시대 철학에서 기원한 이후로 계속 그래 왔다.

하이데거가 『존재와 시간Being and Time』에서 소개한 방식으로 구별하는 것도 가능하다. 하이데거는 존재자적 지식ontical knowledge과 존재론적 지식ontological knowledge을 구분했다. 존재자적 지식은 존재나 개체의 성질에 관한 것이며, 지리정보과학의 온톨로지는 그러한 존재자적 지식에 해당한다. 반면, 존재론적 지식은 "보다 원초적"이며 존재의 일반성과 관련된다(Heidegger 1962: 31). 지리정보과학에서 "온톨로지"란 용어가 자주 입에 오르내리면서, 일부 논객들은 그것을 존재론적 질문을 제기하는 것으로 착각한다. 그러나 실제로는 존재자적 수준의 작업에 불과하다(Leszczynski 2009a).

용어를 바꾼다면 이 문제가 해결될까? 안타깝지만 그렇지는 않을 것이다. 하이데거나 그에게 영향받은 포스트구조주의자가 제시하는 존재에 대한 존재론적 설명에 따르면, 온톨로지를 통해서 존재를 파악할 수는 없다. 존재는 모든 성질을 파악하는 수준의 문제가 아니기 때문이다. 하이데거는 이를 "존재론적 차이"라고 불렀다. 즉, 존재론은 본질essence에 관한 것이 아니라 현재, 과거, 미래의 가능성을 가진 실존existence에 대한 것이다. 이에 하이데거는 "본질은 실존이다"라고 말했던 바 있다. 지리정보과학자가 홍수는 기상 현상이라고 주장할 수 있지만, 이것이 홍수가 어떻게 존재하는지의 문제에 답하는 것은 아니다. 삶의 경험과 존재에 대하여 의미 있는 답을 주는 "온톨로지", 즉 존재자적 지식의 능력에 의구심만 유발한다. 추상에서 시작하고 성질을 나열하는 설명만으로는 세상의 존재에 대하여 아무것도 알 수 없다. 우리는 세상의 존재와 **조우**해야, 즉 만남을 가져야 한다. 시인 루미Rumi가 말한 것처럼, "말하고자 한다면, 우선은 경청하며 말하는 법을 배워야 한다".

하이데거가 [과학의 영역에 있는] 존재자적 탐구가 불필요함을 말했던 것은 아니다. 정반대로, 그는 존재자적 탐구를 존재론적 탐구와 함께해야 할 필요성을 제기했던 인물이다. 그렇다면 존재론이 뜻하는 바는 무엇일까? 존재론적 탐구는 [개체의 성격을 이해하는 과학적인 방식, 즉 존재자적 지식도 포괄하지만] 가능한 존재 방식의 범위를 검토하는 것이다. 이는 지리정보과학에서 이해하는 방식과 크게 다르다. 존재론을 고려하지 않고 순수하게 개체의 성질만을 탐구하기 때문이다. 그래서 지금 우리에게 가능한 존재의 방식이나 우리가 살고 있는 세계에는 크게 주목하지 않는다.

존재론은 우리 자신에 관한 연구라고 할 수 있다. 우리가 아는 한 인간만이 존재를 이해하는 유일한 종이기 때문이다. 그리고 문화 간 다양한 **세계들을** 탐구하려면 실존 [실존적 GIS: "인류학적" GIS? "세계 창조적" GIS?]에 대한 설명이 필요하다. 그렇다면 어떻게 존재를 이해할 수 있을까?

이 질문에 답을 구하는 데 있어 "온톨로지"가 불충분한 점을 설명하기 위해, 리처드 폴트Richard Polt는 저명한 신경학자 올리버 색스Oliver Sacks의 환자인 "P 박사"의 사례를 소개한다(Polt 1999). P 박사는 신경 장애를 겪고 있는 사람이다. 그에게 사물 하나를 보여 주며 묘사해 보라고 했을 때 다음과 같이 답했다.

그는 마침내 "연속된 표면이 접혀 있네요"라고 말했다. 그리고 망설이면

지도 패러독스

서 "맞는 말인지 모르겠지만, 다섯 개의 바깥 주머니가 있는 듯해요"…
그리고 나중에 우연히 그것을 착용해 본 다음 "맙소사, 장갑이었군요!"
라고 소리쳤다(Sacks 1985: 14).

이처럼 P 박사는 사물의 성질을 정확하게 보는 상태에 있다. 그러나 의미
있는 방식으로 사용해 볼 때까지 그것이 무엇인지 알지 못했다. 장갑을 껴
보지 않았다면, 그것이 무엇인지에 접근하지 못한 채 그는 아마도 그것의 성
질을 끝없이 늘어놓았을 것이다.

컴퓨터와 지리정보과학의 시맨틱 트리플 온톨로지를 예술가 스티븐 홀러
웨이Steven R. Holloway가 보여 주는 경관과의 조우와 비교해 보자. 홀러웨이
는 자신의 "작품을 본질적으로 정신적인 장소에서 받은 선물로 생각"하며,
지도, 사진, 행위예술을 이용해 그러한 경관을 이야기한다. 예를 들어, 몬태
나주 미줄라 근처 컬럼비아강의 클락스 포크에서 계속되고 있는 작품 활동
에 주목해 보자. 그중 하나인 그림 8.1의 사진은 어떤 감수성과 만남(조우)
을 불러일으키는가? 홀러웨이는 강과 적절한 만남을 가지기 위해서 핀홀
pinhole 카메라라 불리기도 하는 "무렌즈" 카메라를 사용한다. 이 카메라는
작동이 느려서 빠른 스냅샷으로 포착할 수 없는 장면을 지속적인 거주를 통
해서 잡아낼 수 있다. 홀러웨이는 인고, 만남, 돌봄 등 하이데거의 언어와 불
교의 보시布施, generosity와 각覺, awakening 원리를 사용해 다음과 같이 말
했다.

나는 1990년대 초반에 무렌즈 이미지 작품 활동을 시작했다. 35mm 사
진 수천 장을 촬영했던 기존의 접근을 바꾸길 원하던 때였다. … 무렌
즈, 즉 핀홀 카메라로 바꾼 것은 매우 성공적이었다. 이를 통해 나는 지

리학자와 지도 제작자로 거듭나, 시간과 공간을 서로 얽혀 있는 하나의 현상으로 보고 경험할 수 있게 되었다. … 사진을 하나의 최종적인 사물이 아니라 멈추고 관찰해야 하는 것으로 여기며 찍었다. 나는 "올바른 지도 제작" 실천을 위해서 같은 시간-장소에 반복적으로 방문한다. 방문할 때는 새, 별, 꽃, 빗방울 등을 하나둘씩 헤아린다. 이렇게 셀 수 있는 모든 것을 헤아린다. 이것을 마치고 나면 물의 흐름, 기온, 물과 토양의 온도, 주변 땅의 습도, 먼 곳과 가까운 곳의 색깔, 공기의 무게 등을 가늠한다. 장소-시간의 경험을 멈추고 그 속으로 들어갈 수 있도록 가능한 무엇이든 한다. 나는 이러한 이벤트와 함께, 그리고 이벤트 속에서 존재의 경험을 바탕으로 응답한다. 이 사례는 강의 굽은 곳이며, 색깔, 모양, 선, 숫자, 단어, 크기의 언어를 사용했다(Holloway, 개인 인터뷰).

그림 8.1 굽은 강: 2004년 11월 20일 14차 방문
출처: Steven R. Holloway

지도 패러독스

이러한 장소감은 경관 개체의 성질을 나열하는 것과는 확연히 다르다. 루미의 시 한 편에서는 강이 다음과 같이 그려진다.

입술이 바싹 마른 채, 강둑에 잠들었다.
꿈에서 물을 향해 달려간다.
멀리 욕망의 강물이 눈에 들어오고
그것에 사로잡혀 달려가는 것이다.
갈증의 고통을 꿈꾸는 동안은,
물이 목숨보다도 더 가깝게 있네.

철학만이 존재의 의미에 관여하지 않는다. 의미는 인간에게 부여되기 때문에 다른 인간 과학과도 관련 있다. 일례로 롭 키친Rob Kitchin과 마틴 닷지Martin Dodge는 매핑의 존재론을 통해서 사고하면서, 지도는 "재현적"이지 않고 "과정적"이라고 주장했다(Kitchin and Dodge 2007). 지도의 출현은 정의가 아니라 실천을 통해서 이루어지기 때문이다. 키친과 닷지에 따르면, 그러한 이해는 응용적, 기술적 실천으로서 매핑과 권력/지식 형식으로서 매핑을 연결한다. 이런 연결이 가능할지는 두고 볼 일이지만, 각각이 개별적으로는 불충분하다고 주장한다. 그리고 그들은 유기체의 발전을 뜻하는 생물학 용어 개체발생ontogeny을 도입해 새로운 방식으로 사용한다. 존재onto를 태어나거나 창조genesis되어 존재하는 것으로 이해하기 위해서다. 따라서 그들에게 지도의 존재는 계속해서 새롭게 창조되는 것이다. 이는 정의를 안정적으로 연결하려는 "온톨로지"와는 매우 다르다.

GIS에서 "온톨로지"를 추구하는 사람들과 철학적으로 유도된 "존재론"을 추구하는 사람들은 마치 밤에 지나치는 두 선박처럼 서로 얼굴을 마주하기 힘들다. 매핑을 서로 다른 방향으로 끌어당기며 긴장 관계가 형성되기도 한다(그림 1.1). 이런 상황이 아그니에슈카 리슈친스키(Agnieszka Leszczynski 2009a; 2009b)의 두 논문에서 핵심이었다. 리슈친스키는 비판 지리학자들이 온톨로지와 인식론epistemology을 구분하지 못했다고 주장한다. 그래서 비판 지도학과 비판 GIS에서 단순한 담론, 즉 인식론이 GIS의 물질적 조건인 존재론과 혼동을 일으킨다. 이에 리슈친스키는 비판적 실재론 접근critical realist approach을 근거로 비판 지리학자들이 그러한 실패를 수정해서 존재론을 추구해야 한다고 주장한다. 이러한 설명에는 이의의 여지가 있지만(Crampton 2009a), GIS는 이미 GIS 전쟁에 등장했던 논쟁을 넘어섰다. 이 과정에서 GIS도 이론에 영향을 받으며 다양해지고 있다. 하지만 전통적인 기술 연구 의제에서 이탈하지는 않았다. 제1장에서 주장했던 바와 같이, 매핑 분야는 여러 가지 경쟁적 긴장 관계를 계속해서 경험하고 있고, 이것이 가까운 시일 내에 해결될 것으로 보이지는 않는다.

지도 패러독스

제9장

지도와 감시

우리는 언제나 감시받고 있다.

2007년 10월 뉴욕 시장 마이클 블룸버그

블랙베리 지구의 공포

9·11 테러 5주기가 되는 날, 유나이티드항공 351편에서 주인을 찾지 못한 가방 하나가 발견되었다. 그 안에는 개인용 디지털 기기 블랙베리 한 대가 있었다. 뉴스 보도에 따르면, 이 항공기는 수색을 위해 댈러스로 항로까지 변경했지만 수상한 점은 발견되지 않았다.

샌프란시스코 국제공항 대변인 마이크 매캐런에 따르면, 애틀랜타를 떠나 샌프란시스코로 향하던 유나이티드항공 351편 승무원들은 오전 7시경 아무도 찾아가지 않은 배낭 하나를 발견하고는 댈러스 착륙을 결정했다. 가방에는 "블랙베리처럼 생긴" PDA 한 대가 들어 있었다(Lagos 2006).

누군가 잃어버린 블랙베리를 발견하면 "찾는 사람이 임자" 하고 넘어갔을 때가 있었다. 얼마 전만 해도 그랬다. 그러나 지금은 국가가 비상 행동을 취해야 하는 상황이 되었다.

이 사건은 전혀 특이한 사례가 아니다. 과거 캣 스티븐스Cat Stevens란 이름으로 활동하던 가수 유수프 이슬람Yusuf Islam이 2004년 유나이티드항공 919편에 탑승한 사실이 알려졌을 때, 이 항공기도 경로를 바꿔 착륙했다. 미국 정부는 그가 테러리즘과 어떻게 관련되는지를 밝히지 않고 아무 죄가 없었던 그를 영국으로 되돌려보냈다. 2005년 5월에는 알이탈리아 618편도 메인주의 뱅고어로 기수를 틀었다. 비행 금지 리스트에 포함된 사람과 같은 이름을 가진 승객이 탑승했기 때문이었다. 이 승객은 잠시 구금된 후에야 다시 자리에 앉을 수 있었다. 이번에도 아무런 죄가 없는 사람이었다. [2006년 10월 CBS의 탐사보도 프로그램 〈60분〉은 비행 금지 리스트가 오류로 가득 차 있다고 보도했다] 안전을 증명하기 위해 수많은 여성이 자신의 모유를 [허용된 3온스 병에 담겨져 있음에도 불구하고] 강제로 마셔야 했던 사실이 뉴스를 통해 알려지기도 했다. 2006년에는 승무원이 **물병**을 발견하고 비행을 멈춘 사건이 8월과 9월 두 번이나 발생했다(Bernhard 2007; King 2006; WSOCTV.com 2006).

이 모든 사건은 어떻게 공포 정치가 지리적 감시geosurveillance 사용의 근거로 동원되는지에 대한 의문을 일으킨다. 지리학 문헌에서 감정의 하나인 공포에 대한 관심이 높아지고 있다. "정동affect"이란 개념을 통해서(Lorimer 2008), 어떻게 감정이 자신, 타인, 제도를 통해서 스며들고 재생산되는지를 생각해 볼 수 있다. 지리공간 기술geospatial technology이 정동을 이해하는 데 얼마나 큰 도움이 될까? 그런 기술은 모든 장소에서 동일한 방식으로 나타날까? 아니면 정동의 특수한 지리를 이해하는 데 보탬이 될까(Kwan 2007)? 지리공간 기술이 어떤 역할을 하며 사회적 공포를 조장할까?

이러한 역할을 평가할 때 지리공간 기술이 **본질적**으로 나쁘다고 주장하지 않도록 주의를 기울여야 한다. 제12장에서 보다 상세히 논의할 것처럼, 지리공간 기술을 "창조적 파괴"의 과정으로 생각할 수 있다. 이질적이고 다각적인 매핑의 가능성 때문에 매핑을 "재구성"하거나(Schuurman and Kwan 2004), "반매핑counter-mapping"을 탐색하는 노력이 생겨났다. 공포와 가능성의 두 가지 입장 사이에서 제3의 길을 찾을 수 있지 않을까? 지리공간적 기술과 통치의 형식을 상황적으로 "상호구성된" 실천으로 인식하면서 말이다.

지리적 감시의 형태와 역사

지리적 감시는 지리적 활동에 대한 감시로 정의된다. "감시surveillance"는 프랑스어 sur와 veiller의 합성어이다. 전자는 '위'를, 후자는 [라틴어 vigila에서 유래해] '보다'를 의미한다. [관련된 말에는 밤새워서 돌본다는 뜻의 vigil이 있다] 이 용어가 영어에서는 1802년부터 쓰인 것으로 보인다. 그러나 이 용어가 두각을 나타냈던 때는 [1793~1794년의] 프랑스 혁명기 공포 정치 시기였다.

지리적 감시의 대상은 광범위한 활동을 포괄한다. 이주, 여행, 이동의 감시뿐만 아니라, 영토나 공간에서 사람과 사물의 분포와도 관련된다. 따라서 지리적 감시 기술의 범위도 상당히 넓다. 지리적 감시는 크게 두 가지 범주로 유형화할 수 있다. 첫 번째는 **개인**에 초점을 맞춘 것이다. 여권의 RFID (radio frequency identification), 핸드폰의 위치 정보, CCTV, 조류 독감 발생 사례, 장기 기부자, 범죄 전과자 모니터링 등이 개인에 대한 지리적 감시에 속한다. 두 번째 지리적 감시 범주는 집단이나 인구 전체에 초점을 맞춘 모니터링이다. 여기에서 인구는 단순히 사람들의 합을 뜻하지 않고, 그 자체로 조사 대상이 되는 사람들의 집단이다. 예를 들어 출생, 사망, 재생산율 등과 같은 어떤 규칙적인 패턴을 가지고 있다.

이러한 감시는 전혀 새로운 것이 아니다. 성경의 민수기에서도 센서스가 등장한다. 그러나 광범위하고 체계적인 감시는 근대 사회의 특징과 관련된다. 라이언(Lyon 1994)이 논의하는 바와 같이, 푸코Foucault 이전의 설명은 경제적, 관료주의적 요인에 주목했다. 마르크스주의에서는 감시가 근대 자본주의의 출현으로 확립되었다고 말한다. 노동자를 관리하는 수단으로 동원되었기 때문이다. "오늘날 우리가 '경영학'으로 알고 있는 분야는 노동자들을 모니터링하여 그들이 규율의 힘을 잘 따르고 있는지 확인하기 위해서 발전했다(Lyon 1994: 25)". 막스 베버Max Weber는 감시의 필요성을 더욱 확대했는데, "그의 견해에 따르면, 감시는 관료주의와 불가분의 관계에 있다. … 관료의 **합리성**이 근대적 조직의 가장 중요한 특징이다(Lyon 1994: 25, 강조 추가)".

라이언(Lyon 1994: 24)에 따르면, 체계적 감시는 "군사 조직, 산업 도시, 정부 행정, 자본주의 기업"과 함께 등장했고 "권력의 수단"으로 사용되었다. 다시 말해 감시는 [그리고 지리적 감시는] 권력의 형태와 관련된 [누가, 어디에, 얼마나 많이 있는지에 대한] 지식이다.

특히 제1차 세계대전 동안 새로운 형태의 대중 감시가 [인구의 수준에서] 도입되었다. 이 중 많은 것들이 지리적 감시의 요소를 가지고 있었다. 대규모 전쟁에서의 적합성을 위해서, 신병은 [인체 측정학anthropometry이라고 알려진] 여러 가지 시험과 측정을 통과해야 했다. 전쟁 반대자, 의심스러운 사람 등 적합하지 않은 유형의 사람들에 대한 정보 또한 기록되었다. 그리고 시민들에게는 개인 식별 카드, 국가가 발행한 사진 신분증, "안전이 보장된" 여권 등이 발행되었다. 메시지 송신과 관련해 도청 및 암호 해독 기술이 발달했고, 이들은 앞서 제5장에서 살펴보았듯이 제2차 세계대전 동안 훨씬 더 광범위해졌다.

감시가 [특히 전자적 감시가] 증가함에 따라 "감시 사회surveillance society" 란 용어도 등장해(Lyon 1994; Pickles 1991), 감시가 제도화되는 모습을 포착하려는 노력도 이루어지고 있다. 컴퓨터 시대의 진전으로 디지털 또는 전자 감시가 주목을 받고 있으며, 많은 사람은 감시받는 것을 자연스러운 상태로 여기게 되었다. 최근의 설문 조사에 따르면, 미국 사람 5명 중 1명은 [약 2,400만 가구는] 정부가 자신의 통화 내용을 도청하고 있다고 생각한다 (CNN 2006). 현실보다는 훨씬 더 많은 수준이지만, 오늘날 공포 정치를 반영하는 모습이라 할 수 있다.

감시 사회의 모습은 크리스토퍼 프리스트Christopher Priest의 1978년 소설 『감시받는 사람들The Watched』에 등장하기도 했다. 그 소설에는 색종이 정도 크기의 신틸라scintillas라 불리는 감시 장치가 모든 곳에 퍼져 있다.

[영향을 받은 곳에서] 삶의 방식이 영원히 변해 버렸다. 없는 곳이 없을 정도로 신틸라가 쫙 깔려 있다. 거리, 정원, 집안, 상점, 사무실, 공항, 수술실, 학교, 개인 자동차 등 그 어떤 곳도 신틸라로부터 자유롭지 않다. 낯선 사람이 당신의 말을 듣고 기록하거나 당신의 행동을 관찰하지 않는다고 확신할 수가 없다. 사회적 행동이 변했다. 집 밖에서는 중립적인 표현만 사용했다. 모든 말과 행동이 단조로웠고 별 뜻이 없어 보인다.

집에서만큼은 자유를 얻은 듯이 아무 제약 없이 행동한다. 감시받지 않는다고 가정했기 때문이 아니다. 단지 집에 있다는 이유만으로 그러는 것이다. … 어디에 가든 어디에 있든 감시받는 사람 중 하나일 뿐이다 (Priest 1978/1999: 192-3).

단정적으로 말하기는 어렵겠지만, 우리는 역사상 가장 많이 감시받는 사회에 살고 있다. 예를 들어, 일반적인 런던 사람들은 하루에 300번 이상 CCTV에 등장한다. 미국에서는 9·11 테러 이후부터 안전 보장을 이유로 엄청난 감시 기술이 동원되고 있고, 애국자법이 2001년에 통과되기도 했다 (HR 3162). 미국과 캐나다를 비롯한 많은 국가의 사람들은 안전 보장을 대가로 외국인 감시 조치의 필요성을 기꺼이 받아들인다. 내국인 감시에 대해서는 넘기 어려운 선이 있었지만, 최근 들어서는 그렇지도 않다. 외국인 감시와 내국인 감시 간에 분명한 선을 그리는 것은 이제는 쉬운 일이 아니다.

판옵티콘

총체적 감시 사회에 대한 크리스토퍼 프리스트의 상상은 그 가능성을 인정받고 있다. 그러한 시스템이 실효를 발휘할 때 더욱 그러하다. 예를 들어, 동독에서는 슈타지Stasi로 불리는 비밀경찰은 30만 명의 독일인을 정보원으로 고용했다. 이처럼 억압적인 권위주의 국가의 지배하에 동독 사람들은 항상 감시받는다는 것을 알고 있었고, 그에 따라 자기 자신을 스스로 검열했다. 노골적으로 저항하는 사람들은 훨씬 더 높은 수준의 감시를 받았다.

이에 대한 강력한 드라마 사례로 아카데미상 수상작 〈타인의 삶The Lives of Others〉을 생각해 보자. 2006년 개봉한 이 영화는 베를린 장벽 붕괴 이전

동독을 배경으로 하는 두 남성의 이야기다. 한 명은 작가인 게오르그 드라이만, 다른 한 명은 그를 감시하는 슈타지 요원 울리히 뮤흐였다. 처음에 뮤흐는 성공적으로 임무를 수행했다. 그러나 감시 활동을 계속하면서 그는 드라이만을 공감하게 된다. 중요한 순간에 뮤흐는 슈타지의 명령을 따르지 않았고, 징계를 받아 증기로 편지를 열어보는 장비의 기계수로 강등된다. [기계는 단순한 영화 소품이 아니었다. 한 시간에 600통의 편지를 열 수 있는 실제로 존재하던 장비다] 어쨌든 드라이만은 살아남았다. 영화의 마지막 장면은 통일된 독일을 배경으로 하는데, [우편 배달부가 된] 뮤흐는 서점에 들러 드라이만의 최신작을 구입한다. 책을 자신에게 바친다는 글귀에 뮤흐는 가슴이 찢어질 듯한 감정을 느낀다. 그는 용서받았던 것일까? 영화의 마지막 대사는 "이게 나를 위한 거였네Es ist für mich"였다. 이 발언은 모두가 함께 살았던 "우리−사회"를 벗어난 상태를 강력하게 재현하고 있다. 모든 이에게 엄청난 피해를 주었지만, 참된 개인을 위한 여지가 남아 있었던 모습도 보여 준다.

동독에 버금갈 만큼 철저한 감시가 가능했던 사회는 거의 없었다. 그러나 많은 사회가, 심지어 서독마저도 특정한 지리적 상황에서는 총체적 감시에 가까운 수준에 도달했다. 미국에서는 감시가 다른 유형의 공포를 동원해 이루어졌다. 정부가 아니라, 외부적 위협을 통해서 말이다. 즉 포괄적 감시를 수행하기 위해서 반드시 전체주의적 정부일 필요는 없다는 사실을 보여 준다. 상황이 이러함에도 미국은 언제나 국민에게 돌아가는 최선의 이익을 위해 행동한다고 말한다.

이와 관련해서 가장 널리 알려진 감시의 형태 중 하나로 [모든 것을 다 보는] "판옵티콘panopticon"이 있다. 이는 사회개혁주의자 제러미 벤담Jeremy Bentham이 18세기 후반에 제안했다(Bentham 1995). 벤담의 계획이 현실화되지 못했다는 사람들도 있지만(Monmonier 2002b), 세계 곳곳의 300여 개 감옥이 "판옵티콘" 성격을 가지고 지어졌다. 벤담의 이상적인 감옥에서는 감방 구역들이 중앙 허브에서 빠져나온 바큇살처럼 배치된다. 이로 인해 중앙 허브에 자리 잡은 교도관은 이동하지 않고도 [직접 또는 거울을 이용해서] 모든 감방 구역을 감시할 수 있다. 반면, 감방에서는 간수가 보이지 않는다. 한 마디로 판옵티콘은 관찰되지 않는 상태로 관찰할 수 있는 곳이다. 판옵티콘은 감시와 관련해 매우 강력한 메타포를 형성한다.

벤담의 아이디어는 감옥의 역사에 관한 푸코의 연구에서 소개되었다. 그의 책 『감시와 처벌Discipline and Punish』[프랑스어로 Surveiller et punir]에서 개인의 감시에 대한 유명한 설명이 제시된다. 푸코의 주장에 따르면, 개별 인간으로서 우리는 수많은 권력 관계 상황에 위치하면서 "규율"의 대상이 된다. 이것이 우리가 "규율 사회disciplinary society"에서 살아간다는 아이디어의 시작이었다. 이 말은 푸코가 1974년에 처음 소개한 것이며(Foucault 2000d), 『감시와 처벌』은 그 이듬해에 출간되었다.

푸코는 판옵티콘의 특징을 가진 하나의 사례로 필라델피아 페어마운트 애비뉴에 위치한 이스턴 주립 교도소Eastern State Penitentiary를 논했던 적이 있다. 교도소 중앙의 로툰다에서 [즉, 원형 홀에서] 교도관들은 바큇살 형태의 감방 통로를 내려다볼 수 있기 때문이다. 이 교도소의 핵심 목표는 [Penitentiary란 명칭에서 알 수 있는 것처럼] 죄수들이 고독한 상태에서 "참회penitence"의 기회를 갖도록 하는 것이다. 이는 자유주의적인 [프로테스탄트의 일파인] 퀘이커Qauker의 신념에서 기원했다. 퀘이커들은 죄수들이 하루에 23시간 동안 고립되어 있으면 죄를 인정하고 내면으로 슬픈 감정을 찾을 수 있다고 생각했다. 이를 통해 죄수들이 자신의 죄를 뉘우치며 교화될 수 있다고 보았다. 퀘이커들은 수감 생활을 형벌이라기보다 죄수들에게 주

지도 패러독스

그림 9.1 이스턴 주립 교도소의 통로
출처: 2006년 저자 촬영

어지는 혜택으로 여겼다. 이스턴 주립 교도소는 1829년 설립되었고 1971년
까지 운영되었던 곳이며 건물 외형은 여전히 남아 있다(Johnston 1994; Tee-
ters 1957; 그림 9.1).

완전한 고립이 이 교도소의 목적이었다. 교도관들은 순찰하는 동안 신발
위에 슬리퍼를 신었다고 한다. 이들이 지나가는 것을 죄수들이 알아차리지
못하도록 하기 위해서였다.

한편, 감시의 실천이 감시받는 사람들의 이익을 위해서 확립되었다는 주
장은 신자유주의 사회 담론에서도 특징적으로 나타나고 있다. 권위주의적
사회에서 감시는 공포를 통한 사회 통제 수단이다. 영국이나 미국과 같은 자
유주의 사회에서는 다른 종류의 공포를 통해 감시가 이루어지고 있다. 위협

이나 위험을 가할 수 있는 외부인에 대한 공포가 그런 것이다.

감시, 위험, 그리고 "숫자 사태"

푸코의 주장을 조금 더 따라가 그 이유를 좀 더 깊게 살펴보자. "위험"이 우리 사회에서 엄청난 부분을 차지한다는 사실은 결코 우연이 아니다. 푸코에 따르면, 위험 기반의 사회는 새로운 사법적 거버넌스의 형태와 함께 등장했다. 18세기와 19세기 초반 사이의 사법 개혁 이전까지 법은 발생한 범죄의 성격, 유·무죄의 증거, 적용되는 처벌 시스템에 초점이 맞춰져 있었다. 그래서 범죄에 대한 책임을 물을 수 있을 때만 범죄자가 중요했다. 하지만 개정을 통해 이러한 위계는 역전되었다. "위험한 사람"이 훨씬 더 중요해졌고, 범죄는 그러한 사람을 식별하는 하나의 지표로만 여겨지게 되었다 (Foucault 2000a). 지금의 법은 잠재적 위험성을 가진 사람들에게까지 관심을 둔다는 뜻이다. "사회는 **위험함**의 아이디어를 바탕으로 개인을 행동 수준이 아닌 잠재성 수준에서 판단한다. 법률을 실제로 위반하는 측면에서가 아니라, **개인이 재현되는 행위적 잠재성 수준에서** 판단된다는 이야기다(Foucault 2000d: 57)".

푸코에 따르면 규율은 권력 관계가 취할 수 있는 수많은 형태 중 하나일 뿐이다. 규율은 권력을 신체의 수준에서 기술하는 반면, "생명 정치biopolitics"는 인구의 수준에서 권력을 말한다(Foucault 2000b). 지금부터 살펴볼 것처럼 개인의 추적이 중요하고 뉴스거리가 되지만, 생명 정치적인 인구의 지리적 감시는 오늘날 위험 기반의 사회에서 훨씬 더 광범위하게 나타난다.

예를 들어, 2008년 9월 공화당 전당대회에 앞서 경찰과 연방 요원은 최소 여섯 가구에 대한 선제적 수색을 단행했다(Greenwald 2008a). 신문 기사에

지도 패러독스

따르면(McAuliffe and Simons 2008) 이들은 어떠한 불법적인 행동도 저지르지 않았지만, 수색은 이들의 행동을 관찰하는 정보원들의 도움을 받아 이루어진 사전 조치였다. 피해자의 변호사들은 가택 수색이 "순전히 예방적" 성격을 갖는 조치라고 말했다. 수색은 자동화 무기로 무장한 특별 기동대를 파견해 반대 시위를 진압하는 형식으로 이루어졌다(Greenwald 2008b). 이는 앞서 언급한 것처럼 한때 명백했던 해외 감시와 국내 감시 간의 경계가 점점 더 유지되기 어려워지는 모습을 보여 주는 사례에 해당한다. 이런 상황에 대하여 이탈리아 철학자 조르조 아감벤Giorgio Agamben은 다음과 같이 말했던 적이 있다.

> 부시Bush는 위기로 통치하는 상황을 조성하려고 노력한다. 그래서 평화와 전쟁을 [그리고 국제전과 내전을] 구분하는 것이 불가능하게 되었다 (Agamben 2005: 22).

이런 점에서 생명 정치 기술이 오늘날 가장 중요한 지리적 감시 자원이라고 할 수 있다. 여기에는 잘 알려진 국경의 담장이나 움직임 감지 기술뿐만 아니라(Amoore 2006), 새롭게 등장한 매핑 기술까지 포함된다. 미국을 비롯한 여러 나라에서 추구하는 안보는 디지털 공간 매핑과 "위치 추적" 기술에 의존하고 있다. 이러한 위치 추적 기술에 도움받아 사람과 사물에 대한 지리적 감시가 이루어진다. 한 장소에서 다른 곳으로의 이동이 추적, 통지, 기록되고 있다는 말이다. 모든 것들이 정도는 달라도 위험 상태에 있다고 여겨지기 때문에, 어떤 지역이 위험 상태에 있는지를 식별하는 것은 중요한 문제가 아니다. 지리적 감시는 위험의 범위와 동등한 수준으로 광범위해야 한다. 즉, 모든 곳에 있어야 한다. 이러한 포괄적인 지리적 감시는 국가가 영토 안에 거주하는 모든 사람들을 위험 요소로 재현하는 것이다. 이들은 국가 입장에서 통제, 수정, 기록될 필요가 있는 사람들이다.

이러한 담론이 성공적으로 동원될 때 사람들은 기꺼이 안보를 위해 자유를 희생한다. 감시에 관심을 두고 있는 정부가 수많은 기술을 동원해 공포 분위기를 조성하는 것은 그리 놀라운 일이 아니다. 이는 주로 외지인, 이주민, 외국인을 비롯해 **표준**에 맞지 않는다고 여겨지는 [타자] 집단을 대상으로 이루어진다. 2007년 7월 『뉴스위크』는 미국인을 대상으로 FBI가 이슬람 사원을 도청해서 "무슬림 성직자가 급진적 설교를 하는지" 감시해야 하느냐고 물어보았다. 무려 반 이상의 [52%의] 응답자가 그렇게 해야 한다고 답했다(Newsweek 2007). 어떻게 이런 상황이 발생했을까?

이는 몇 가지 단계를 거쳐서 나타나게 된 일이다. 첫째, 계산적, 통계적 방식의 표준이 등장하는 과정을 이해해야 한다. 인구학과 통계학이 과학 분야로 등장했던 것은 19세기 동안의 일이다. 이런 맥락에서 인구학자, 지리학자, 도시계획가, 그리고 샤를 뒤팽Charles Dupin과 같은 정치경제학자는 출생과 사망, 위생, 사고, 혼인 연령, 자녀 수, 교육, 이혼율, 장애 등을 계량적으로 관찰하고 조사했다. 통계라는 용어의 어원이 의미하듯이 이러한 통계들은 국가에 있어 매우 중요한 것이었다. 통계는 18세기 후반 독일어 "Staistik"에서 유래했다. 영문으로 따지면 "state-istics"에 해당하며, 국가의 또는 국가를 위한 통계라는 뜻이다(Hacking 1990; Oxford English Dictionary 1989; Shaw and Miles 1979). 이미 제6장에서 살펴보았듯이, 19세기 중반에 이르러 오늘날 GIS에서 사용되는 근대적 형태의 통계적 주제도 매핑이 등장했다.

둘째, 벨기에의 통계학자 아돌프 케틀레Adolphe Quetelet가 1835년 "평균인average man"이란 아이디어를 정립한 이후, 범죄학에서는 어느 곳에서 범죄가 표준 이상 또는 이하로 발생하는지를 평가하고 지도화할 수 있게 되었다.

이를 통해 범죄학자들은 정책 처방을 내릴 수 있었다.

이 모든 것을 고려해 셋째, 국가는 수많은 새로운 지식을 수집해야만 했다. 실제로 19세기 동안 수집된 정보의 양은 어마어마하게 증가했다. 이안 해킹Ian Hacking이 한때 "숫자 사태avalanche of numbers"라고 불렀던 현상이다(Hacking 1982).

따라서 19세기 초반 매핑의 주요 형태는 그러한 지식을 보여 주는 것에 집중되어 있었다. 예를 들어, 어디에 질병 집단이 몰려 있는지, 어디로 무역이 향하고 있는지를 시각화하였다. 조셉 미나드Joseph Minard는 프랑스 와인의 수출을 보여 주는 당시로는 혁신적인 비례적 유선도proportional flow map를 제작했다(Friendly 2002; Robhinson 1967; Wainer 2003). 그는 최초로 지도에서 비례적 도형을 활용한 사람 중 하나였다. 역학과 생명 감시bio-surveillance의 아버지로 알려진 존 스노John Snow의 사례도 다시 생각해 보자. 그가 런던에서 콜레라 확산의 근원을 찾아내기 위해 지도를 직접 사용하지는 않았더라도 지도의 수사적 힘을 활용했다는 것은 확실하다(Johnson 2006). 스노가 사용한 데이터의 대다수는 센서스에서 가져온 것이었다. 제6장에서 알아보았듯이, 19세기 후반부 동안 미국에서도 센서스는 엄청나게 개선되었고 이에 대한 전문화가 나타나기 시작했다.

지리적 감시 기술과 공포의 생명 정치

어떻게, 무슨 이유로 공포 분위기가 만들어질까? 보다 구체적으로, 공포의 생명 정치는 어떻게 작동할까? 여기에서 지리적 감시 기술은 어떤 방식으로 관여할까? 이 절에서는 푸코의 업적을 조금 더 자세히 살펴보면서, 공포 정치가 최소한 세 가지의 결정적 실천들과 관련되어 있다고 설명할 것이다. 여기에는 분할division, 지리적 감시 기술, 위험 기반의 사회가 포함된다.

분할

"우리"와 "그들" 사이의 [정상과 비정상, 내부자와 외부자의] 분할을 만들어내고 이것을 꾸준하게 재생산하는 것이 공포 정치를 활성화하는 첫 단계이다. [정부든 지역 행위자든] 이러한 분할을 촉진하려는 이들은 문제의 "타자"에 대하여 특정한 권력─지식 관계를 확립하려 한다. 푸코는 이를 "분할의 실천"으로 불렀다.

> 주체는 자신의 내부로부터 또는 타인으로부터 분할된다. 이 과정에서 주체는 객관화(대상화)된다. 정신병자와 온전한 사람, 환자와 건강한 사람, 범죄자와 "좋은 사람"의 분할이 그러한 사례에 해당한다(Foucault 1983: 203).

이주민이 감시의 대상이 되는 경우가 자주 있다. 그들의 경제적 잠재력 때문만이 아니다. 그들은 위협 요인으로 그려진다. 20세기 초반 동안 미국에서 이주민들은 당시 이주법에 따라 인종 기반 할당제 대상이었다(Crampton 2007b). 할당제는 센서스에 기초한 것이기 때문에, 센서스를 단순한 데이터 수집 활동으로만 생각할 수는 없다. 센서스는 인구 관리의 정치적 기술이었다. 여기에서 감시에 대한 푸코의 연구와 마르크스나 베버 간의 차이가 나타난다. 푸코에게 감시는 계급 관계나 관료제의 문제가 아니다. 그는 감시를 "인구 내부에서 발생하고 본질적으로는 무작위의 사건들"에 대한 생명 정치라고 말한다(Foucault 1983: 203). 여기에서 무작위는 인간은 본질적으로 자유롭지만 [그래서 한 사람의 행동은 우연의 문제이지만] 확률 이론에 따라

지도 패러독스

모델화할 수 있는 상황적 규칙성contingent regularities이 존재함을 뜻한다. 예를 들어, 특정 지역의 출생률을 안다면 특정한 부부의 출산 여부를 따지지 않더라도 신설 학교가 필요한 곳을 예측할 수 있다. 이러한 준거를 바탕으로 "집단 표준"과 "편차"에 대해 이야기할 수 있다. 그리고 이러한 표준은 분할의 실천을 구성하는 데 이용된다. 매슈 한나Matthew Hannah의 주장에 따르면, 이러한 주체성(주관성)의 생명 정치는 "지도화할 수 있는 기대의 경관 속에서" 국경이나 영토와 같은 공간 분리가 어떻게 인구를 규제하고 지배하기 위해 사용되는지를 드러낸다(Hannah 2006: 629).

이러한 관심사는 마고 헉슬리Margo Huxley가 밝혔던 바와 같이 도시계획에 구체화되어 나타난다(Huxley 2006). 도시는 무역 왕래에 따른 사람들의 이동에 [즉, 순환에] 대처해야만 했다. 또한, 더 이상 벽으로 둘러싸여 있지 않은 도시는 농촌에서 유입되는 부랑자나 도둑의 위협에도 대응해야 했다. 그리고 오스만Haussmann의 파리에서처럼, 주민의 일반적인 건강을 보장하고 반란을 방지하기 위하여 유익한 순환만을 촉진하고 동시에 나쁜 종류들은 분산시키거나 방지하고자 했다. [예를 들어, 파리에서는 도로를 넓게 조성해 불한당이 거리를 봉쇄할 가능성을 사전에 방지했다]

지리적 감시 기술

분할이 제대로 작동하기 위해서는 다양한 감시 기술과 공간 추적 시스템, 즉 지리적 감시가 동원될 필요가 있다. 이러한 기술의 목적은 식별된 집단의 공간 정보를 수집, 분류, 관리, 시각화하는 것이다. 집단의 지리적 분포와 이동을 관리하고 감독하는 것도 지리적 감시의 중요한 목적에 해당한다. 이러한 기술은 센서스와 같이 오래된 데이터 수집 노력에서부터, 미국 정부의 불법 도청, [국경 안보처럼] 이동 통제의 메커니즘, 이러한 공간의 지도화 등 새로운 노력에 이르기까지 광범위하다.

"지오프로파일링geoprofiling"을 통해서 이루어지는 범죄 매핑의 사례를 생각해 보자. 지오프로파일링은 행동을 예상하고 감시할 목적으로 개인의 전형적 공간 패턴을 결정하는 기술이다. 지오프로파일링 지도를 통해서 범죄의 핫스팟hot spot과 콜드스팟cold spot을 쉽게 알아낼 수 있다.

지오프로파일링은 범죄 지도를 기초로 표준에서 벗어난 행위를 식별해 낸다. 그러나 프로파일링은 논란을 일으킬 수 있다. 뉴저지 고속도로의 순찰차가 흑인 운전자들을 압도적으로 많이 검문했던 일이 발생한 후에, 경찰은 실제 행동이 아니라 누군지에 기초해 흑인을 검문했다는 비판을 받았다(Colb 2001). 범죄성의 판단이 실제의 범법 행위가 아니라 **잠재적 위험성**을 기초로 내려졌던 것이다. [즉, 검문 수색이 특정한 이유 없이 이루어졌다]

위험 분석에 관한 GIS 연구가 상당히 많이 수행되는 사실도 생각해 보자. 위험을 만족스럽게 판단하는 능력이 부족하기 때문에, 그런 연구는 위험 기반 접근에 치우치는 경향이 있다(Cutter et al. 2003). [이 책을 집필하는 시점에 "GIS와 위험"이란 검색어로 ISI 데이터베이스에서 1,000건 이상의 연구 논문이 검색되었다] 물론, 국가 안보를 목적으로 위험한 인구를 평가하는 데 관심을 두는 연구가 그다지 많지 않다. 그러나 기술과 정치가 두 개의 분리된 영역이 아니라는 것은 분명히 해둘 필요가 있다. 특히, 제5장에서 논의한 것처럼 매핑, GIS, 군사 및 정보 기관 간의 오랜 연계가 형성되어 있다(Cloud 2002). 예를 들어, 미국에서 선도적인 GIS 회사 중 하나는 국가지리정보국 National Geospatial Intelligence Agency: NGA의 "전략적 파트너"로 활동한다. 그리고 지리 정보 관계자들은 GEOINT(GEOgraphic INTelligence)로 불리는 컨퍼런스에서 매년 만나고 있다.

이런 맥락에서 매핑과 다른 지리적 지식이 어떻게 공포 정치를 생산하는 것에 관여하는지 이해할 필요가 있다. GIS와 매핑 기술 사용을 멈춰야 한다는 말이 아니다. ["좋은 것"만을 사용해야 한다는 것도 아니다] 그런 기술을 사용해서 형성된 지식과 이런 지식의 정치적 근거에 주의를 기울이고 비판적으로 생각할 줄 알아야 한다는 말이다. 실천 윤리를 확립하는 것이 전문가적 자질이라면, 최소한 그런 노동을, 즉 감시의 임무를 거부하는 사람들에 대하여 법률적, 윤리적 보호가 있어야 한다. [그러나 이러한 규정을 어떻게 부과할 수 있을지에 대해서는 아직 제대로 합의가 이루어지지 않았다]

위험 기반의 사회

감시를 통해서 데이터를 수집한 후에는 합리적인 판단을 내려야 한다. 이것은 위험 모델을 통해서 수행되고 있다. 여기에는 세 가지의 중요한 요소가 있다.

첫째, 기존에 확립된 분할을 사용해 데이터를 범주들로 구분한다. 둘째, 개별 범주의 위험성은 서로 연관되어 있다. 셋째, 한 집단에 있는 모든 사람은 같은 정도의 위험을 유발할 것으로 가정된다. 고위험 집단에 속한 사람은 개별 성격과 무관하게 높은 위험 요인으로 여겨진다. 이렇게 위험을 [또는 위협이나 안전을] 사용하게 되면 법률 과정의 변동이 발생한다. 범죄 후에 범인을 기소하는 것에서 [즉, 개인의 문제에서] 고위험 집단에 속하는 사람들의 행동을 예견하고 선제적으로 회피하는 방향으로 [즉, 집단의 문제로] 변한다.

여기에서는 무엇이 문제일까? 인간 활동에 대하여 위험 기반의 접근을 취하는 것이 바람직하지 못한 이유는 많다. 특히, 세 가지의 문제가 중요하다. 첫째, 범죄자 처벌에서 프로파일링으로 옮겨가면 집단 소속을 기초로 개인을 잘못 판단할 위험이 있다. [이는 음성을 양성으로 잘못 판단하는 거짓양성false positive으로 불린다] 거짓양성은 오류로 판단된 양성적 발견을 말한다. 이것은 집단 수준의 평균적 특성에서 개인의 정보를 추정할 때 발생한다. 전형적인 사례로 자동차 보험을 들 수 있다. 보험회사 대다수는 자동차를 소유한 장소의 우편번호를 묻는다. 그리고 해당 우편번호에 발생한 교통사고 기록을 가지고 피보험 차량에 대한 요율을 결정한다. 무사고 기록의 두 사람은 [개인적 기록이 아니라] 어디에 사느냐에 따라 다른 보험료를 지불할 수도 있다는 말이다. [물론, 이런 경우 일부 보험회사는 할인을 제공하기도 한다] 집단 소속을 근거로 한 개인 성격의 추정이 프로파일링, 고정관념, 인종주의에서 핵심을 차지하며, 이런 점 때문에 [예를 들어, 경찰의 "무작위" 검문 같은 것은] 잦은 비난을 받는다.

거짓양성이 받아들여지는 맥락이 있기는 하지만, 이러한 오류를 가지고 인간 주체를 대하는 것은 엄청난 문제를 유발할 수 있다. [서구에서 발생하는 테러리즘처럼] 활동 빈도가 낮을 경우, 바른 판단보다 오류가 많을 수 있다. 사전에 결정될 수 없는 것이기 때문에, 그러한 판단은 철저하게 조사되어야 한다. 테러리스트 관련 체포의 대부분이 실제 기소로 연결되지 않았다. 영국에서는 반테러리즘법에 따라 체포된 사람들의 4% 미만이 테러리즘과 관련된 유죄 판결을 받았다고 한다(Morris 2007).

둘째, 위험 분석을 하기 위해서는 [위에서 사례로 언급한 우편번호처럼] 집단 수준의 정보가 광범위하게 수집되어야만 한다. 프로파일링은 국가에 효율성의 편익을 제공하지만, 국민은 광범위하게 감시받는 비용을 지불한다. 예를 들어, 영국은 2005년 모든 자동차 운행을 추적할 수 있는 최초의 국가가 되었다고 발표했다(Cornor 2005). 매일 자동 카메라가 3,500만 대의 자동차 번호판을 촬영하고, 시간, 날짜, GPS 위치 기록을 남긴다고 한다. 이러한 데이터마이닝 환경은 매우 역설적이다. 데이터 대부분이 무고한 사람들

지도 패러독스

의 것이기 때문이다.

위험 기반 분석의 세 번째 문제는 오늘날 위험 평가의 질이 형편없다는 점에서 찾을 수 있다. [위험 분석처럼] 확실성이 아니라 가능성을 기초로 판단을 내려야 하는 상황에서 엄청난 편향과 오류가 일관적으로 발생한다. 그러나 사람들 대부분은 자신의 판단이 정확하고 다른 사람보다 우월하다고 믿는다. 예를 들어 2000년의 조사 결과에 따르면, 단지 상위 1%의 사람들에게만 혜택이 돌아가는 상속세 감면의 맥락에서 39%의 응답자들은 그것이 자신에게도 이로울 것이라고 답했다. 이런 종류의 연구 결과는 1970년대 초반 이후로 아주 잘 알려진 사실이며, 이 분야에서는 트버스키와 카네만(Tversky and Kahneman 1974)이 가장 유명하다.

이러한 판단의 오류는 사람들이 멍청해서 발생하는 것이 아니다. 그런 판단이 이루어지는 맥락에 영향을 받기 때문에 나타나는 현상이다. 예를 들어, 최근의 위험 평가 연구에서는 "불안 위험", 즉 확률은 낮지만 상당한 결과를 유발하는 위험이 주목받고 있다(Gigerenzer 2004). 불안 위험은 종종 공포의 환경에서 부정확하게 예측된다. 때에 따라 합리적으로 보일 수도 있지만, 보통은 참혹한 결과를 낳는다. 예를 들어, [뉴욕] 트윈타워를 대상으로 감행된 9·11 테러 공격 이후에 많은 사람들은 항공 공격에 대한 공포 때문에 자동차를 더 많이 탔다. 그러나 자동차 운전이 항공기 탑승보다 훨씬 더 위험했다. 자동차 운전자의 증가로 인해 이듬해 증가한 도로 사망자는 1,500명이나 된다는 추정이 있다(Gigerenzer 2006).

공포가 미국 전체에서 훨씬 더 광범위하게 만연해졌지만, 통계적으로 보았을 때는 이 나라가 이때보다 더 안전했던 적은 없었다. 미국 사람들은 과거와 비교해 더 오래, 그리고 더 건강하게 살고 있었다. [1900년과 비교할 때 2000년에는 수명이 60% 늘어났다] 깨끗한 물과 음식에 대한 접근성도 더 높았고, 더욱 안전한 직장 생활도 누리고 있었다. 이처럼 인지된 위험과 현실적 위험 간의 불일치가 점차 증가했는데 많은 부분은 미디어가 조장했다. 시걸Siegel은 1990년과 1998년의 사이에 "살인율은 20%나 감소했지만, [O.J. 심슨 이야기를 제외하고도] 뉴스 미디어에서 살인 보도는 600%나 증가했다"고 말했다(Siegel 2005: 56-57).

"지도화할 것인가, 지도화될 것인가": 반매핑, 저항의 공간, 망각의 윤리

우리는 이런 상황에서 과연 어떻게 해야 할까? 한 가지 분명한 것은 있다. 매핑 기술의 동원과 감시 활동 가담에 관한 토론을 넘어서, 지리학자들은 더 많은 일을 할 수 있다. 최근의 문헌 조사에 따르면, 주요 GIS 과학 분야 저널 논문의 단 4%만이 매핑 기술의 사회적, 이론적 측면을 이야기하고 있다 (Schuurman and Kwan 2004).

그러나 매핑 기술은 단순히 기술적인 문제에 머물지 않는다. 기술, 정치, 사회를 함께 만들어 가며 "완전히 새롭게 보는 방식"이다(Klinkenberg 2007: 357). 보다 많은 GIS 전문가들이 이러한 관점을 옹호한다면, 결과적으로 과장된 불안 위험이나 공포 정치에 대한 강박관념은 사그라질 수 있을 것이다.

하지만 비판 지도학과 비판 GIS의 한 가지 구성 요소인 저항의 측면을 생각해 보는 것도 의미 있는 일이다. 다른 장에서 "비판 이후" GIS와 지도학이 변화할 방향을 조사하며 저항도 논의했다. 여기에서도 저항의 공간을 다시 한번 논의해 보자.

우선 저항이 의미하는 바가 무엇인지를 생각해 보자. 약간 낭만적인 분위기를 자아내는 용어다(Sparke 2008). 독립적인 행동과 "시스템에 저항하는 투쟁"은 매력적이지만, 이건 너무나도 이상적인 게 아닐까? 우선, 제로섬zerosum 게임, 즉 완벽한 혁명을 이루지 못했다고 해서 아무것도 아니란 생각을 버리는 것이 중요하다. 시카고에 대한 엘우드Elwood의 민족지 연구에서 확인할 수 있듯이, 완벽한 협력이나 순수한 저항은 일반적인 결과가 아니다. 둘은 보통 혼재된 모습으로 나타난다. 신디 카츠Cindi Katz는 아동의 일상에 관한 최근 연구에서 순수한 저항resistance이란 관념에 혼란을 느꼈고 이를 다른 "r로 시작하는 단어"로 대체했다(Katz 2004). 그녀가 주목했던 것은 재작업reworking과 회복력resilience이다. [네 번째로, 환영받을 가능성이 덜한 보복주의revanchism도 있다. 보복주의는 복지 "개혁"처럼 복수심에 가득한 정책이 들어설 때 나타난다]

재작업은 게임 조건이 약간 변화할 때 나타난다. 여기에서는 모든 불평등 관계가 반드시 사라져야만 하는 것은 아니다. 이용 가능한 자원의 용도를 바꾸거나, 자신을 다른 유형의 행위자로 [가령, 더욱 정치적인 사람으로] 변화시키는 일도 재작업 프로젝트에 해당한다.

푸코는 자신의 마지막 강연 시리즈에서 솔직한 발언을 주제로 재작업과 유사한 전술을 언급한 적이 있다(Foucault and Pearson 2001). 알렉산더 대왕에 맞섰던 그리스 철학자 디오게네스Diogenes의 이야기다. 여기에서 디오게네스는 솔직한 발언자이고, 알렉산더 대왕은 강력한 지배자이다. 이러한 권력의 불균형에도 불구하고, 디오게네스는 알렉산더가 가지지 못한 무엇인가를 가지고 있었다. 그리고 디오게네스는 빈곤했지만 두려움이 없는 사람이었다. 그는 자신이 원하는 방식으로 길을 정하고 삶을 살았다. 디오게네스는 알렉산더에게 진정한 왕은 무엇인가를 증명하려는 듯이 무기를 과시하며 돌아다니지 않는다고 모욕적인 발언을 했다. 이 말을 듣고 알렉산더는 창으로 그를 위협했지만, 디오게네스는 목숨을 구걸하는 대신 알렉산더가 자신을 죽이면 진실을 듣지 못할 것이라고 말했다. 알렉산더는 멈추었다. 디오게네스의 이야기는 듣기 불편했지만, 그가 진실을 솔직하게 말한다고 생각했다. 그래서 알렉산더는 그를 죽이지 않았고 디오게네스와 새로운 "계약"에 동의했다. 이렇게 게임의 이해관계가 변했고, 새로운 한계가 설정되었다. 진실을 듣고 싶다면, 알렉산더는 디오게네스를 죽이지 못한다. 한 마디로, 디오게네스는 자신의 이익에 맞게 자신과 막강한 권력 간의 관계를 "재작업"한 것이다.

회복력은 말 그대로 독자적인 힘으로 다시 일어서려는 노력을 말한다. 세 가지 방식은 서로 중첩되기 때문에, 회복력으로 시작해 재작업한 다음 총체적으로 저항하는 것도 가능하다. 그러나 세 가지 전술 모두는 일정 수준의 위험을 내포한다. 가령, 산림 벌채로 인해 촌락의 경관이 변화하는 상황을 생각해 보자. 이런 상황에서 지역 사람들이 회복력 활동을 수행하지 않는다면, 이들의 공동체 지식과 삶의 양식이 위협받을 수 있다. 비슷한 처지에 있었던 신디 카츠의 사례 지역 마을 주민들은 그들의 사회적 영토를 넓히고자 했다. 그러나 이러한 확장이 불가능한 경우도 있고, 확장하더라도 인접한 공동체와 또 다른 새로운 마찰이 빚어질 수 있다.

한편, 토착적 매핑에 관한 최근 논문에서 조 브라이언Joe Bryan과 조엘 웨인라이트Joel Wainwright는 지도나 매핑 행위 그 자체가 결정적인 회복력 요인은 아니라고 말했다. 지도든, 법이든 그 자체로 실제적인 정의라 할 수 없기 때문이다. 이것은 벨리즈의 마야Maya 부족과 니카라과의 마양나Mayangna 부족에 관한 사례 연구에서 도달한 결론이었다. 이 연구는 원주민들의 토지권 수호에 바탕이 됐던 새로운 지도와 판례에 관한 것이었다. 니카라과 사례에서 정부는 원주민이 권리를 주장하는 토지를 한국 기업의 자금을 지원받는 벌목회사에 넘기려 했고, 이에 대항하기 위해 원주민은 지도를 사용하였다. 몇 년 동안의 소송 끝에 법원은 원주민이 제작한 지도를 인정하며 지역 커뮤니티의 손을 들어주었다. 벨리즈 사례의 마야 부족은 그들이 역사적으로 사용했던 모든 땅의 지도책을 만들어 『마야 아틀라스』를 출간했다(Toledo Maya Cultural Council and Toledo Alcaldes Association 1997). 이를 활용해 국가를 상대로 소송을 제기했다. 결국 원주민이 승소했지만, 여기에서 얻은 이익은 이후에 문제가 되었다.

법적으로는 성공했지만, 두 사례의 지도 제작 과정에 참여했던 브라이언과 웨인라이트는 식민주의 유산을 전복시켰다기보다 식민주의를 재작업했다고 말했다. 실제로 "지도화할 것인가, 지도화될 것인가"의 문제보다 훨씬 크고 복잡한 이슈였다. 나쁜 식민주의 지도를 좋은 반식민주의 원주민 지도로 대체하는 것이 말처럼 쉽지 않았다는 이야기다.

무슨 이유 때문이었을까? 웨인라이트와 브라이언(Wainwright and Bryan 2009: 170)의 설명에 따르면, "법과 마찬가지로 지도는 원주민들의 권리를 안정화하는 도구가 아니다. 지도는 권력과 사회적 관계를 엮는 텍스트적 실천이다. 원주민의 '반지도counter-map'는 근대적 권력 관계를 구성하는 범주들을 불안정하게 만들었기 때문에 효과를 발휘할 수 있었다". 이에 더해, 연구자들은 "원주민의 새로운 토지 지도가 본질적으로 선하고 문제가 없는 것은 아니"라고 주장했다(Wainwright and Bryan 2009: 154). 왜냐하면 "다각적인 해석에 개방되어 있고, 바람직하지 못한 결과로도 이어질 수 있기 때문"이다. 이와 같은 방식으로, 웨인라이트와 브라이언은 기술 자체보다 광범위한 사회−정치적 결과를 훨씬 더 강조했다.*

주제를 바꿔 감시에 관해 이야기해 보자. 감시에 대한 저항의 중요한 시작 중 하나는 "감시카메라 배우들Surveillance Camera Player: SCP"의 활동이다. 이들의 활동은 재작업과 회복력의 사례라고 할 수 있다. SCP는 뉴욕을 근거지로 활동하는 단체이며, 상황주의 운동situationist movement에 영향을 받아

1996년에 설립되었다. 이들의 시위는 특별하게 각색된 단막극의 형태를 띠며, 연극은 감시카메라 앞에서 상영한다. 웹사이트나 책을 통해서 감시카메라 지도를 출간하고(Surveillance Camera Players 2006), 이를 위해 현장 답사 활동을 펼치기도 한다. 〈괜찮아요, 경찰관님〉이란 제목의 2002년 연극에서 참여자들은 감시카메라 앞에서 다음 내용과 같은 플래카드를 들고 있었다.

괜찮아요, 경찰관님
그냥 일하러 가요
그냥 뭣 좀 먹고 올게요
이젠 집으로 가요 …

각각의 플래카드에는 스틱 그림stick figure도 등장하는데, 글을 시각화하여 걷거나, 먹거나, 쇼핑하는 모습으로 나타난다. 뉴욕 경찰은 SCP를 꾸준히 모니터링하고 있다. 2007년 정보공개법을 통해 기록을 열람하는 과정에서 알려진 사실이다.

매핑의 관점에서 SCP의 가장 흥미로운 활동은 도시 곳곳에 설치된 감시카메라의 지도를 제작하는 것이다. 시간이 흐르면서 지도는 카메라로 빽빽이 채워졌고, 뉴욕에 얼마나 많은 카메라가 작동하고 있는지 헤아리는 것이 불가능해졌다. [2006년 맨해튼에만 15,000대의 카메라가 공공장소에 설치되어 있다고 한다] SCP 활동가들은 실천적 상황주의 정신에 입각해 어떻게

---

* 2009년 초반 멕시코 오악사카Oaxaca의 원주민 매핑 프로젝트는 이러한 종류의 예기치 못한 결과를 낳았다. 이 연구와 관련된 논란은 라스베이거스에서 열린 미국 지리학회Association of American 연례 학술대회에서 논의되었다. 연구는 캔자스 주립대학교 지리학자들이 원주민들과 함께 수행해 오던 것이었다. 이 책의 마지막 장에서 다시 언급하겠지만, 이 논란은 이 책이 마무리되고 있던 시점에서도 여전히 진행 중이다.

하면 감시카메라 지도를 잘 그릴 수 있는지에 대한 가이드도 제공한다.

"r로 시작하는 단어"의 마지막 사례로, 닷지와 키친(Dodge and Kitchin 2007)이 논의한 "망각의 윤리"를 생각해 보자. 이들에 따르면, [『감시받는 사람들The Watched』 정도는 아니더라도] 오늘날 컴퓨터에서는 거의 총체적 관찰이 가능하다. 실제로 컴퓨터는 모든 움직임을 기록하면서 사람들의 일상 생활에 깊게 뿌리내리고 있다. 예를 들어, 모든 일상을 [시청각적으로] 기록하는 웨어러블wearable 컴퓨터를 개발하는 기업이 있다. 저장 공간의 비용이 매우 저렴하기 때문에, 모든 것을 기록에 남기는 "인생−로그"가 가능해

그림 9.2 공공 감시카메라 앞에서 연기 중인 감시카메라 배우들
출처: Surveillance Camera Players(2006)

졌다. [한 사람의 일생에 얼마나 큰 저장 공간이 필요할까?] 이에 닷지와 키친은 망각을 긍정적으로 생각할 필요가 있다고 주장한다. 실제로 디지털 노예화 시대가 [돕슨(Dobson 2006)의 표현으로는 지리노예geoslavery 시대가] 도래하면, 망각을 [또는 디지털 삭제] 주장하며 **저항**하는 수밖에 없다. 그리고 다음과 같은 의문들이 생길 수 있다. 사망한 다음 그 사람의 인생-로그는 어떻게 될까? 아이들의 인생-로그는 어떻게 해야 할까? 다른 사람들이 보아도 괜찮을까? 인생-로그는 원해서 만들어진 것일까? 수익화의 가능성을 고려해, [식료품 살 돈도 마련하기 힘들다면] 시스템 안에 머물면서 이 "게임에 참여"해야 할까? 인생-로그의 편집과 관련된 문제도 있다. [2004년 영화 〈이터널 선샤인〉에서처럼] 인생-로그가 편집의 대상이 되어 기억에 영향을 줄 수 있지 않을까? 이런 질문들에 대한 답은 아직 마련되지 못했다. 하지만 사람들이 기술에 더 많이 의존하면 현실화될 수도 있는 문제다. 이 책을 쓰고 있는 동안, 나는 이메일과 같은 기술에 전적으로 의존하고 있다. 계속 봐야 하는 웹사이트와 도서를 [나에게 이메일로 보내서] 저장하고, 반복을 피하기 위해 키워드 검색도 했다. 유일한 원고 파일이 저장된 하드 드라이브에 문제가 생겼을 때, 온라인 데이터 복구 프로그램을 사용해 90% 정도는 [부디 정확하게!] 되살릴 수 있었다.

이와 마찬가지로, 닷지와 키친은 기록된 데이터에 손실이나 오류가 발생할 수 있다고 말한다. 기록은 시간이 지나면서 흐릿해질 수 있다. 가령, 영국의 자동차 번호 기록이 불완전해질 수 있다. 일부 데이터는 숨겨지거나 부정확해질 가능성도 있다. 한 마디로, 디지털 메모리도 인간의 기억과 비슷하다. [사전동의 형식의] HIPAA나 IRB와 같은 공공보건 분야의 개인정보 보호 법규나 이와 관련된 실천을 생각해 보자. 보다 구체적으로, 질병에 관한 지리학적 연구에서 위치를 기반으로 개인이 식별되어서는 안 된다. 그래서 이러한 분석은 "공간 마스킹spatial masking"을 활용해 개인이 드러나지 않게 한다(Kwan and Schuurman 2004). 데이터는 유용하지만 개인정보가 감춰져 있다는 뜻이다. IRB에는 문제가 전혀 없다고 말하는 것이 아니다. [IRB는 1940~1960년대 동안의 연구 남용의 맥락에서 마련되었다. 그러나 지리학을 비롯한 많은 분야에서 IRB의 유용성은 비판받고 있다]

이어지는 제10장에서는 가장 두드러진 감시의 영역이라 할 수 있는 사이버공간cyberspace과 디지털 현실digital reality에 대해 상세히 논의할 것이다. 사이버공간은 공상과학 작가 윌리엄 깁슨William Gibson이 처음 소개한 용어다. 그리고 버너 빈지Vernor Vinge의 중편 소설 『진정한 이름들True Names』이 출간되었던 1970년대 후반 이후로, 사이버공간은 공상과학 경관의 핵심을 차지해 왔다. 사이버공간은 나름의 독특한 지리를 가지고 있어 지도화될 수 있는 "합의된 현실"이다. 1982년 영화 〈트론Tron〉에서처럼 진입할 수 있는 상상된 장소든, 오늘날의 트위터, 블로그, 유튜브, 페이스북, 이메일처럼 혼성적 가상-물리 형태의 커뮤니케이션이든지 모두 지도화될 수 있다. 언제든 어디에도 존재하는 정보들이다. 이런 정보가 "거리의 종말"로 이어질까?

제10장

사이버공간과 가상 세계

공상과학

구글 어스, 마이크로소프트 버추얼 어스(현재 빙맵), 미국 항공우주국의 월드 윈드WorldWind는 1990년대 앨 고어Al Gore 부통령으로 인해 인기가 있었던 "디지털 지구"의 개념을 이용하고 있다(제3장 참조). 앨 고어가 "공상과학"처 럼 들린다고 했던 다음과 같은 시나리오를 상상해 보자.

예를 들어, 지역 박물관에 전시되어 있는 디지털 지구에 간 여자 아이 한 명을 상상해 보자. 두부장착형 디스플레이를 착용한 후 그 아이는 우주에서 보는 것처럼 지구를 본다. 데이터 글러브를 사용하여 지구를 확대해 들어가며 점점 해상도를 높이면서 대륙에서 지역으로, 국가로, 도시로, 최종적으로 개인의 집이나 주변 나무들, 그리고 다른 자연적, 인 공적 객체들을 보고 있다. 지구에서 탐험하고 싶은 지역을 발견하고 지표면의 3차원 시각화를 통해 "마법의 양탄자" 같은 것을 타듯이 이동한다. 물론 지형은 그녀가 상호작용할 수 있는 여러 종류의 데이터 중 하나일 뿐이다. … 토지 피복이나 동물·식물종의 분포, 실시간 날씨, 도로, 정치 구역, 인구 등에 대한 정보도 요청할 수 있다. 또한 그녀와 전세계의 다른 친구들이 수집한 환경 정보를 시각화할 수 있다.

공간만 이동할 수 있는 것은 아니다. 시간을 여행할 수도 있다. … 프랑스 역사를 배우기 위해 디지털 지구 표면에 중첩되어 있는 디지털 지도, 뉴스 영화 장면, 구전 역사, 신문, 그 외 다른 주요 자료들을 살펴보면서 시간을 거슬러 갈 수 있다(Gore 1998).

고어의 비전은 상세성에 있어 그리 정확하지는 않았지만 [두부장착형 디스플레이나 음성 제어는 대중화되지 않았고 디지털 지구를 사용하기 위해 특별한 박물관으로 갈 필요도 없다] 몇 가지 중요한 점을 지적하고 있다.

1. 우주 바깥에서 보는 행성처럼 데이터가 "자연스럽게" 디스플레이된다.
2. 디스플레이는 객체를 간단히 클릭함으로써 확대, 회전 [1998년의 지리 데이터에는 여전히 생소한 개념인 "마법의 양탄자"], 질의가 가능한 상호작용 환경을 제공한다.
3. 다른 출처의 데이터가 통합될 수 있고 쉽게 중첩될 수 있다.
4. 시간이 결합될 수 있다.

제3장에서 어떻게 "촌뜨기들" [학생, 아마추어 사진작가 같은 일반 사람들]이 사용하기 쉽고 널리 이용 가능한 매핑 툴을 사용하고 있는지를 보았다. 중요한 것은 그들이 이러한 툴을 이용할 뿐만 아니라, 그들의 인생 경험

에 대한 이야기를 제공하고 있다는 것이다. 예컨대 구글 "마이맵MyMap"과 같은 서비스는 자기 콘텐츠(텍스트, 사진, 비디오 등)에 구글지도를 같이 사용할 수 있게 해 준다. 이러한 콘텐츠는 넓은 의미에서는 유용하지 않을 수 있지만 [예를 들어, 모르는 사람들의 결혼 사진], 이를 공유하거나 관련된 사람들에게는 필수적이다. 마이맵이 2007년 초반에 개발된 후, 이를 이용한 수백만 개의 개인 지도가 만들어졌다. 이러한 인기에 구글도 놀랄 정도였다. 구글의 툴을 사용한다는 것보다 전문가의 개입 없이 이야기를 만들고 공유한다는 것이 놀라웠다. 이는 하향식 및 전문가 주도 과정을 통해 작동했던 지리학이나 GIS의 전통적인 그림과는 전혀 다른 상황이다.

사실상 **구글지도는 지오웹geoweb의 위키피디아가 되었다.** 데이터를 수집하면서 동시에 재전송하고, 데이터를 편집하고 질적 수준을 조정한다. 그리고 게시하면서 수정 가능하도록 만들어 준다. 이러한 측면에서 다음과 같은 비판적 질문이 제기될 수 있다. 구글은 지리학에 도움이 되나? [여기에서는 구글을 지오웹에 대한 줄임말로 사용한다]

웹에서의 긴장: GIS와 지오웹

이 책의 다른 부분에서는 지오웹이 제공한 기회들과 도전, 특히 전통적인 빅 GIS에 대한 도전에 대해 논의하고 있다. 동시에 지오웹이 기술로서는 본질적이지 않다는 것에 주목하였다. 이러한 "실제로 이미 존재하는" 기술들은 특정한 사회-정치적 맥락에서 이해될 필요가 있다.

구글과 지오웹이 비판에 직면하게 된 이유는 사생활 침해(예, 스트리트뷰), 검열 이슈(Boulton 2009), 균일화된 지도(Wallace 2009), 매핑의 단순화 ― 아주 기초적이거나 내용이 풍부하지 않은 지도 제작(BBC 2008), 종이 지도의 종말이나 지도 회사의 폐업, 비전문가가 만든 아마추어 지도의 확산("마이맵", Dodge and Perkins 2008 참조) 등이다.

닷지와 퍼킨스Dodge and Perkins는 지리학 저널을 포함한 여러 분야에서 확연하게 나타나고 있는 지도 생산 및 사용 쇠퇴 현상을 조사하였다. 하지만 비전문가에게 지도는 여전히 지리학의 상징이다. "거리와 술집에서 영국 지리학은 여전히 지도에 관한 것이다(Dodge and Perkins 2008: 1272)". 결국 지도 제공자가 아닌 구글이나 야후와 같은 미디어 회사의 준독점 현상이 마이맵의 확산을 이끌었다면, 이것은 우리에게 좋은 것일까?

지도학에서 긴장들을 보여 주는 그림 1.1을 상기해 보자. "비학문적"이고 아마추어적인 매핑에 대한 걱정은 확실히 지식을 인증하고 지식 체계를 확립하려는 노력을 보다 부채질하게 된다. 매핑에 대한 우리의 관계는 매우 이중적이라 할 수 있다. [부적절한 사용이 불편하지만 너무 잘 작동함]

지오웹이 점점 성장하고, 전문가들이 하는 아마추어 버전이 아닌 것으로 이해된다면 스스로의 전문성을 정당하게 인정받기 위해 투쟁할 필요가 있다. 전통적인 GIS의 비싸고 제한적이며 잘못 설계된 기능들을 계속 비판하고 폄훼해야 한다. 단지 전문적인 GIS 옆에 있는 부수적인 협력자로 인정받는 것에 만족해서는 안 된다.

어떻게 할 수 있을까? 지오웹에 대해 엄청난 이점을 가져올 수 있는 다음과 같은 내재적인 요인을 제안하고자 한다.

1. 위키피디아와 같은 "크라우드소스crowdsource" 데이터
2. 오픈소스 툴과 서비스
3. 참여와 보급(플랫폼으로서 웹)

크라우드소스

여기에서는 크라우드소스와 플랫폼으로서 웹에 초점을 맞출 것이다(오픈소스에 대한 논의는 제3장 참조). 크라우드소스는 분산되어 있는 수많은 사람들이 같은 주제에 대해 매우 강력한 방식으로 연구할 수 있는 방법을 말한다. 이를 통해 전체가 부분의 합 이상이 되는 것을 만들어 낸다. 위키피디아는 크라우드소스의 가장 좋은 사례이다. 실제로 위키피디아는 동료 검토peer-review 방식으로 글을 받았던 누피디아Nupedia라는 다른 백과사전 프로젝트에서 나온 결과이다. 하지만 누피디아는 투고가 너무 느렸고 결국 중단되었다. 반면 위키피디아는 원칙적으로 컴퓨터가 있는 누구나 콘텐츠를 편집하고 전송할 수 있는 개방된 커뮤니티 기반의 접근이다. [파워 유저나 일부 사람들이 자료를 편집하더라도, 동료 평가나 "전문가"만 투고해야 하는 제한은 없다] 여기에서 핵심은 위키피디아와 다른 프로젝트들이 커뮤니티의 동의에 의해 혼란스럽지 않게 이루어지고 있다는 것이다. 이러한 프로젝트들은 자기 조직화되고 있다. 결과는 무척 명확했다. 온라인 브리태니커 사전의 일일 방문객 수의 450배 이상이 되는 방문객이 위키피디아에 접속했다.*

크라우드소스라는 용어는 새로울 수 있지만 원리는 오래되었다. 위키피디아에서 크라우드소스를 검색하면 18세기 경도 문제에 대한 해결책에 대해 영국 정부가 상을 수여한 것과 수상자인 존 해리슨John Harrison을 초기 사례로 인용하고 있다.

2007년 9월 숙련된 비행사 스티브 포셋Steve Fossett이 실종되었을 때 그의

---

* 위키피디아의 창시자인 지미 웨일스Jimmy Wales는 크라우드소스라는 용어가 위키피디아에는 적용되지 않는다며 받아들이지 않았다. 왜냐하면 크라우드소싱은 마치 사람들을 속여 일하도록 하고 노동력을 착취하는 것으로 인식될 수 있어 위키피디아 기고자들의 위신을 떨어뜨리기 때문이다. 하지만 크라우드소싱에 노동력에 대해 보상할 수 없다는 어떤 것도 들어가 있지 않다. 물론 이러한 보상이 노동 시장의 "공정한" 지불 조건에 맞을지는 의문일 수 있다.

친구 중 한명인 리처드 브랜슨Richard Branson은 구글과 협력하여 관련 사진을 조사하였다. 또한 메커니컬 터크Mechanical Turk로 불리는 아마존의 크라우드소싱 기술이 짐 그레이Jim Gray 사건 때처럼 다시 한번 사용되었다. 5만 명의 사람들이 30만 제곱마일 이상을 반복적으로 검색하였다. [검색은 성공적이지 못했고 어떤 참여자나 수색 및 구조대원은 각각의 플래그가 달려 있는 이미지도 다시 확인해야 하기 때문에 공식적인 노력에 방해가 된다고 비판했다]

크라우드소싱이 종종 다른 곳에서는 성공적이었지만, 포셋 검색은 아마추어들이 하는 검색에서는 패러미터들이 명확하게 정의될 필요가 있다는 교훈을 주었다. "백지장도 맞들면 낫다"는 속담이 크라우드소싱과 자발적 지리정보Volunteered Geographic Information: VGI의 핵심인데(Goodchild 2007), 집단적 의사결정이 잘 이루어지는 곳에서 더 잘 작동한다. 제임스 서로위키 James Surowiecki는 대중의 지혜를 증진시킬 수 있는 방법에 대해 4가지 원리를 제시하고 있다(Surowiecki 2004).

1. 집단 내에서 다양한 의견이 개진될 수 있어야 한다.
2. 사람들의 결정이 주변 사람들에 의해 영향을 받지 않도록 독립적이어야 한다.
3. 국지적 지식을 활용할 수 있도록 탈중앙화되어야 한다.
4. 여러 의견을 집단 결정으로 이끌어갈 수 있는 좋은 방법이 있어야 한다.

플랫폼으로서 웹

인터넷의 참된 본질은 사람들이 정보를 얻을 수 있을 뿐 아니라 참여할 수 있도록 하는 것이다. 인터넷은 새로운 콘텐츠와 새로운 지식을 생성할 수 있도록 한다. 정보에 대한 이러한 참여적 특성("읽기/쓰기" 웹으로 불림)은 유튜브, 위키피디아, 마이스페이스, 페이스북, "블로고스피어blogosphere"*를 구성하는 수백만 개의 블로그와 같은 커뮤니티 기반의 웹사이트들에서 볼 수 있다. 어떤 블로그는 소수의 사람들만 들어가 보지만 다른 어떤 블로그는 하루에 수천 명의 사람들이 찾아보기도 한다. 또한 수입이 없는 블로그도 있지만 일년에 10억 이상의 수입을 얻는 블로그도 있다(예: 테크 블로그 Boing-Boing, Tozzi 2007 참조). 하지만 이들 모두는 공통적으로 대중적으로 널리 이용 가능한 웹 게시 툴을 이용하여 자신들의 견해와 아이디어를 다른 사람들과 공유하려는 의지와 수요를 가지고 있다. 읽기/쓰기 웹은 우리가 살고 있는 사회와 그 사회의 정치에 직접적인 영향을 미칠 수 있다는 것을 자주 보여 주었다. 읽기/쓰기 웹은 효과적인 방법으로 참여 민주주의를 새롭게 할 수 있는 잠재력을 가지고 있다. 앨 고어는 다음과 같이 진술하였다.

> 인터넷은 우리의 헌법적 틀에서 국민의 역할을 새롭게 활성화할 수 있는 잠재력을 가지고 있다. 500년 전에 인쇄기가 민주주의의 새로운 가능성의 출현을 이끌었던 것처럼, 20세기 초반 전자 방송의 출현으로 이러한 가능성을 새롭게 구성한 것처럼, 인터넷도 건전한 자치 기능을 재정립할 수 있는 새로운 가능성을 보여 주고 있다(Gore 2007: 259-260).

블로그 현상은 확실히 눈여겨 볼 만하다. 말로 다 할 수 없는 수백만 개의 블로그가 있고 대부분의 전통적인 대중 매체는 블로그를 포함하고 있다. 하지만 한 가지 경고를 인식할 필요가 있다. 블로그도 "긴 꼬리" 효과로 어려움

---

* 역주: 수많은 블로그가 서로 연결되어 상호작용하는 블로그 공간을 의미함.

지도 패러독스

을 겪고 있다는 것이다. 다시 말해, 소수의 블로그만 인기가 있고 대부분은 거의 찾아보지 않는 수많은 블로그들이 긴 꼬리를 이루고 있다. 인터넷에서 정보와 지식은 물리적 세상에서처럼 불균등하게 분포한다. 확실히 정보 격차digital divide는 사라지지 않았다(Chakraborty and Bosman 2005; Zook and Graham 2007a).

하지만 플랫폼으로서 웹은 블로그보다 훨씬 더한 개념으로 이는 데스크톱 기반의 활동에서 인터넷 기반의 활동으로 점점 바뀌고 있는 것을 의미한다. 혹자는 이를 두고 소프트웨어가 점차 대규모 분산 및 협업이 가능한 인터넷 쪽으로 옮겨 가는 "클라우드 컴퓨팅cloud computing"이라 부른다. 심지어 운영 시스템(윈도우, MacOS, 리눅스 등)도 웹에 있을 수 있다. 예를 들어, 구글 앱은 여러 사람이 같은 문서를 동시에 작업할 수 있도록 해 주는 스프레드시트, 슬라이드 프레젠테이션, 워드 프로세스 툴을 제공하고 있다. 또한 앨런 맥이크런Alan MacEachren과 동료들은 정교한 "지리협업geocollaboration" 툴을 개발하였다(MacEachren and Brewer 2004; MacEachren et al. 2005; 2006). 플랫폼으로서 웹의 이러한 측면은 집단의 힘을 이용하기 위해 크라우드소싱을 활용하고 있음을 주목할 필요가 있다.

크기가 중요하다!

사이버공간cyberspace(예: 인터넷과 웹)의 지리학에 대한 설명은 순전히 크기에 대한 몇 가지 놀라움으로 시작할 만하다. 인간의 지식은 얼마나 많나? 앞서 보았듯이(제5장) 5~281엑사바이트 정도로 추정된다. 하지만 데이터(정보 또는 지식)는 덩어리로 있는 경향이 있다. 유명한 사이버펑크 소설『뉴로맨서Neuromancer』의 저자인 윌리엄 깁슨William Gibson은 "미래는 이미 와 있다.

다만 똑같은 크기로 분배되어 있지 않을 뿐"이라고 말하였다. 이는 일반적으로 정보 격차라 부르는, 즉 정보 경제에 있어 가진 자와 가지지 못한 자 사이의 차이에 대해 말하는 영리한 방법이다.

보편적인 답변만 해 주는 서비스는 또 다른 문제들을 야기하지 않을까? 세상이 근거 없는 사실들로 나열된 팩토이드factoid가 되지 않을까? 인터넷이 더 길고 더 깊은 성찰을 대체하기 시작할까? 최근 뉴햄프셔에 있는 미들베리 칼리지Middlebury College 역사학과는 학생 논문에서 위키피디아 인용을 더 이상 허용하지 않기로 결정했다(Read 2007). 어떤 사람들은 인터넷에서 얻은 정보는 질이 떨어지거나 검토가 되지 않아 공신력이 없다고 우려하면서, 인터넷 기반의 정보를 비판적으로 평가할 수 있는 학생들의 능력에 대해 걱정한다. 이러한 의문들은 여전히 해결되지 않은 채 남아 있다.

사이버지리: 마틴 닷지의 연구

인터넷에 대한 지속적인 의문 중 하나는 "어떤 모습인가?"와 관련한 여러 질문이다. [어디에 있는가? 누가 누구에게 연결되어 있는가?] 언뜻 보기에 지도는 이러한 질문들에 대한 답을 즉각적으로 줄 것처럼 보인다. 하지만 수천 개의 지도와 인터넷 시각화에도 불구하고, 아마도 다음과 같은 이유로 이러한 질문에 만족스럽게 답할 수 있는 방법은 없을 것이다.

1. 인터넷을 우리의 일상생활과 불가분하게 엮여 있는 여러 이질적인 과정들과 역량이 아니라, 구별되고 분리된 개체 ["사이버공간" 또는 "가상"]로 인식하는 것이 실수일 수 있다.
2. 어떻게 인식되든 인터넷은 하루하루, 그리고 시시각각 변한다.

3. 인터넷이 가상의 총체적인 영향을 개념화하기 위한 가장 좋은 방법이 아닐 수 있다.

하지만 이러한 경관은 어떻게 구성되어 있나? "사이버공간", "사이버지리학cybergeography", "사이버지도학cybercartography", "인터넷", "웹", "가상"과 같은 용어를 마치 모두 같은 것처럼 사용한다. 하지만 이 용어들은 분명히 다르다. 어떤 것은 아주 구체적인 개념에 대한 기술적 용어이다. 예를 들어, 웹은 인터넷을 통해 접근할 수 있는 하이퍼링크된 문서들의 네트워크를 말하지만, 사이버공간은 보다 더 모호한 개념이다. 한편 "가상 공간"이라는 용어는 그림과 예술 작품으로 만들어진 공간을 묘사하기 위해 1953년부터 사용되었다(Cosgrove 2005: 11).

이 중 어떤 것도 인터넷을 그림으로 그리고 지도화하려는 시도를 막을 수 없었다. 이러한 시각화의 많은 것들을 마틴 닷지Martin Dodge의 사이버지리학 프로젝트에서 살펴볼 수 있다. 특히, 1997년과 2004년 사이에 수행된 온라인 프로젝트인 **Atlas of Cyberspace**에서 잘 나타난다(Dodge and Kitchin 2001). 닷지는 인터넷 지리학의 선도적 연구자이고 미국 동료인 매슈 주크 Matthew Zook와 함께 인터넷의 다양한 지리에 대해 중요한 연구들을 수행하였다.

사이버공간에서 지도

닷지와 주크는 사이버공간과 관련하여 지도학을 3가지 유형으로 구분하였다. 사이버공간에서 지도, 사이버공간의 지도, 사이버공간을 위한 지도 (Zook and Dodge 2009). 첫 번째 유형인 사이버공간에서 지도는 전통적인 지도학이 인터넷을 통해 지금 어떻게 이용 가능한지를 설명해 준다. 온라인을 통한 지도 이용이 가능해졌고 이전보다 훨씬 더 상호작용이 높아졌다. 이 유형에서는 인터넷과 웹이 새로운 형태의 지도를 만들 수 있더라도 기본적으로는 출판과 보급 매체로 간주한다. 따라서 이 유형은 세 유형 중 가장 많은 부분을 차지한다. 구글지도, 지도 매시업mashup, 야후, 맵퀘스트, 마이크로소프트 버추얼 어스, 전시된 지도를 계속 스캔해 온 지도 도서관에서부터 온라인 및 커뮤니티 기반 참여 GIS에 이르기까지 거의 모든 것을 포괄한다. 온라인에 지도를 올리는 모든 사람과 기관들이 이 범주에 속한다.

사이버공간에서 지도를 찾는 것은 이미지 검색 도구가 개발되면서 별로 문제가 되지 않고 있다. 오히려 텍스트를 검색하는 것보다 지도를 검색하는 것이 도움이 된다. 예를 들어, 카토그램에 관심이 있다고 하자. 텍스트 검색은 이러한 지도 유형에 대해 정의와 설명을 제공해 줄 수 있지만, 이미지 검색은 실제 카토그램을 보여 줄 것이다. 실험으로 구글에서 이미지 검색을 해봤는데 결과의 첫페이지에 지리학자인 대니 돌링Danny Dorling의 연구가 나왔다. 검색을 통한 결과가 실제로 유용한지 아닌지를 무척 쉽게 확인할 수 있게 한다. 따라서 검색 엔진이 얼마나 잘 작동하는지에 대해 인터넷의 크기를 논할 필요가 거의 없다. 다음과 같은 문제에 대해서만 고민하면 된다. 검색 결과 목록에 어떤 결과가 제일 먼저 나오는가? 가장 인기 있는 결과는 무엇인가? [조작될 수도 있고 가장 관련이 없을 수도 있다] 가장 최신의 것은? 가장 가까운 것은? 구글에 지불한 비용 순서로 한다면? 만약 여러분이 사업자라면 어떤 구성을 선호하겠는가? 사용자도 같은 구성을 선호할까? 주크와 닷지가 지적한 것처럼 큰 사업자는 보다 상단에서 가까이 볼 수 있지만 작은 사업자는 그렇지 않을 수 있다. 다시 말하면, 매핑이 기업의 이윤에 따라 통제될 수 있다는 것이다. "이러한 지도와 지도를 생성하는 데 사용되는 알고리즘에 대한 통제는 지도를 사용하는 대중에 대한 책임 없이 민간 기업이 갖게 된다(Zook and Dodgd 2009: n.p.)". 이는 성경만큼이나 오래된 다음과 같은 속담을 더욱 강화시키는 경향이 있다. "있는 자는 받을 것이고, 없는 자는 있는 것까지 빼앗길 것이다*[마태복음 13장 12절, 마태 효과 또는 마태 원리로 일컬어짐(Merton 1968)]".

사이버공간에서 지도에 대한 전형적인 사례 하나를 소개하겠다. 구글 마이맵을 사용하여 내가 주로 거주하는 미국 필라델피아를 확대할 수 있다. 제9장에서 논의했던 미셸 푸코Michel Foucault의 책 『감시와 처벌Discipline and Punish』에서 언급된 이스턴 주립 교도소Eastern State Penitentiary 바로 앞에 있는 집에 나는 살고 있다. 집 바깥으로 나가 사진을 찍은 후 온라인 사진 게시 웹사이트인 플리커Flickr에 사진을 업로드한다.

마이맵을 사용하여 교도소 주변에 장소를 표시하고 내 플리커 사진이 링크되도록 편집한다. 이제 지도를 저장하고 다른 사람들과 공유할 수 있도록 지도를 영구적으로 만든다. 웹 브라우저에 다음 URL을 입력해 보아라: http ://tinyurl.com/2as5fu. 내가 직접 만든 지도가 사이버공간에 추가되었다.

사이버공간의 지도

사이버공간의 지도는 사이버공간이 실제 어떤 모습인지에 대한 질문에 보다 직접적으로 답하려는 것이다. 1969년 9월 ARPANET을 통해 네트워크로 최초로 연결된 두 컴퓨터의 단순한 A-B 연결에서부터 보다 복잡한 위상 구조(예: MILNET 지도)까지 아주 다양한 시각화들이 있다. 그림 10.1은 뉴스 그룹 분포를 연결한 네트워크인 USENET의 초창기 구조를 보여 주고 있다.

대부분의 이러한 지도들은 다양한 컴퓨터와 컴퓨터 네트워크 간의 연결을

---

* 역주: 부자는 더 부자가 되고 가난한 사람은 더 가난해진다는 부익부 빈익빈富益富 貧益貧을 의미함.

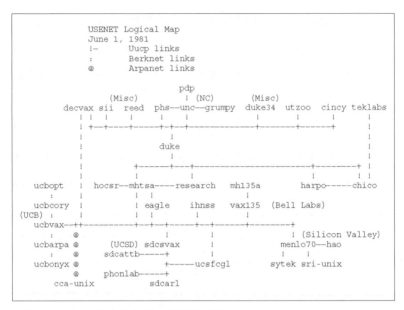

```
USENET Logical Map
June 1, 1981
!-        Uucp links
:         Berknet links
@         Arpanet links

                    pdp
      (Misc)         |  (NC)        (Misc)
 decvax sii  reed  phs--unc--grumpy  duke34  utzoo  cincy teklabs
 ! !  !    !          ! !            !       !      !         !
 ! +--+----+----+-+--+--------------+-------+------+          !
 !              !                                             !
 !            duke                                            !
 !              !                                             !
 !       +------+---+----------------------------+--------+ !
ucbopt   ! hocsr--mhtsa----research   mh135a        harpo-----chico
 :       !        | eagle   ihnss  vax135  (Bell Labs)
ucbcory  !        !   !       !       !
(UCB) :  !        !   !       !       !
ucbvax--++--------+--+-+-----+--+------+--------+
 :  @                                          ! (Silicon Valley)
ucbarpa @  (UCSD) sdcsvax    !              menlo70--hao
 :  @      sdcattb-----+     !
ucbonyx @          +-----ucsfcgl       sytek sri-unix
    @      phonlab-----+
   cca-unix        sdcarl
```

그림 10.1 USENET의 논리 지도(1981년 6월 1일)

보여 주는 위상적 특징을 가지고 있다. 간혹 지리적 공간에서 지도화되기도 하는데 잘 연결되거나 그렇지 못한 지역들을 보여 줄 수 있다. 이는 왜 사이버공간이 개별적이지 않고 추상적이지 않으며, 일상생활의 외면할 수 없는 물질성과는 별개로 존재하는 완전한 가상적 시스템이 아닌지를 이해할 수 있게 해 준다. 사이버공간이 너무 물질적이어서 이 물질성이 뚜렷한 지리적 특징을 가지고 있다는 것은 확실히 사이버공간의 주요한 특징 중 하나이다 (Crampton 2004).

여기에서 "지도"라는 단어의 사용은 종종 은유적으로 네트워크의 위상적인 그래프를 의미한다. 사이버공간의 거의 모든 지도들은 표준 지도의 기호화를 채택하고 있는데, "온라인 커뮤니티 및 관심 지점 지도"에서는 재미있는 표현을 볼 수 있다(그림 10.2). 지도에 나타난 지리적 사상의 크기는 각 온

지도 패러독스

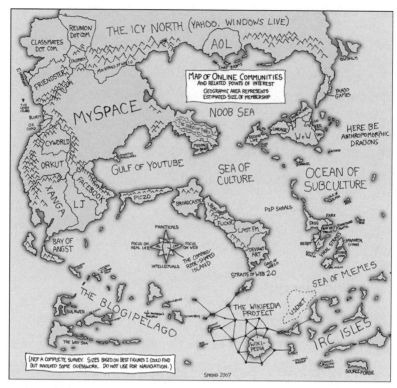

그림 10.2 웹의 지리를 보여 주는 재미있는 지도
출처: xkcd.com

라인 커뮤니티의 멤버십 크기를 보여 준다. 마이맵, 유튜브, "블로기펠라고
blogipelago"는 네트워크를 돌리는 위키피디아 프로젝트와 함께 눕Noob 바다
[눕은 초보자 또는 신참이라는 온라인 속어의 일부임] 근처에서 가장 크고
지배적이다.

인터넷에 대한 한 개인의 주관적 관점에서 이 지도는 제12장에서 논의된
지도와 비슷하게 풍자적이면서 동시에 유익하다.

주크와 닷지는 이러한 사이버공간의 지도는 지도학자나 지리학자에 의해
서 만들어진 것이 거의 없다고 말하였다. [물론 주크는 자신의 책(Zook 2005)

에서 몇몇 좋은 지도를 만들었다] 대부분 시스템 분석가에 의해서 만들어졌
는데, 왜냐하면 그 사람들만 데이터에 대한 접근성을 가지고 있을 수 있고,
데이터 트래픽을 예측하는 것이 바로 그 사람들의 일이기 때문이다. 이 점은
제11장에서 제시된 주장, 즉 지도학이 점차 숙련된 지도학자의 손에서 벗어
나 다른 일반인들에게 개방되고 있다는 현대 비판 지도학의 특성과 연결된
다. 그렇다고 모든 사람이 똑같이 지도를 만들 수 있다는 것은 아니다. 만약
데이터가 기밀로 유지되거나 민간 기업이 가지고 있다면, 이는 지도 제작이
무한한 영역으로 확장될 수 있는 것이 아닌, 급진적인 변화를 의미하게 될
것이다.

사이버공간을 위한 지도

주크와 닷지가 제시한 마지막 유형은 사이버공간을 위한 지도이다. 이 유형
은 사이버공간을 돌아다니는 데 도움이 되는 지도를 말한다. "지도는 '네트
워크'가 어떻게 배열되고 생산되는지에 대한 재현이라기 보다 '네트워크 내
부'를 탐험하기 위한 인터페이스가 된다(Zook and Dodge 2009)". 이러한 지
도들은 추상적 관계에 대한 시각적 묘사를 제공하기 때문에 드러나지 않을
수 있는 관계를 밝혀 준다. 예를 들어, 블로그는 수천, 아니 수백만 개의 단
어를 포함하고 있는데 소위 "태그 클라우드tag cloud"를 통해 해당 블로그의
가장 일반적인 주제를 보여 줄 수 있다. 블로그 작가조차도 놀랄 만한 것이
다. 태그 클라우드는 특정 단어의 크기를 언급된 빈도에 비례하여 조정한 것
이다. 아래 사례의 태그 클라우드는 사진 게시 웹사이트 플리커에서 만들었
다. 전 세계 사람들이 어떤 사진을 찍는가? 아마 "친구", "파티", "결혼"은 예
상할 수 있을 것이다. 하지만 "캐나다", "바위", "일본"은 어떤가? 이 태그 클
라우드는 우리가 관심을 가지는 평범하고 일상적인 지리를 보여 준다.

africa amsterdam animals april **architecture** art asia **australia baby** barcelona **beach**
berlin **birthday** black blackandwhite **blue** boston bw **california** cameraphone
camping **canada canon** car **cat** cats **chicago china christmas** church **city**
clouds color **concert** d50 day dc de **dog** england **europe family** festival film florida
flower flowers food france friends fun garden geotagged **germany** girl
graffiti **green** halloween **hawaii** hiking **holiday** home honeymoon hongkong **house india** ireland
island **italy japan** july june kids la **lake** landscape light live **london macro** march
may **me mexico** mountain mountains museum **music nature** new **newyork**
newyorkcity newzealand **night nikon nyc** ocean **paris park party** people portrait
red river roadtrip rock rome san **sanfrancisco** scotland **sea seattle** show **sky snow**
spain spring **street summer** sun **sunset** sydney **taiwan** texas **thailand tokyo**
toronto tour **travel** tree trees **trip** uk urban **usa vacation** vancouver washington
water wedding white winter yellow york **zoo**

그림 10.3 사진 웹사이트 플리커(Flickr.com)에서 만든 역대 가장 인기 있는 태그
출처: 야후, 플리커

이보다 분석적인 기능은 아마존에서 제공하고 있다. 책에서 언급한 모든 장소를 지도화할 수 있는 새로운 기능이다. 엄격하게 말하면 이는 사이버공간을 위한 지도가 아니라 사이버공간(구체적으로 아마존)으로 인해 이용할 수 있게 된 지도이다. 예를 들어, 『인문지리학 사전Dictionary of Human Geography』(2000년 판) 책에서 언급된 모든 장소에 대한 지도는 거의 전적으로 영미권 지리에 치중되어 있다.

왜 책이 이러한 특정한 패턴을 가지고 있을까? 언급되거나 언급되지 않은 장소들은 그만한 이유가 분명히 있다. 예를 들어, 책 자체가 아프리카를 완전히 무시한다고 믿기는 어렵다. 아니면 불완전한 기술 때문일 수도 있고, 이 지도에 기여하기로 동의한 사람들이 주로 유럽이나 북미에서 온 사람들일 수도 있다. 또는 오늘날 인문지리학이 서구에서 대부분 실천되고 있는 것일 수 있고 편집자들이 이 지역 외에 있는 다른 기여자들을 알지 못했을 수도 있다. 중요한 것은 지식 분포의 불평등에 대한 질문을 지도가 제기할 수 있다는 것이다. 이 장의 마지막 절에서는 이 문제에 대해 보다 자세하게 살펴보고 "망중립성"의 역할에 대해 논의할 것이다.

정보 격차

디지털 예술가 크리스 해리슨Chris Harrison이 DIMES 프로젝트라고 하는 "크라우드소스" 데이터를 이용하여 만든 인터넷 접근 지도를 살펴보자(그림 10.4). 해리슨의 지도는 세계의 인터넷 연결성을 보여 주고 있다. 기호가 진할수록 보다 좋은 연결성을 의미한다. 인터넷 접근성의 분포가 매우 집중되어 나타나고 있음을 바로 알 수 있다

지도가 특정한 국가의 경계를 보여 주지 않지만, 북미(특히 미국)와 유럽이 지배적이라는 것은 매우 쉽게 알아차릴 수 있다. 이들 지역 내에서조차도 접근성은 차이를 보인다. 중서부 지역은 드문드문 나타나는데, 아마 사람이 거의 살지 않기 때문일 것이다. 남미와 아프리카는 거의 보이지 않고, 있다면 대부분 해안 지역 주변에 나타난다. 일본은 매우 눈에 띄며, 호주의 동남쪽 해안도 잘 보인다.

2005년 기준으로 인구의 50% 이상이 인터넷에 접근할 수 있는 국가는 단지 18개에 불과하다(UN Development Program 2007). 고소득의 OECD 국가는 평균 52.5%가 접근을 할 수 있으며, 개발도상국은 전체 평균 8.6%가 접근할 수 있고, 저개발국은 단지 1.6% 인구만 인터넷에 접근할 수 있다. 이러한 집중 또는 격차는 세계, 지역, 국지적 스케일 같은 다중 스케일에서 나타난다. 세계적 스케일에서 인터넷 접근율은 우리가 쉽게 생각할 수 있는 몇몇 국가(미국, 영국, 서유럽)와 그렇지 않은 일부 국가에 집중되어 있다. [세상

ChrisHarrison.net

Internet Map
Connection Density

그림 10.4a 크리스 해리슨의 글로벌 인터넷 연결성
출처: 카네기 멜론대학교의 Chris Harrison

그림 10.4b 글로벌 인터넷 연결성 상세 지도(유럽)

에서 인터넷 연결성이 가장 좋은 국가는 어디일까? 바로 아이슬란드이다. 87.8%의 인구가 온라인에 접근하고 있다] 스칸디나비아 반도의 국가들은 모두 미국이나 영국보다 더 좋은 접근성을 보이고 있다. 반대로 아주 열악한 접근성을 가진 국가들도 많은데, 대부분 아프리카 대륙에 분포하고 있다. 하지만 또 놀랍게도 일본이나 프랑스 같은 아주 기술적으로 선진화된 국가도 각각 8위, 10위로 낮은 접근성을 보이기도 한다.

　깨끗한 식수원과 같이 다른 자원의 세계적인 분포를 살펴보면, 놀랍게도 지리적 패턴이 비슷하게 나타난다. 물과 같은 기본 필수품조차 부족한 곳은 인터넷 접근도 열악하다. 하지만 인터넷 접근은 인간 개발에 있어 구조적인 장애물에 대해 선명하게 상기시켜 준다. 깨끗하고 저렴한 물 부족으로 고통받는 많은 곳들이 어느 정도는 전통적으로 그 문제 때문에 고통받아 왔던 반면, 인터넷의 새로움은 어떻게 불평등이 계속해서 만들어지는지를 보여 준다. 10년 전만 하더라도 어떤 나라도 인터넷에 접근하기가 어려웠다. 예를 들어, 1990년에 가장 높은 인터넷 접근율은 8%에 불과했고, 8개 국가만 1%

지도 패러독스

이상의 인터넷 접근율을 보였고 14개 국가만 접근성을 측정할 수 있었다 (UN Development Program 2006: 표 13). 이 제로선에서부터 시작하여, 15년 후 지도는 깜짝 놀랄 불평등을 보여 주고 있다. 서구에서는 연결성이 폭주하는 반면, 사하라 사막 이남 아프리카에서는 연결성이 가장 좋은 국가(남아프리카 공화국)도 2005년 10.9%의 접근율에 머문다. 다시 말해 거의 20년 전인 1990년의 미국 연결성보다도 약간 높은 정도이다.

이러한 불평등한 접근의 개념은 "정보 경제에 대한 불평등한 접근"으로 정의될 수 있는 "정보 격차digital divide"로 지칭되어 왔다. 이 개념은 몇 가지 특징이 있는데 먼저, 기본적으로 기술에 대한 질문이 아니고 다음과 같은 지식에 대한 질문이다. 기술을 어떻게 사용할지에 대한 지식, 정보 경제에 대한 교육, 그리고 기술에 대한 순수한 접근. 이러한 지식 기반 접근(지식에 대한 접근성)의 결과는 정보 격차가 기술 자체에 대한 접근성을 개선함으로써 극복할 수 있는 것은 아니라는 것을 명백하게 보여 주었다. 어떤 신기술이 개발될 때마다 정보 격차의 "종말"을 자주 언급하는 것은 부적절하다. 신기술을 이용하는 데 필요한 훈련도 전혀 없을 뿐 아니라, 매우 적은 돈으로 하루를 힘들게 살아야 하는 사람들에게 어떻게 도움을 줄 수 있는지에 대한 논의 조차도 없다.

예를 들어, 지난 5년 이상 OLPC(One Laptop Per Child) 이니셔티브는 100달러 정도로 팔 수 있는 성능 좋으면서 저렴한 노트북을 개발해 왔다. [BBC 기자에 따르면 176달러 정도이다] 이 프로젝트는 MIT의 니콜라스 네그로폰테 Nicholas Negroponte가 주도했고 저렴한 컴퓨터에 대한 놀라운 시도였다. 첫 번째 컴퓨터는 2007년 후반에 나올 예정이었다. XO라고 불리는 첫 번째 모델은 7.5인치 컬러 스크린에 433MHz 프로세스를 탑재하고 1기가바이트의 플래시 메모리와 와이파이 수신칩을 장착하고 있었다. 부족한 전력 문제는 기본 충전 배터리에 수동 크랭크 충전기와 줄을 당겨 충전하는 충전기로 해결하였다. 1분 정도 당기면 10분을 사용할 수 있다. 어떻게 생각할지 모르겠지만 이 컴퓨터에 담겨 있는 공학은 정말 인상적이다.

그러나 이 컴퓨터는 여러 비판을 면치 못했다. 빌 게이츠Bill Gates는 그냥 "아주 작은 스크린"에 불과하다고 비판했고, 인텔의 CEO는 사람들이 완전한 기능을 수행할 수 있는 현대식 PC를 진정으로 원할 때 OLPC가 작은 도구에 불과한 "가젯gadget"을 만들었다고 비난하였다. 그러면서 개발도상국에 이런 컴퓨터를 제공하는 것은 선진국이 훨씬 좋은 컴퓨터를 가지고 있는데 반해 차별적임을 함의했다. [이후 인텔은 이러한 비판에서 물러나 지금은 OLPC와 함께 작업하고 있다] 결국 정부가 OLPC 노트북을 구매하였고 이를 아이들에게 나눠주었다. 어떤 NGO들은 정부 자금이 깨끗한 물이나 학교를 위해 사용되는 것이 더 낫다고 지적했다. 예를 들어, 개발도상국의 문해력을 높이기 위한 활동을 하는 NGO 단체인 Room to Read의 설립자 존 우드 John Wood는 2,000달러 짜리 도서관은 400명의 학생에게 각 5달러의 비용으로 서비스를 제공할 수 있다고 말했다.

우드는 "캄보디아 농촌의 아이들은 읽기를 못한다"고 말했다. 그렇다면 **"그 아이들이 컴퓨터로 무엇을 할 수 있겠는가?"** 400명의 아이들을 위한 작은 시골 도서관 하나를 만드는 데 2,000달러의 비용이 들어간다. 1명당 5달러 비용에 불과하다. 컴퓨터는 이보다 훨씬 더 비싸다. 또한 컴퓨터 실습이 도움이 될 수 있는 시간과 장소는 따로 있다. 우드는 Room to Read가 올해 30개의 도서관을 지원할 것이라고 말했다. 하지만 "우리"는 900개의 도서관을 만들 것이고 85개의 학교 신축 프로젝트를 진행할 것이다(Thompson 2006).

지도 패러독스

만약 이 계산이 맞다면 900개의 도서관은 180만 달러 또는 OLPC의 1/20의 비용으로 360,000명의 아이들에게 서비스를 제공할 수 있다.

정보 격차는 또한 한 번의 큰 격차가 아니라 일련의 격차들을 의미한다. 기술 혁신은 물결처럼 발생한다. 결국에는 대다수의 사람들이 특정한 혁신을 채택할 수도 있지만 그렇게 될 때쯤에는 사람들이 가지고 있지 않은 새로운 혁신의 물결이 다가오게 된다. 모뎀을 생각해 봐라. 1960년대 초기 모뎀은 초당 300비트로 작동했지만 1980년대에는 초당 14.4킬로비트kps로 작동하였다. 이후 스피드는 56kps로 증가했고, 케이블 모델이나 DSL은 초당 3~8메가비트의 속도를 보여 주었다.

만약 정보가 저가 시장을 대상으로 설계되었거나 호환이라도 된다면 문제가 되지 않을 것이다. 하지만 전화로 네트워크에 연결하려는 사람은 단순히 웹 서핑을 할 때도 대용량 크기의 파일과 RAM 같은 운영 요구사항 때문에 크게 좌절하게 될 것이다. 이러한 상황은 매핑이나 GIS 소프트웨어를 실행할 때도 존재한다. 예를 들어, ESRI가 ArcGIS 9.3을 실행하는 데 필요한 시스템 요구사항으로 제시하고 있는 것은 최소 1.6GHz CPU, 1GB RAM, 2.4GB 디스크 공간과 자체적으로 부담스러운 요구사항을 충족해야 하는 .NET Framework 2.0과 같은 마이크로소프트 고급 추가 기능이다.

마지막으로 정보 격차는 단순히 기술적 이슈가 아니라 정의와 평등에 대한 보다 중요한 이슈이다. 정보 접근에 대해 관심이 있는 예일대학교 법학교수 잭 발킨Jack Balkin은 다음과 같이 지식 유형을 정리하고 있다(Balkin 2006).

1. 인간 지식 – 교육, 노하우, 새로운 기술의 학습을 통한 인적 자본의 생성

2. 정보 – 뉴스, 의학 정보, 데이터, 기상 리포트

3. 재화에 내재된 지식 – 생산을 위해 상당한 정도의 과학적, 기술적 지식
   이 투입되는 재화. 예를 들어 의약, 전자 장비, 컴퓨터 소프트웨어

4. 재화에 내재된 지식을 생산하기 위한 도구 – 과학 및 연구 도구, 실험용
   재료 및 화합물, 컴퓨터 프로그램 및 하드웨어.

이러한 지식들은 인터넷 접근성보다 지도화하기가 더 어렵다. 하나 이상
의 지식 개발 측정이 더 필요할 것처럼 보인다. 발킨이 말하는 지식 유형의
많은 것들은 인터넷뿐만 아니라, 라디오나 신문, 부모, 커뮤니티 또는 교실
을 통해서도 전달될 수 있을 것이다.

위상적 연결과 같은 단순한 사이버공간 지도는 전체도 아니고 가장 중
요한 부분도 아니다. 인터넷의 형태에 대한 보다 좋은 통찰을 제공하기 위
한 연구가 이스라엘 연구자들에 의해서 이루어지고 있다(Carmi et al. 2007).
DIMES 프로젝트는 지식이 어떻게 분포하고 있는지에 대한 보다 좋은 그
림을 제공하고 있다. 그들의 연구 결과 중 하나는 네트워크의 상당한 부분
이 중앙의 중심 노드를 통해서만 네트워크의 나머지 부분에 도달할 수 있는
매우 고립된 노드들로 구성되어 있다는 것이다. 도시지리학적 용어로 쇼핑
과 업무 시설이 갖춰져 있고 시내와 접근성이 좋은 시내 바깥의 준교외 지역
exurban area인 "엣지 시티edge city"와 유사하다. 떨어져 있는 외부 지역들은
작은 타운으로 넓게 분산되어 있는데 항공 허브를 통해서만 서로 연결된다.

마지막으로, 망중립성network neutrality이라 불리는 다른 유형의 불평등
접근에 대해 고려해야 한다. 카미 등(Carmi et al. 2007)이 주장한 것처럼 인터
넷이 위계를 가지고 있다면, 이러한 위계는 중심부와 주변부의 차별적인 물
리적 연결에 의해서만 만들어진 것은 아니다. 오히려 의도적으로 만들어질

지도 패러독스

수 있다. 통신 회사들은 그러한 위계가 웹사이트에 대한 차별적인 가격 징책을 통해 만들어져야 한다고 주장한다. 다시 말해, 보다 빠른 속도의 접근과 많은 컴퓨터의 연결, 그리고 특정한 유형의 콘텐츠가 필요한 웹사이트들은 더 많은 비용을 지불해야 한다는 것이다. 2000년대 초부터 망중립성의 옹호자들은 망중립성의 상실은 엄청나게 차별적인 접근을 가져올 것이라고 주장하면서 통신사에 반대하는 캠페인을 벌여 왔다. 예를 들어, "인터넷은 문지기 없이 설계되었다"는 빈트 서프Vint Cerf의 말이 인용되고 있고, 웹 자체를 개발한 팀 버너스-리Tim Berners-Lee 역시 구글이나 아마존, 야후, 마이크로소프트와 같은 대부분의 주요 인터넷 기업들과 함께 통신사에 반대하고 있다. 책 초반부에 언급한 것처럼 블로그 활동가들은 통신사에 반대하는 중요한 역할을 해 왔고, 이들의 노력과 2006년 의회 권력의 변화는 반중립 입법을 도입하려는 시도들을 지금까지 방해해 왔다.

이 장에서는 "사이버공간 매핑"이 매우 복잡한 개념이라는 것을 살펴보았다. 하지만 동시에 사이버공간을 지도화하려는 바로 그 시도는 사이버공간에 대해 합의하고, 싸워 가고, 또 극복하려는 열망을 반영하는 것이다. 1960년대 연구와 군사 활용에서 시작된 인터넷은 점점 상품화되었고 동시에 세계화에 있어 핵심적인 개발이 되었다. 세계 대부분의 나라들이 여전히 인터넷에 접근하기 나쁘지만, 그럼에도 불구하고 그 나라 국민들의 삶은 인터넷의 영향을 크게 받고 있다. 선진국의 기업들이 비즈니스를 보다 유연하게 아웃소싱하기 때문인지(예: 인도에 있는 지원 센터), 아니면 인간 및 환경 변화를 점점 정밀하게 추적하고 지도화할 수 있는 감시 시스템 때문인지, 정보 경제에서 벗어날 기회가 점점 줄어들고 있다. 이러한 구조와 과정이 어떻게 밝혀지고 권력과 지식의 관계가 어떻게 생산되는지는 비판적인 지도학자와 GIS 사용자가 계속 탐구해야 할 질문으로 여전히 남아 있다(제7장 논의 참조).

제11장

인종과 정체성의 지도학적 구성

도입

매핑과 인종, 그리고 매핑과 인종화된 영토 간의 관계는 아주 잘 알려져 있다. 인종화된 영토는 특정한 인종이 점유한다고 간주되는 공간을 말한다. 이 장에서는 매핑과 인종이 교차하는 방식을 살펴본다. 아울러 인종의 관념이 이해되는 방식이 어떻게 변했는지에 대해서도 논의한다. 이 과정에서 인종을 생물학적으로 인식하는 구시대 아이디어가 다시 등장하는 불행한 모습도 검토할 것이다.

인구를 공간적으로 특성화하려는 인간의 노력은 고대까지 거슬러 올라간다. 낯선 사람을 위치를 통해서 파악할 수 있었고, 특히 멀리 있는 사람을 그렇게 판단했다. 헤로도토스는 [BC 430년경에 집필한] 『역사Histories』에서 멀리 떨어진 [사람들이 거주하는 세계란 뜻의] "에쿠메네oikumene"의 다양한 사람들을 낯선 사람들이라고 주저 없이 말했다.

그 사람들은 마법사와 같다. 스키타이인들과 이들의 땅에 정착한 헬레네스 사람들의 말에 따르면, 네우로이Neuroi 사람들은 1년에 한 번씩 며칠 동안은 늑대로 변한다. 그리고 원래 모습으로 되돌아온다(Hdt. 4.105).

헤로도토스는 잘 속아 넘어가는 사람은 아니었고, 이야기에는 과장이 섞여 있다고 말했다. 그러나 이야기 자체에도 문제는 있다. 그는 선원들의 이야기, 즉 간접적 지식에 의존해야 했기 때문이다. 지리적 위치에 대해서도 두루뭉술하게만 말하고 정확하게 경계를 파악하려는 노력도 없었다. 사람들이 특정한 장소를 점유하는 것으로 기술했지만, 정치적 경계를 말하지는 않았다.

탐험의 시대 이전에 유럽인 대부분은 "다른 사람들"에 대한 지식과 경험을 거의 가지지 못했다. 다른 사람들을 동떨어져 있는 상태의 측면에서 생각했다. 예를 들어, 중세 유럽에서는 변방의 사람들을 이상하고 다르게 묘사하는 지도가 많이 제작되었다. 물론 당시까지만 해도 인종을 생물학적으로 다르게 보지는 않았다. 1290년경 발행된 [세계지도란 뜻의] 헤리퍼드 마파 문디Hereford mappa mundi에는 다양한 종류의 인간, 반인간, [키노케팔로스cynocephali라 불렸던] 개의 머리를 가진 사람, 괴물이 등장한다. 이들은 주로 세계의 동쪽과 북쪽에 그려졌다.

일반적인 마파 문디는 둘로 [내부의 육지와 외부의 바다로] 나뉜 원형의 모양이고, 내부는 지중해, 나일강, 돈강으로 나뉘어 T 모양을 하고 있다. 그래서 마파 문디는 T-O 지도라 불리기도 한다. 맨 위쪽에는 [에덴동산이 위치하며 가장 성스러운] 동양이 위치한다. 서유럽은 예루살렘을 중심으로 다소 정확하게 그려져 있다. 이 지도의 제작자들은 예루살렘을 세계의 실제 중심으로 생각하지는 않았지만, 가운데 둠으로써 종교적 중요성을 강조하고자 했다. 여백에는 개 머리 인간, 큰 귀로 몸을 감싸 따뜻하게 하는 사람들, 나일강 악어를 탄 사람, [그리스 신화] 이아손Jason과 아르고호Argo 이야기의 황금 양털, 식인종, 머리가 없이 눈이 가슴에 달린 사람들이 나온다. 이런 아이디어들은 고전 작품에서 나왔다. 예를 들어, 플리니우스Pliny the Elder는 36권의 『자연사Natural History』에서 머리 없이 가슴에 눈이 달린 "블레미에스blemmyae", 하나로 붙어 있는 다리에 큰 발을 가지고 있어 등을 대고 누워서 보호막으로 사용할 수 있으며 C.S. 루이스Lewis의 『나니아 연대기 Chronicles of Narnia』에도 등장하는 "스키아푸스sciopods", 개 머리를 한 "키노케팔로스"를 소개했다(Winlow 2009). 이러한 "플리니우스의 인종들"은 이후의 작가들에게 영향을 주어 중세 지도를 포함한 여러 저술에서 자주 등장하였다. 플리니우스는 다음과 같은 모습의 사람들을 인도에서 발견할 수 있다고 말했다.

하나의 다리만 가지고 있는 모노콜리Monocoli라 불리는 종족이 있다. 이들은 엄청나게 빠른 속도로 점프하며 다닌다. 스키아푸스라고 불리는 사람들도 있다. 이들은 날씨가 너무 더우면 등을 대고 바닥에 누워서 발로 그늘을 만들어 몸을 보호한다(Pliny the Elder 1936-1963: Vol. 7: 23).

프리드먼(Friedman 1981)의 설명에 따르면, 이처럼 이상한 종족은 중세 유럽인들이 인도에서 요가를 수행하는 사람들을 발견하고 그렸을 가능성이 높다(그림 11.1).

중세의 마파 문디에서 세계는 세 부분으로 나뉘어졌다. 이는 노아의 삼 형제의 [셈, 함, 야벳의] 후손이 세상을 나누어 살아갔다는 창세기 10장의 전통을 따른 것이다(Wallis and Robinson 1987). 이처럼 세계는 [아시아, 유럽, 아

그림 11.1 세바스찬 뮌스터Sebastian Münster의 『코스모그래피아Cosmographiae Universalis』에 등장하는 인도 괴물 종족(1544)

프리카를 포함한] 세 가지 주요 사람들의 집단으로 구분해 이해되었고, 이들은 나중에 서로 구별되는 인종으로 해석되었다. 그리고 수백 년 동안 셋으로 구별되는 인간 종족의 지리적 기원이 지도에 그려졌다. ["다중기원론poly-genism"으로 알려진] 이것은 종종 선아담론과 결합되어 백인 종족의 우월성을 보여 줄 때 쓰였다. 그리고 창세기 9장 25절에서 아들 함에 대한 노아의 저주와 함이 아프리카로 보내진 이야기는 아프리카에 대한 편견과 노예의 역사를 정당화하는 데 이용되었다. [중세의 글에서 함은 종종 카인의 이름과 혼동되기도 했다(Friedman 1981)]

　15세기 이후 대발견의 시대 동안 오리엔트와의 조우를 계기로, 서구에서는 "우리"와 "저들" 간의 구분이 더욱 분명해졌다. 인류학자 조나단 막스 Jonathan Marks에 따르면, 이러한 "타자other"에 대한 느낌은 원래 마을과 마을을 구분하는 데 쓰이며 상당히 지역적인 것이었지만, 19세기 동안에는 대륙 규모에서 지리적 인종에 대한 것으로 확대되었다(Marks 1995; 2006). 그리고 19세기 동안 진화론이 확립되면서 인종 유형 매핑의 노력도 강해졌다(Winlow 2009). 이는 인간의 특징, 인구 밀도, 이주, 수명, 언어, 종교 등에 대한 전반적인 관심의 일부라고 할 수 있는데, 이 중에서 언어와 종교가 "인종"의 대용물로 쓰이기도 했다.

19세기 중반에 들어서 다양한 형태의 매핑이 인구를 이해하기 위해 사용되었다. 처음에는 인구 밀도가 핵심 주제였지만, 인구 집단에 대한 이해의 방식이 더욱 정교하게 발전하기 시작했다. 이에 따라 사망자 수, 교육, 범죄, 수명, 언어, 종교, 출생률과 사망률, 초혼 연령 등에 대한 지도가 제작되었다. 이들은 "도덕 통계moral statistics"의 주요 관심사였는데, 제6장에서 살펴본 것처럼 어떻게 하면 근대 국가를 잘 통치할 수 있을지와 관련이 있다.

인종 개념의 변화

지금까지 소개한 고지도와 문헌의 저자 중 어떤 누구도 괴물처럼 이상하게 생긴 사람들을 오늘날 우리가 이해하는 인종의 관점에서 생각하지는 않았다. 실제로 인종이란 개념은 오락가락하며 변화해 왔기 때문에 그러한 변화를 이해하는 것이 중요하다.

오늘날의 인종은 [그리고 인종주의는] 대체로 지난 300여 년 동안 생겨난 것이다. 막스는 20세기에만 인종을 생각하는 방식이 세 가지나 있었다고 주장했다(Marks 2006).

1. 본질로서 인종: 20세기 동안 인종은 인간 내부에 있는 무엇인가로 여겨

지도 패러독스

졌다. 만델Mandel의 유전법칙에 영향을 받은 관점이다. 이는 [다른 피한 방울만 섞여도 순수한 백인이 아니라고 판단했다는 의미에서] "원드롭one drop" 법칙으로도 알려져 있다. 여기에는 자신의 인종 정체성을 숨기고 사실과 다르게 말하는 "패싱passing"의 문제가 있었다.

2. 지리적 인구로서 인종: 1930년대 이후로 계속되어 온 관점이며, 여기에서 모든 사람은 한 인종에 속한다. 육체적 특징은 공간에 따라 계속해서 변화하기 때문에, 딱 떨어지게 인종을 식별하기는 어렵다.

3. 현대 유전학: 인간 집단은 [아무리 작은 규모라도] 유전적 특이성을 가진다. 5%의 미만의 변이만을 설명하기 때문에 매우 약한 설명력을 가진다.

이러한 인식의 방식이 시사하는 바와 같이, 인종의 실체에 관하여 주장할 수 있는 유일한 방법은 없다. 그리고 이러한 방식들은 과학적이지도 않고, 생물학적 증거를 가지고 추론된 것도 아니다. 단지 문화적 구성물일 뿐이다.

인종에 관한 이러한 특성은 국가 센서스에 인종이 포함되는 방식을 통해서도 알아볼 수 있다. 1790년 최초의 센서스 이후, 미국에서 인종의 유형과 정의는 거의 매번 변했다. [영국의 센서스는 몇 년이 지난 후 1801년부터 시행되었다]

시간이 흐름에 따라 미국의 인종적 정체성은 점점 더 파편화되어 가고 있다. 최초의 센서스에서는 네 개의 범주만 존재했지만, 2000년에는 15개까지 늘었다. 2000년에는 사상 처음으로 여러 인종으로 자신을 식별하는 기회가 미국인들에게 주어졌지만, 그리고 희망에 따라 스페인/히스패닉/라티노와도 결합할 수 있도록 했지만, 단지 2%의 미국인만이 이 옵션을 선택했다. 미국의 인구를 고려하면 수백만 명이 넘는 사람들이지만, 미국인 대다수는 여

표 11.1 미국 센서스에서 인종 범주의 변화

연도	인종 범주
1790	자유 백인 남성 및 여성, 기타 자유인, 노예
1820	자유 백인 남성 및 여성, 자유 유색인, 인디언을 제외한 비과세 기타, 노예
1870	백인, 흑인, 물라토[1], 중국인, 인디언
1890	백인, 흑인, 물라토, 쿼드룬[2], 옥타룬[3], 중국인, 일본인, 인디언
1930	백인, 니그로, 멕시칸, 인디언, 중국인, 일본인, 필리피노, 힌두, 한국인, 기타
1960	백인, 니그로, 미국 원주민, 일본인, 중국인, 필리피노, 하와이인, 일부 하와이인, 알류트인[4], 에스키모[5]
1980	백인, 니그로 또는 흑인, 일본인, 중국인, 필리피노, 한국인, 베트남인, 미국 원주민, 아시아인, 인도인, 하와이인, 괌인, 사모아인[6], 에스키모, 알류트, 기타
2000*	스페인/히스패닉/라티노, 백인, 흑인, 아프리카계 미국인 또는 니그로, 미국 원주민 또는 알래스카 원주민, 중국인, 필리피노, 일본인, 한국인, 베트남인, 기타 아시아인, 하와이 원주민, 괌인 또는 차모로인[7], 사모아인 및 기타 섬사람, 기타

역주

[1] 백인과 흑인 사이의 혼혈인으로 당시 센서스에서 정의할 때 흑인 혈통을 3/8에서 5/8 정도를 보유한 혼혈인을 말한다.

[2] 쿼드룬quadroon은 흑인 혈통을 1/4 보유한 혼혈인을 말한다. 순수 백인과 물라토 부모를 둔 혼혈인이 쿼드룬이다.

[3] 옥타룬octoroon은 흑인 혈통을 1/8 보유한 혼혈인을 말한다. 순수 백인과 쿼드룬 부모를 둔 혼혈인이 옥타룬이다.

[4] 알류트인Aleut은 주로 알류샨 열도와 알래스카 서남부에 거주하는 몽골계 인종이다.

[5] 에스키모인Eskimo은 알래스카, 캐나다 북부, 러시아, 그린란드 등지에 거주하는 황인종 계열의 사람들을 말한다. 사용하는 언어에 따라 유피크Yupik와 이누이트Innuit로 구분된다.

[6] 태평양 폴리네시아 사모아 제도에 거주하는 원주민 혈통을 말한다.

[7] 서태평양 미크로네시아 원주민의 일종이다.

* 2000년 센서스에서 사상 최초로 응답자는 복수의 인종 범주를 선택하고 이를 스페인/히스패닉/라티노 범주와 함께 답할 수 있게 되었다.

출처: Nobles(2000)의 표 1과 표 2를 수정하여 작성함.

전히 한 가지 인종 범주에 속한다고 생각한다. 오늘날에는 인종 범주에 대한 생물학적 기준은 존재하지 않고 신체적 차이는 확고한 경계 없이 공간상에서 연속적으로 나타난다고 이해된다. 이는 대부분의 인종 기반 매핑에 나타나는 상호배타적인 범주화나 지도학적 경계와는 배치된다. 그렇다고 해서

지도 패러독스

사람들이 자신의 인종 정체성을 찾지 않는다는 것은 결코 아니다.

인종 기반 매핑

제6장에서 살펴본 것처럼, 칼 폰 린네Carl von Linné의 업적에 기초해 모든 인간은 몇 개의 구별되는 인구 그룹에 속할 수 있다는 생각이 큰 주목을 받게되었다. 린네가 18세기 중반에 출판한 『자연의 체계Systema Naturae』는 지대한 영향력을 미쳤다. 그가 제시한 네 가지 인종 범주는 [즉, 푸른 눈을 가진유럽 백인, 곱슬머리의 아프리카 흑인, 탐욕스러운 아시아 황인, 완고하지만자유로운 아메리카 원주민 홍인] 자연적인 범주로 받아들여졌다. 만약 예외가 있다면 그것은 단지 개념상의 이상적인 유형과 다르기 때문이다. 다시 말해, "비상적인" 것은 정상적인 것에서 벗어나 있기 때문이다(Foucault 2003a).린네는 비정상적인 사람들을 고려하기 위해 [호모 사피엔스 몬스트로수스Homo sapiens monstrosus로 명명한] "괴물monstrous" 범주를 추가했다. 파타고니아의 거인, 난쟁이 같은 고산인, 원뿔형 머리의 중국인 등이 그러한 범주에 속했다. 이들은 친숙한 세계의 경계에서 멀리 떨어져 존재하는 예외적인 사람들로 여겨졌다.

18세기 후반 주제도가 발명되면서 이러한 인종들을 일관되게 지도화하여그들의 지리를 기술하는 것이 가능해졌다. 이전에 헤로도토스, 플리니우스,세바스찬 뮌스터 등도 인종의 위치를 대략 언급하기는 했으나, 아주 모호한지리적 감각만을 가지고 있었다. 18세기까지 지도의 대부분은 일반도나 지형도였고, [인구 밀도와 같이] 특정 주제를 다루는 주제도는 1700년대 후반에 나타나기 시작했다. 당시 인종 기반의 매핑이 활발하게 나타났는데, 이는다양한 형태의 주제도 매핑이 발전했던 프랑스에서 두드러졌다.

국가가 점점 더 인구에 관심을 가지기 시작하면서 지도는 인구 집단을 손쉽게 보여 주는 수단이 되었다. [마젤란Magellan과 같은 위대한 탐험가의 경로를 추적하는 것처럼] 개인을 지도화하기도 했지만, 매핑은 감시 국가sur-veillance state의 실천 중 하나였다. 마찬가지로, 오늘날에도 개인을 개별적으로 지도화하기보다 개인들을 집단이나 군집으로 묶는 것이 더욱 일반화되어 있다. 따라서 지도와 인구의 정치는 하나로 엮여 있다. 그렇다면 어떤 유형의 지도에서 어떤 유형의 인구를 보여 주는가?

인구와 인구의 영토적 분포를 이해하는 주요 방식에는 두 가지가 있다. 첫째는 전형적인 단계구분도choropleth map를 사용해 특정한 속성의 밀도나 정도를 정치적 단위로 지도화하는 것이다. 이러한 단위는 임의적이며, 정치적 영토의 개체로 정의된다. 센서스 블록, 센서스 트랙, 카운티, 주, 국가 등이 그러한 영토적 개체에 해당한다. 둘째는 공간상에서 연속적인 변화를 보여 주는 것이다. 이는 지리학에서는 등치선도isarithmic map, 인류학에서는 연속변이 지도clinal map로 불리는 지도화 방식을 말한다. 등치선도는 지표의 등고선 지도와 유사하다. 등치선도에서 변화는 매우 부드럽게 표현되고, 지표상에서 속성이 빠르게 변하는 곳에서는 가파른 경사가 나타난다. 두 가지 접근법이 중요한 이유는 각각이 인간의 변이를 다른 방식으로 이해한다는 점 때문이다. 단계구분도는 인구가 경계 안에 포함되는 느낌을 주는 반면, 등치선도 매핑은 명확한 차별화 없이 연속적 변이와 점진적 변화를 강조한다. 19세기 동안 단계구분도나 이와 유사한 지도를 통해서 특정한 인종 유형이 특정한 영토에 연결되었다. 한 마디로, 인종 기반 매핑은 역사적으로 연속적 변이보다 경계화된 집단을 선호했다.

단계구분도 이외에 다른 유형의 지도도 확실히 이용 가능했다. 초창기 연속변이 지도의 역사는 최소한 1701년까지 거슬러 올라간다. 에드먼드 핼리

Edmond Halley가 지구 전체의 [진북에 대한 자북의 각도인] 자편각magnetic declination을 보여 주기 위해 등치선을 이용했을 때였다. 그리고 1세기 후에 알렉산더 폰 훔볼트Alexander von Humboldt가 "등온선"을 그리는 기술을 개발했다(Robinson and Wallis 1967). 같은 시기에 [즉, 19세기 초반에] 동일한 경사도를 이은 선인 "등경사선isocline" 개념도 등장했고, 이는 오늘날에도 인구 동태의 재현을 위해 사용되고 있다.

서로 다른 민족들이 모여드는 곳에서, 보다 정확하게는 서로가 서로를 잠식하는 곳에서도 지도가 만들어졌다. 예를 들어, 아미 부Ami Boué의 1847년 지도는 오토만 제국에 초점을 맞춰 유럽의 "민족volk" 분포를 시각화했다. 그는 오스트리아의 지질학자였는데, 스코틀랜드 계몽주의 이후에 에든버러로 옮겨가 로버트 제임슨Robert Jameson의 지도를 받았다.

이와 마찬가지로, 존스톤Johnston의 『자연지리 아틀라스Physical Atlas』에 수록된 구스타프 콤스트Gustav Kombst의 19세기 중반 지도에서도 다양한 인종 집단이 특정한 지리적 영토에 그려진 모습이 나타난다(그림 11.2).

이런 지도들은 지도화 그 자체를 위해서 제작된 것이 아니었다. 이들은 인구의 분포와 관련되어 점점 더 인종화되는 담론에 동참했던 것이다. [콤스트의 지도에 나타나는 것처럼 "순수" 인종의 상태가 다른 인종들이 침범하는 상황과 종종 비교되기도 했다] 인종 범주들은 시간이 지나면서 훨씬 더 두드러졌다. 지금으로부터 약 100년 정도 전이었던 20세기 초반만 하더라도 유전학의 원칙은 지지받는 수준이 아니라 실제로 주류에 해당하는 것이었다. 뉴욕의 콜드스프링스Cold Springs에 설립된 유전학 기록 사무소Eugenics Record Office: ERO가 중심지 역할을 했다. ERO는 카네기 연구소Carnegie Institution of Washington를 비롯한 주요 자선단체의 지원을 받았던 기관이다.

미국은 유럽에 뒤처져 있었다. 미국에서는 19세기 대부분의 기간 동안 어

그림 11.2a 구스타프 콤스트의 유럽 인종 지도(1856)

출처: David Rumsey Map Collection(www.davidrumsey.com)

떠한 통계 아틀라스도 출간되지 않았다. 그러나 남북전쟁 이후에 다양한 인구를 설명할 필요성이 증가하면서 더 이상 통계 지도를 무시하는 것이 어려워졌다. 센서스는 이전까지만 하더라도 후원이나 족벌 정치를 통해서 이루어졌던 것이지만 이제는 전문적인 업무가 되었다. 분수령이 된 것은 [제6장에서 소개했던] 프랜시스 아마사 워커Francis Amasa Walker의 감독관 임명이었다. 워커의 전문가적 손길을 통해서 미국의 민족, 인종, 국가적 집단 분포가 하나하나씩 지도에 그려졌다. 이 중 가장 큰 것은 [그림 6.2에 소개된] "헌법" 인구 지도로, 가로 길이가 28인치나 된다. 워커의 아틀라스에는 유색 인구의 지도도 있다(그림 11.3). 해외 태생의 사람들과 미국 태생이지만 **부모가**

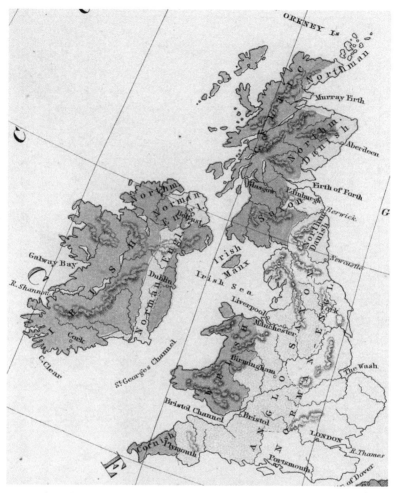

그림 11.2b 구스타프 콤스트의 유럽 인종 지도에 나타난 영국

출처: David Rumsey Map Collection(www.davidrumsey.com)

외국인인 사람들이 지도에 포함되었다. 그리고 아일랜드인, 독일인, 영국인, 웨일스인, 스칸디나비아인 등 출신국을 기준으로 그려진 보다 작은 크기의 지도도 있었다. 이러한『통계 아틀라스』는 대성공으로 끝났다. 충분한 양을 인쇄해 학교에 배포하였고, 국가의 청년을 교화시키는 데에 사용하였다.

그림 11.3 미국의 유색 인구 지도
출처: Francis Amasa Walker(1874)

 물론 교육만을 위한 것은 아니었다. 1896년 워커는 *Atlantic Monthly*에
실린 기고문에서 이민자 수의 제한은 백 단위, 천 단위가 아니라 수십만 명
단위로 제한되어야 한다고 주장했다. 이민자들이 귀머거리, 벙어리, 맹인,

지도 패러독스

심지어 범죄자라서 그렇게 말했던 것은 아니다. "동부 유럽과 남부 유럽 국가의 무지하고 극악무도한 농사꾼이 대규모로 몰려들면" 미국이 "쇠락"할 것이라고 생각했기 때문이다(Walker 1986: 823; Sluga 2005). 다시 말해, 당시에 위협으로 여겨졌던 [이탈리아인, 슬라브인, 그리스인, 헝가리인 등] 남동부 유럽인들이 미국 인구의 질을 떨어뜨릴 수 있다고 우려했다.

린네의 목적이 [공통 요소를 구별해내는] 범주화였다면, 뷔퐁Buffon은 **다양성**을 [즉, 변이를 설명하는 것을] 목표로 했다. 인류학자 조나단 막스에 따르면, 불행하게도 자연인류학은 뷔퐁이 아니라 린네의 길을 좇아 인종과 인종의 본질을 이해하려 했다. 이는 [린네의 『자연의 체계』 10판이 출간된] 1758년과 [린네의 범주화가 폐기되었던] 1960년대 사이에 있었던 일이다. 이 시대를 막스는 다음과 같이 기술한다.

> 당시는 근대 과학의 역사가 막다른 골목에 이른 것 같았다. 인간의 종들이 어떻게 형성되는지에 대한 문화적 측면은 철저하게 무시되었다. 인종 내에서 생물학적 다양성이 [연속적 변이를 보이며] 지리적으로 다르게 나타나는 측면도 무시되었다. 반역사적인 시대였다고 할 수 있다. 광범위한 땅에 분포하는 엄청난 수의 사람들이 집단 내에서 생물학적으로 등질하며 다른 집단과 구분된다는 가정이 받아들여지던 때이기 때문이다 (Marks 1995: 52).

다시 말해, 인종은 연속적 변이를 가지는 것이지 단계를 구분해 명확하게 끊을 수 있는 것이 아니다. 단계구분도는 위에서 언급한 막다른 골목에 이르는 데에 원인을 제공했다. 반면 인류의 종 다양성 범위를 이해하면, 인종은 환경, 이주, 유전적 부동genetic drift과 함께 점진적으로 변화한다는 것을 알 수 있다.

"전쟁을 낳는 부화기": 인종의 지도학적 계산

미국 지리협회AGS 회원인 레온 도미니언Leon Dominian이 제1차 세계대전 직전에 수행했던 중요한 연구 업적 하나를 잠시 생각해 보자. 이 연구에서 그는 정치적 경계를 확정할 목적으로 언어와 국적 간의 관계를 보여 주고자 했다. 도미니언(Dominian 1917: vii)에 따르면, "잘못 설정된 경계는 전쟁을 낳는 부화기hatching oven이다. 과학적인 경계는 … 민족들 간의 항구적인 친선을 도모할 수 있는 방법이 된다". 그는 특히 [오토만 제국의 몰락으로 생겨난 영토 문제인] "동방 문제Eastern Question"에 주목하며, 어떻게 지리적 지식을 바탕으로 수용 가능한 해결책을 제시할 수 있을지에 골몰했다. 이 책은 당시 지정학적 변화를 반영하는 것이기도 했다. 구체적으로, 방어할 수 있는 경계를 제공하는 [산맥, 강, 분수계 등] "자연 경계"에 전적으로 의존했던 과거의 지정학과는 달리, 인종, 언어, 종교, 경제적 교역을 중심으로 하는 "인구 경계"의 중요성이 커지고 있을 때였다.

도미니언은 경계의 시작은 자연이지만 인간을 통해서 정교화될 수 있다고 주장하면서 두 가지 모두를 사용했다. 그리고 "인류가 진보한 결과로 … 자연적 장애 요소가 제거됨에 따라" 자연 경계는 사라지고 "속도에 의한 거리의 정복"이 가능해질 것으로 보았다(Dominian 1917: 327). 이처럼 도미니언은 경제 발전을 부각했지만, 더욱 놀라운 사실은 그의 책에 매디슨 그랜트Madison Grant의 추천사가 포함되어 있었다는 것이다. 그랜트(Grant 1932)는 20세기 초반 가장 악명 높은 인종주의 논객 중 하나였다. 그는 수십 년 동안 AGS의 이사로 활동했으며, 그의 첫 저서는 AGS의 학술지 *Geographical Review*에 실렸다(Grant 1916). 그랜트는 인종을 유의미한 생물학적 [즉, 표현형적phenotypic] 변수로 여겼다. 그는 "인종이 근대적인 과학의 의미를 가지며 실질적으로는 인간 겉모습의 특징"으로 나타난다고 주장했다(Grant 1919: xv). 이에 더해, "인종은 국적이나 언어와 구별되며 … 근대 사회 징후의 기저에 깔려" 있다고도 말했다(Grant 1932: xxi). 한 마디로, 그는 언어나 정치 집단이 아니라 인종을 인간 생물학의 원판으로 인식했다. [그랜트는 심지어 도미니언의 책에서도 같은 주장을 펼치며 인종을 언어 집단으로 이해하는 것을 염려하기도 했다] 유색인들의 성취마저도 백인을 "모방"한 결과로 보았다. 이러한 모방은 "노예상의 채찍질"과 같은 사회적 압력이 없는 상황에서도 나타날 수 있다고 말했다.

> 지배적인 인종을 모방할 자극이 제거되면, 니그로나 인디언은 그들의 조
> 상 수준으로 문화적 등급이 낮아질 것이다. 인종 수준에서가 아니라, 개
> 인 수준에서 종교, 교육, 모범의 영향을 받게 된다는 뜻이다. 역사적 기
> 록에 따르면, 니그로는 언제나 정체된 종족이었다. 니그로는 진보의 잠
> 재력과 내적인 자극을 보유하지 못한 사람들이다(Grant 1932: 77).

이처럼 그랜트는 인종을 선천적이며 생물학적으로 고정된 것으로 여겼다. 그는 유럽에는 [북유럽인, 지중해인, 알프스인을 포함한] 세 가지 주요 인종이 있다고 말하면서 "흑인"과 "몽골족"을 유럽 밖의 주요 인종으로 꼽았다(Grant 1932: 32). 일부 국가는 "신석기 시대"의 특징을 가지고 있는 구시대 사람들의 영향을 많이 받는다고 했다. 예를 들어, 영국에서는 [금색의 머리카락과 푸른 눈을 가진] 북유럽인이 대체로 주를 이루지만, 덜 발달한 특징도 일부 찾아볼 수 있다고 말했다. 이런 맥락에서, 누구든지 "런던의 거리에서 북유럽 인종인 피커딜리Picadilly 젠틀맨과 신석기 시대에 있을 법한 행

상인 간의 차이"를 인식할 수 있다고 강조했다(Grant 1932: 23). 남녀 간의 차이 또한 차별된 진화의 관점에서 이야기했다. 그랜트(Grant 1932: 27)에 따르면, 여성은 "과거 인종의 오래되고 보다 일반적이며 원시적인 특징"을 보유한다.

한편, 그랜트는 인종의 선천적인 원판이 환경으로 만들어지지 않는다고 힘주어 말했다. 이는 인구의 유전적 변화를 설명하는 데 있어서 환경이 핵심으로 인식되는 것과 배치된다. 그에 따르면, "환경 및 교육의 힘과 유전 변형의 가능성에 대한 어리석은 믿음이 있지만, 이는 도그마적인 인류애에 불과하다(Grant 1932: 16)". 그랜트는 또한 이주민 집단 사이에서 머리 모양의 차이가 있을 수 있다는 인류학적 발견을 비꼬는 투로 조롱했다. 프란츠 보아스 Franz Boas가 처음 발견한 사실이며 지금은 인류학에서 정설로 받아들여지고 있음에도 말이다. 실제로 그랜트의 책 서문에는 다음과 같은 글이 적혀 있다.

오늘날 미국을 위기에 빠뜨리는 가장 큰 위험이 무엇이냐고 묻는다면 나는 주저없이 우리의 종교적, 정치적, 사회적 기초에 토대가 되는 유전적 특징이 사라져 가는 것이라고 말하겠다. 또한 고결하지 못한 사람들의 특징으로 대체되는 것 또한 마찬가지다(Grant 1932: ix).

한편, 도미니언의 책은 다양한 언어의 지리적 범위를 구분하는 많은 지도를 소개하고 있다(그림 11.4). 이는 무척 어려운 일이었을 것이다. 한 지역에서 탁월한 언어는 해당 지역에서 유일한 언어가 아닐 수 있기 때문이다. 하나의 언어 내부에 존재하는 방언들은 이 문제를 더욱 복잡하게 만든다. 그러나 도미니언은 그가 소속된 직장의 이사인 그랜트와의 차이를 말할 수 있는

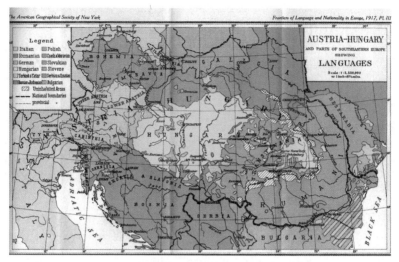

그림 11.4 제1차 세계대전 동안 오스트리아–헝가리 지역의 언어 분포 지도
출처: Dominian(1917)

위치에 있지 못했지만, 그와 동일한 접근법을 취하지는 않았다. 그에게 중요

했던 것은 인종적 원관의 불가피성이 아니라, 환경, 경제, 인간 개발의 효과

였다. 즉, 도미니언은 비생물학적인 요소를 보다 중시했다. 유전이 중요하다

고 믿기는 했지만, 인간의 변이를 이해하기 위해 보다 광범위한 접근을 추구

했다는 말이다. 오늘날 "자연–문화"의 한 종류라 할 수 있다(Goodman et al.

2003). 그러나 그가 "과학적인" 정치 경계를 확립할 목적으로 지역 경계를 찾

으려 노력했던 점은 부인하기 어렵다.

인종의 재새김?

제2차 세계대전이 발발하면서 미국에서는 과학적 유전학의 시대가 끝났다.

유전학 기록 사무소ERO는 전쟁 직전에 해체되었다. 카네기 연구소가 더 이

상의 ERO의 연구를 정당화할 수 없었기 때문이다. 전쟁이 끝난 후, 유네스코는 인종과 관련해 몇 가지 중요한 선언을 발표했다. 인종의 생물학적 기초를 거부하고 나치 인종 이론의 핵심을 해체하기 위한 것이었다. 전쟁 이전까지는 히틀러를 자극할까 두려워 엄두조차 내지 못했던 일이다. 1950년에 발표된 이 선언의 일부를 인용하면 다음과 같다.

> 생물학적 견지에서 호모 사피엔스 종은 수많은 인구로 구성된다. 각각의 인구는 하나 또는 그 이상의 유전자 빈도 측면에서 서로 차이를 보인다. 이러한 유전자는 인간 사이의 유전적 차이에 영향을 주지만, 인간의 전체 유전자 구성을 고려하면 거의 없는 것이나 마찬가지다. 유전자의 상당수는 어떤 인구에 속하는지와 무관하게 모든 인간 사이에서 공통으로 나타난다. 인간 사이의 유사성은 차이보다 훨씬 더 크다(Graves 2001: 149 재인용).

한 마디로, 인종은 과학적 연구에 타당한 생물학적 범주가 아니다. 이것이 지난 50여 년 동안 과학자들 사이에서 전반적으로 수용된 입장이다.

그러나 지난 몇 년 동안 인종에 대한 생물학적 설명을 과학의 영역으로 다시 가져오려는 시도가 있었다. 사회학자 트로이 더스터Troy Duster는 이를 인종의 생물학적 "재새김reinscription"이라고 말했다(Duster 2015). 이러한 생물학적 재새김의 대부분은 인류유전학 연구를 비롯한 생물학 및 의학 공동체를 중심으로 나타나고 있다.

이와 관련해, 2005년 미국 식품의약국Food and Drug Administration: FDA의 비딜BiDil 승인은 가장 주목할 만한 사건 중 하나다. 비딜은 최초의 "인종 기반 약품"으로 알려져 있다(Kahn 2007; Sankar and Kahn 2005). 흑인들의 울

인종 기반 약품의 마케팅

니트로메드는 흑인 인구가 많은 지역을 중심으로 자사의 심장약 비딜의 마케팅 활동을 활발하게 펼치고 있다. 35세 이상 흑인의 심장 질환 사망률(1996~2000년)

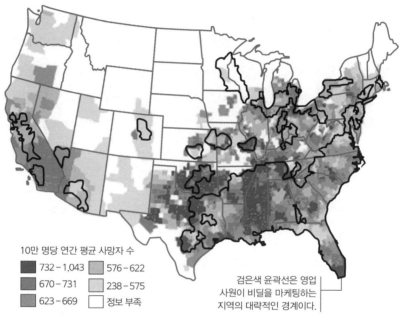

10만 명당 연간 평균 사망자 수

■ 732 - 1,043   ▨ 576 - 622
■ 670 - 731   ▨ 238 - 575
■ 623 - 669   □ 정보 부족

검은색 윤곽선은 영업 사원이 비딜을 마케팅하는 지역의 대략적인 경계이다.

그림 11.5 FDA가 최초로 승인한 "인종 기반 약품" 비딜

출처: AP

혈성 심부전증을 치료할 목적으로 개발된 신약이기 때문이다. 이 약품의 생산 기업 니트로메드NitroMed는 "45세에서 64세 사이의 흑인은 동일한 인구 집단의 백인들보다 심부전으로 사망할 확률이 2.5배나 높다(NitroMed Inc. 2005)". 비딜은 특정 인구를 대상으로 하는 약품을 개발하는 의학, 즉 "약물 유전학pharmacogenomics"의 능력과 관련해 신기원을 마련한 것으로 홍보되었다. 그리고 충분한 의료 서비스를 받지 못하는 인구, 즉 흑인에게 보다 나은 의료 서비스를 제공하게 될 것이라는 점도 주목받았다(그림 11.5).

그러나 불행하게도 현실은 훨씬 더 복잡했다. 이 중 세 가지 이유만 논의

해 보자. 첫째, 비딜은 전혀 새로운 약품이 아니었고, 기존의 두 가지 약품이 하나의 알약으로 합쳐진 것이다. 복제약으로 판매되는 [항고혈압약] 하이드 랄라진Hydralazine과 [혈관 확장제] 이소소르비드isosorbide dinitrate를 합친 것인데, 모두는 10년 이상 존재했던 약이고 가격은 비딜의 6분의 1밖에 되지 않았다. 둘째, 비딜의 효능이 다른 인구에 비해 흑인에게서 잘 나타난다는 결정적인 증거가 없었다. FDA 승인은 흑인만을 대상으로 했던 두 번째 임상시험 결과를 바탕으로 이루어졌다. 즉, 이 결과가 비딜의 혜택을 볼 수도 있는 다른 인구와 비교되지 않았다는 말이다. 셋째, 45~64세의 인구 집단은 심부전 사망의 단지 6%만을 차지하고, 65세 이상의 인구와 관련해서 흑인과 백인 사망률 간의 통계적으로 유의미한 차이는 없었다(Duster 2005). 유럽, 아프리카, 카리브해, 아메리카의 인구를 가지고 백인과 흑인을 비교하는 연구에서는, 고혈압 환자 비율의 인종적 차이가 북미 인구보다 브라질, 트리니다드, 쿠바 인구에서 확연하게 낮은 것으로 나타났다. 이러한 연구는 건강의 사회-문화적 예측 변수가 생물학적 요인보다 강력하게 작용한다는 점을 시사한다.

그럼에도 불구하고 인종은 악명 높은 책인『종형 곡선Bell Curve』에서 지능에 관한 인종주의적 설명이나 건강과 의학, 또는 유전자학 등에서 꾸준히 등장하고 있다.* 2005년『뉴욕타임스』에 영국 임페리얼 칼리지의 진화생물학자 아먼드 마리 레로이Armand Marie Leroi의 논평이 실렸을 때, 사회과학연구위원회Social Science Research Council: SSRC는 13편의 반론을 모아 온라인에 게시했다(http://raceandgenomics.ssrc.org). 이 사건은『종형 곡선』이 대중 인

---

* 역주:『종형 곡선』은 리처드 헤른슈타인Richard Hernstein과 찰스 머레이Charles Murray가 1994년에 발간한 책으로, 높은 지능의 사람들이 평균이나 평균 이하 수준의 지능을 가진 사람들과 구분되어 사회적 분리가 심화되었다고 설명한다. 이 책은 인종과 지능 간의 관계에 대한 인종주의적 설명도 제시하면서 논란에 휩싸이기도 했었다.

식에 일으켰던 논란을 되풀이하는 것 같았다. 레로이는 인종의 사회적 구성에 대한 오래된 이해 방식은 생물학적 인종을 성공적으로 식별한 새로운 유전학 연구 결과 때문에 생명을 다했다고 주장했다.

반론은 "인종이 실재하는가?"란 제목하에 다양한 학문적 배경을 가진 논객들로부터 모아졌다. 이 중에서 인류학자들의 반론이 가장 유용하다. 인류학은 200년이 넘는 기간 동안 인종을 연구해 온 학문이기 때문이다. [반면, 어떤 지리학자도 초대받지 못했다] 예를 들어, 알란 굿맨Alan Goodman의 글은 인종이 생물학적으로 편향된다는 레로이의 주장뿐 아니라, 인종이 삶의 실재로 존재하지 않는다는 가정도 반박했다(Goodman 2006). 인종과 인종주의는 수백만 명의 사람들이 삶을 통해 경험하는 것이기 때문에, 반드시 생물학적일 필요가 없다는 주장이었다. 인간의 변이가 실재하지 않는다는 뜻은 아니었다. 사람들이 생물학적으로 다른 것은 명백하지만, 이러한 차이가 인종의 결정 요소는 아니란 말이었다. 사람들이 보는 차이는 연속적으로 분포된다. 앞서 살펴본 바와 같이 인류학자, 생태학자, 유전학자 등은 점진적으로 나타나는 지리적 변이를 말하기 위해 "연속변이"란 용어를 사용한다. 지리학에서 이는 등치선적인 변화로 이야기되지만, 연속변이도 유용한 지리학적 어휘에 포함될 수 있다(Crampton 2009b). 조나단 막스도 인종의 지리적 실재에 대하여 다음과 같이 논의했다.

정성적인 지리적 구분의, 즉 인종이 대륙별로 구분된다는 주장은 자연스럽지도, 객관적이지도, 가치 중립적이지도, 과학적이지도 않고 데이터로부터 추론한 사실도 아니다. 단지 연속체를 인공적으로 구분해 부분별로 나누었을 따름이다. 이러한 분할에 대하여 의미와 가치가 부여되기도 했다(Marks 2006).

굿맨과 막스 모두는 르원틴(Lewontin 1972)의 업적을 인용한다. 르원틴에 따르면, [6.3%의 변이를 가진] 인종 **간** 유전적 차이는 [85.4%의 변이를 보이는] 인종 내의 하위 집단 사이에서 발견할 수 있는 차이보다 훨씬 더 작다. 한 마디로, 인종 간의 관계에서 유전적 차이를 알고자 하는 시도는 부질없고 무익한 일이다.

지리와 인종에 대한 남은 의문들

이러한 상황은 인종의 관점에서 이루어지는 지리학 연구에 함의가 있다. 지금까지 많은 학술단체가 인종과 과학적 연구에 대한 선언문을 발표했다. 미국 인류학회, 미국 자연인류학회, 미국 사회학회 등이 그러한 학술단체에 속한다. 그러나 미국 지리학회AAG, 영국 지리학회IBG 등 주요 지리학 단체는 관련 선언문을 아직 발표하지 않았다. 지리학자들이 센서스에서 수집된 인종 기반 데이터의 중요한 소비자임을 고려하면 다소 의외다. 어쨌든 지리학자들은 오늘날 가장 중요한 사회적 이슈 중 하나에 참여하지 않고 있다.

이제는 더 이상 침묵하지 말아야 한다. 지리학적 통찰력을 바탕으로 제기할 수 있는 의문은 아주 많다. 지리학 연구에서 인종 기반의 범주가 계속해서 쓰여야 할까? 이런 맥락에서 프랑스와 같은 일부 국가에서 인종 기반의 데이터 수집을 중단한 점에 주목할 필요가 있다. 인종 기반의 데이터 수집을 멈춘다면 차별을 추적하는 것이 불가능해진다고 주장하는 사람들도 있다. 가령, 빈곤선 아래에서 살아가는 흑인의 수를 알 길이 없어진다. 좋은 건강보험을 이용할 수 있는 사람들을 알아내고 이들이 사는 곳을 지도화하는 일도 마찬가지다. 프랑스에서는 빈곤선 아래 사람들의 수와 위치에 대한 기초 자료를 기록함으로써 그러한 반론에 대처했다. 그리고 영향을 받는 사람이

지도 패러독스

누구든지 간에 궁극적으로 중요한 것은 빈곤의 [그리고 건강의] 문제라고 주장했다. 프랑스는 19세기에 오늘날의 GIS에서 사용되는 여러 가지 주제도를 발명했던 국가다. 지금은 데이터의 범주를 근본적으로 변화시키면 무엇을 할 수 있는지에 대한 모범적인 사례를 제공하고 있다. 이런 변화를 비판하는 사람들은 프랑스에도 인종주의가 여전히 널리 퍼져 있다는 사실을 지적한다. 그러나 이것의 원인이 인종 범주 때문인지, 아니면 식민주의 역사 때문인지는 여전히 불분명한 상태에 있다.

지리학 연구는 인종주의와 차별의 본질에 주목하는 경향이 있다. 지리학자 대부분은 인종주의가 불쾌하다고 가정한다. 그런데 이들은 인종주의가 인종 범주에 기초한다고도 생각할까? 인종 범주를 사용함으로써 그런 범주를 재생산하며 유지시키고 있는 것은 아닐까? 지리학자들이 **인종**은 연구하면서 **인종주의**에 대해서는 상대적으로 덜 집중하는 이유는 무엇일까? 센서스나 [DNA 기반의 범죄 데이터베이스 등] 다른 데이터베이스에서 인종 범주를 사용하는 것에 만족하기 때문은 아닐까? 그러나 지금까지 살펴본 것처럼, 인종 범주는 시간에 따라 변한다. 범죄 데이터베이스의 경우 인종적, 민족적 편향이 있을 수 있다. 기존의 데이터셋에서 제시하는 범주에 만족하는 이유는 무엇일까? 그러한 범주의 사용이 연구 결과에 영향을 미치지는 않을까? 인종 범주의 형성에서 지리학자들의 역할을 재평가해야 하지 않을까? 왜 지리학자들은 인종 기반 데이터에 대하여 공식 성명을 발표하지 않을까? 예를 들자면 미국의 2010년 센서스에 대해서 말이다.

미국인 대부분이 혼합된 혈통을 거부하는 점을 생각해 보자. 이 선택지를 고르지 않는 이유가 2000년 센서스의 낯섦 때문일까? 그렇다면 그런 선택지가 더 잘 이해될 수 있도록 지리학자들은 어떤 역할을 해야 할까? 아니면, 인종이 고정되고 상호배타적이라는 일반적인 오해 때문일까? 이게 맞다면,

연속된 지리적 변수로서 인간의 종 다양성에 대한 지리학적 안목이 어떻게 인종의 의미를 명확하게 하는 데 도움을 줄 수 있을까? 모든 센서스가 종료된 다음에 커뮤니티들은 정치적 지도의 경계를 조정하는 재구획 과정을 겪는다. 이런 경계가 자주 변하지 않는다면, 정치인들이 아마도 인종 변수를 가지고 지도를 다시 그리려 할 것이다. 이럴 때 어떤 인종의 개념과 지리적 분포가 동원될까? 마지막으로, 미국 센서스에서 인종 데이터가 모든 가구에 대하여 수집되는 이유는 무엇일까? 빈곤과 소득은 단지 17%의 표본 가구를 대상으로 하고 있는데도 말이다.

이러한 의문들은 어느 하나 쉬운 것이 없고 명쾌한 답을 주기가 매우 어렵다. 그렇지만 의문을 제기하는 것은 매우 중요한 일이다. 지리학자들은 GIS와 같은 상당한 기술 역량을 갖추었음에도 불구하고 아직 그러한 문제를 제대로 제기조차 하지 않았기 때문이다.

제12장

공간의 시학: 예술, 아름다움, 상상력

공간은 시간보다 더 길들어져 있거나 덜 공격적인 듯하다. 항상 시계를 차고 다니는 사람들은 많이 만난다. 하지만 나침반을 들고 있는 사람들은 거의 보지 못한다.

장소가 존재하지 못하는 때가 있다. 공간이 문제가 될 때, 자명하지 않을 때, 조직화되어 있지 못할 때, 전유되지 않을 때가 그렇다. 이런 경우, 공간은 하나의 의문으로 남는다.

조르주 페렉(Georges Perec 1974/1997)

지금까지 매핑을 고찰하는 데 있어서 물질성materiality, 즉 지도와 GIS의 형태에 대한 논의는 거의 없었다. 이 장에서는 물질성의 측면에서 매핑을 살펴보고자 한다. 그리고 지금까지의 다른 어떤 장에서보다 매핑이란 용어를 광범위하게 사용할 것이다. 가스통 바슐라르Gaston Bachelard가 "공간의 시학"이라고 말했던 측면(Bachelard 1958/1969)을 이야기할 것이기 때문이다.

오늘날 건축학, 계획학, 경관 디자인, 예술 등의 분야에서 고전으로 여겨지는 바슐라르의 책은 공간을 삶의 경험으로 여기며 접근했다. 이는 [몽상적인 건축에 대한] 환상, 일상의 순간, 의미 등을 포괄하는 것이었다. 공간을 컨테이너나 상자처럼 인식하지 않았다는 말이다. 공간의 기능적인 측면만을 따지지도 않았다. 바슐라르는 현상학자였으며, 자신의 경력 내내 과학 철학자로 알려지기도 했다. 그의 책은 1958년에 출간됐으며, 하이데거의 냄새를 살짝 풍겼다. [영문 번역은 1964년에 나왔다] 예를 들어, 바슐라르는 "거주함dwelling"을 많이 강조했다. 그러나 이는 특정한 시간과 장소에서 현존함being present에 국한된 개념이 아니다. 그에게 거주함은 풍요로운 과거와 미래까지 포함하는 존재의 상태다. 이런 식으로 바슐라르는 하이데거의 논의에서 핵심을 이루는 현존의 형이상학을 회피하고자 했다. 하이데거의 형이상학에서는 현존과 현존의 속성 및 이용 방식만을 우선시한다. 반면, 존재와 세상에서 자신의 장소를 찾는 현실적 문제에는 크게 주목하지 않는다.

공간에 대한 바슐라르의 접근은 가정적인 입장을 취한다. 말 그대로 우리가 거주하는 집을 강조한다는 말이다. 이에 바슐라르는 집을 "세상에서 우리의 편이 되어 주는 곳"이라고 말했다(Bachelard 1958/1969: 4). 사람들은 안전하게 자신을 보호해 주는 집에서 꿈을 꾸고 상상력을 발휘한다. 그래서 집은 기억의 장소가 된다. 데니스 우드Denis Wood와 로버트 벡Robert Beck도 『가정의 룰Home Rules』에서 비슷한 주장을 펼쳤다(Wood and Beck 1994). 수많은 기억은 집을 근거로 해서 생긴다는 이야기다.

이런 접근은 그리스의 시인 시모니데스Simonides가 말했던 기억의 기술art of memory을 상기시킨다. 그는 [기억에 도움을 주는] 니모닉mnemonic의 메타포를 이용해 집을 이야기했다. 시모니데스는 상상력을 동원해 집을 [또는 시장처럼 매우 익숙한 곳을] 거닐면서 특정한 기억을 알코브alcove, 방, 계단 등의 장소에 대입시켰다. 시간이 지난 후에 거닐었던 일을 회상하며 그는 과거의 기억을 다시 떠올릴 수 있었다. 이는 "장소법method of loci"이라고 불리는 기술이다. 중세 시대에 널리 가르쳐졌고, 고대 로마의 웅변가 키케로Cicero도 장소법을 이용했다고 알려져 있다.

바슐라르는 기억과 장소 간의 심층적인 연계에 착안해 새로운 형식의 분석을 제시했다. 이른바 장소분석topoanalysis으로 불리는 방법인데, "친숙한 삶의 장소에 대한 체계적인 심리분석"을 뜻한다(Bachelard 1958/1969: 8).

이는 조르주 페렉Georges Perec의 주장과 공통점을 가진다. 페렉은 "공간의 종species of spaces"을 통해서 평범한 생활과 시시한 습관의 "하부−일상infra-ordinary"을 따분하고 과도하게 친숙한 루틴이 아니라 제대로 검토되지 못한 사실로 이해했다(Perec 1974/1997).* 즉 일상은 사소한 사건과 실천으로 구성된다고 인식했다는 말이다. 이 관점은 일상의 "심리지리psychogeographies", 즉 일상적인 공간을 이해하는 방식을 주 관심사로 삼는 오늘날의 신세대 지리학자들에게도 큰 영향을 주었다(Pinder 2003). 1960년대 시작된 이 학문의 영역에서는, 용어를 제안한 기 드보르Guy Debord, 글로우랩Glowlabs이라 불렸던 보스턴 예술가 집단, [본명이 캐서린 디냐치오Catherine D'Ignazio인] 카나린카(Kanarinka 2006)와 같은 예술인들이 활동했다.

이렇게 많은 학자가 집을 다루고 있다는 사실은 흥미롭지 않을 수 없다. 집은 일반적으로 매핑이나 GIS에 관여되지 않는다고 여겨지는 공간이다. 너무 작고, 너무나도 구체적이다. 그리고 아파트, 콘도, 별장, 산장, 기숙사, 캠핑카, 이동식 주택에 이르기까지 집의 형태는 엄청나게 다양하다. 집이 왜 그렇게 중요하다는 것일까?

---

* 역주: 이 책은 『공간의 종류들』이란 제목으로 번역되어 있다(김호영 역 2019, 『공간의 종류들』, 문학동네).

실제로 우리가 살아가는 공간보다 중요한 곳은 없을 것이다. 뒷마당에서 개를 키우는 이웃과 몇 년을 같이 살았던 적이 있다. 이 개는 밤낮을 가리지 않고 짖어댔다. 나를 미치게 할 지경이었다! [다행스럽게 그들이 이사를 갔다. 그렇지 않았다면, 아마도 내가 나갔을 것이다] 이처럼 자신의 공간과 존엄성이 침해를 받는다면, 당연시했던 많은 것들이 벼랑으로 몰리는 느낌이 들 것이다. 우리는 어디엔가 있어야 하는 물질적인 존재이다. 신체가 특정한 공간에 거주하고 살아간다는 말이다. 예를 들어, 여러분이 새로운 직업을 갖게 된다면 그곳에 살아야 한다.

그리고 디테일이 중요하다. 이게 전하고자 하는 메시지의 핵심이다. 페렉의 "종"은 동요를 일으키는 동시에 깨우침을 안겨 준다. 일상을 계속해서 소환해 목록을 만들고 사정없이 검토하도록 하면서, 여러분들이 [익숙한] 주변에 친숙해지지 않도록 이화異化, defamiliarization시킨다. 하지만 여기에는 엄청난 재치도 담겨 있다. 페렉은 다음과 같이 **일치하는** 경험을 하지 못했더라도 즉각적으로 인지할 수 있는 종류의 것들을 가지고 이야기하기 때문이다.

[파리] 18구의 낡은 집에서 임차인 네 명이 같이 쓰는 화장실을 보았다. 집주인은 이 화장실에 비용을 쓰고 싶지 않았다. 임차인 중 어떤 이도 다른 사람들을 위해 돈을 쓰고 싶지 않았다. 각자의 계량기를 설치하여 각자의 전기세를 낸다는 생각이었다. 그래서 화장실에는 임차인 각자가 통제하는 네 개의 전구가 있었다. 밤낮을 가리지 않고 10년 동안 불을 켜 놓는 게 독립된 전기회로를 따로 설치하는 것보다 싸게 먹혔다(Perec 1974/1997: 44-5).

"공간의 종"은 스케일을 키워 가며 여러 가지 일련의 장소들을 이야기한다. 각각의 장소는 그러한 장편 에세이의 한 부분을 차지한다. 페이지, 침대, 침대방, 아파트, 아파트 빌딩, 거리, 이웃 등으로 말이다. [그런데 페렉은 이처럼 목록에 "등"을 쓰는 것을 싫어했다. 그 대신 모든 것들이 목록에 나열되어야 한다고 주장했다!] 페렉이 "페이지"부터 시작해 여러 공간을 다루었던 것은 결코 우연이 아니다. 하나의 페이지가 공간이 아닌 것처럼 보여도, 페렉은 실제적인 공간이라고 다음과 같이 기술했다.

나는 쓰고 있다. 종이 한 장에서 살고 있는 상태다. 그것에 투자하고, 그 위를 여행한다.
　나는 빈칸, 즉 공간을 (불연속, 전환, 실마리의 변화 등 의미의 점프를 위해) 남겨 둔다.

나는 쓴다
여백에

나는 새롭게 시작한다
문단 하나를. 각주도 하나 남긴다★

나는 다른 종이 한 장으로 옮겨 간다.

★ 나는 페이지 아래 있는 각주를 매우 좋아한다. 특별히 명확하게 하는 것이 없다고 하더라도 말이다(Perec 1974/1997: 11).

페이지가 하나의 공간이라면 다른 것들도 마찬가지다. 위의 글에서 페렉은 페이지에 거주하고 있다. 바슐라르가 집에 거주하는 것처럼 말이다. 페이지에서 여기저기를 오가며 타이핑할 수 있다. 여백으로 벗어날 수도 있다. 다음 순서는 침대다. 페이지와 마찬가지로 침대도 우리가 오랫동안 거주하는 곳이다. 페이지, 집, 지도 모두가 공간이다. 이 개념은 페렉의 소설 『인생 사용법Life: A User's Manual』에서 한 걸음 더 나아간다. 이 소설은 파리의 한 아파트 건물에 사는 주민들의 이야기다. [실험문학 단체] 올리포OuLiPo의 회원으로서 페렉은 체스판 나이트의 움직임처럼 그들의 이야기를 추적한다. 나이트가 움직이듯이 아파트 곳곳을 돌아다니며 방문한다. [페렉은 65번과 66번 이동 사이에서 실수를 한다] 페렉은 이러한 공간의 구조가 아이디어를 발산하는 방법이라고 생각했다. 정형화된 것은 싫어했지만, 가끔은 특정한 종류의 구조를 탐험하기를 원했다. 특히, 장난기 많은 그의 마음에 의미 있게 다가갔던 것들에 주목했다.

미국인 작곡가 존 쿨리지 애덤스John Coolidge Adams도 비슷하게 이야기했다. 그는 오페라 〈중국에 간 닉슨Nixon in China〉의 작곡가로 알려져 있는데, 젊었을 때 다음과 같이 곡을 썼다고 말했다.

존 케이지John Cage가 강조한 우연의 원리를 받아들였다. 헨리 데이비드 소로Henry David Thoreau가 메인주의 카타딘산을 묘사한 방식에도 영감을 받았다. 이 지역의 지도를 나침반과 함께 구해서 산의 정상을 중심으로 50마일 반경의 원을 그렸다. 이것이 소로가 묘사했던 광경일 것으로 추정했다. 그리고 아베나키Abenaki 부족의 장소명인 밀리노켓Millinocket, 앰바지저스Ambajejus, 메타웜케그Matawamkeag 등의 목록을 작성했다. 이 단어들을 짧게 만든 다음에 음색을 더해 멜로디로 만들었다(Adams 2008: 36).

예술가는 이러한 실천들을 추구하는 데 있어서 개념의 원리가 확립되고 나면, 보통은 작품에 대한 통제권을 넘긴다. 그러한 개념이 쏟아내는 결과를 준수하기 위해서다. 이는 자신이 처한 어쩔 수 없는 상황을 반영하며, 최초

선택에서 생겨난 결과에 대처하는 것이다. 반드시 예측 가능한 것은 아니지만, 그렇다고 해서 임의적이지도 않은 결과에 대해서 말이다.

이러한 아이디어는 2000년 출간된 소설 한 편에서 완벽하게 뒤집혔다. 마크 다니엘프스키Mark Z. Danielewski의 『잎들의 집House of Leaves』을 말하는 것이다. 이 작품은 공간적 와해spatial disruption를 포함한 공포 소설이다. 이를 설명하는 것은 거의 불가능하고, [제임스 조이스 작품] 『피네간의 경야Finnegans Wake』의 냄새를 풍기는 오늘날 작품이라 할 수 있다. 무모할 정도로 과감한 인쇄 혁신을 추구한 것이 가장 큰 차이점이다. [일부 페이지는 역방향으로 인쇄되었고, 거의 비어 있는 페이지도 있다. 어떨 때는 다층적인 각주가 나타나기도 하며, 페렉의 『인생 사용법』에서와 마찬가지로 색인이 있다] 표면적으로는 이 소설은 애시 트리 레인의 한 주택으로 이사 온 나비드슨 가족에 대한 이야기다. 윌 나비드슨은 카메라맨으로 일하며, 아내 카렌과 함께 두 자녀 채드와 데이지를 키우며 산다. 어느날 이들은 결혼식 참석을 위해 사흘간 집을 비웠고, 되돌아 온 후 "공간적 위반spatial violation"에 처한다. 이는 친숙했던 것이 낯설어진 섬뜩한 느낌을 자아낸다. 독일어로 un-heimlich의 상태다. [이 시점에서 하이데거의 섬뜩함 관념에 대한 장황한 각주가 달린다]

나비드슨 가족의 집은 집을 비워 둔 사이에 다른 곳이 되어 있었다. 불길하거나 위협적이지는 않았지만, 안정감이나 행복감을 파괴할 만한 수준이었다.

[예전에 녹화된 비디오 속의] 위층 안방에는 윌과 카렌 옆으로 유리 손잡이가 달린 하얀색의 문이 있다. 그런데 문이 아이들의 방이 아니라 벽

장처럼 보이는 공간으로 나 있었다(Danielewski 2000: 28)

비디오 화면처럼 이 공간은 예전에는 없었던 공간이다. 어떤 이유로든 그게 생겨났다. 좀 더 들여다보면, 이 공간은 기다란 통로로 연결되어 있다. 여기를 따라 한참을 가다 보면 커다란 방이 있는데, 밑에는 엄청나게 많은 계단이 있다. 분명하지는 않지만, 몇 시간을 걸어야만 아래에 닿을 수 있을 것 같다. 이러한 공간적 위반 속에서 다니엘프스키는 엄청난 공포감을 만들어낸다. 아마도 최초의 공간적 공포 이야기일 것이다. 공포를 자아내는 실제 상황의 사실이기보다, 꿈에서나 접하는 무서운 느낌이다. 공포는 소리를 지르고 도망가는 것처럼 능동적인 반면, 무서움은 수동적이다. 흘러들어와 스며들면서 세상에 대한 방향을 재조정한다. 이것은 상황의 "정동affect", 즉 느끼고 있는 것의 감정적 침투이다. 이 책에 거주하게 되면 집에서 느끼는 안정감은 침해받게 된다. [말장난이지만 잎들의 '집'은 '책'이 맞다]

페렉, 바슐라르, 드보르 등 심리지리를 추구하는 사람들은 환경에 대한 정동이나 감정적 반응을 불러일으키려고 한다. 반드시 무서움만 가지고 그러는 것은 아니다! 페렉은 거리의 **모든** 일상을 속속들이 파헤쳐 묘사하는 기술을 제시한다. 이를 이용해 심리지리학자psychogeographer와 맵아티스트map artist는 환경과 살아가는 세상으로부터 우리를 이화/재동화再同化, refamiliarization시킨다. "멍청해 보일 정도로 아주 천천히 시작해야 한다. 관심 가지 않는 것, 가장 명백해 보이는 것, 가장 일반적인 것, 전혀 재미없는 것을 억지로라도 적어 보자(Perec 1974/1997: 50)".

도대체 이것을 왜 하는 것일까? 객관적이고 중요한 것, 그리고 전혀 명백하지 않은 것을 지도로 기록하면 어떨까? 이에 대해 지도는 해체와 망각의 행위라 주장했던 드 세르토(de Certeau 1984: 97)가 하나의 답을 제시하고 있

　　　　　　　　　　　　　　　　　　　지도 패러독스

다. 무엇인가를 지도화할 때, 특히 투명한 격자 위에 표현하고자 할 때, 실제 거기 있는 것, 즉 세상에 존재하는 것은 파괴된다.

길의 측량은 무엇이 있는지를 놓치는 일이다. 그런 행위 자체가 그냥 지나치는 것이다. 걷기, 방랑, "윈도우 쇼핑", 즉 지나치는 활동은 [측량을 통해서] 점으로 전환된다. 그리고 점이 모여 지도 위에서 선이 되는데, 이는 총체적이며 양방향으로 그어진다(de Certeau 1984: 97).

이처럼 드 세르토는 지도를 기억의 행위로 이해했던 할리Harley와 달리 망각의 행위로 파악한다(제7장). 여기에서 몬모니어Monmonier의 유명한 문구를 떠올릴 수 있다. "지도를 가지고 거짓말을 하는 것은 필요한 일일 뿐 아니라, 본질적인 것이다(Monmonier 1991: 1)". 거짓말의 필요성이 지도의 **본질**이란 말이다. 망각과 기억의 논쟁은 매핑의 행위가 창조적 파괴creative destruction란 사실에 동의하면서 접점을 찾을 수 있다. 비판 지리학자들이 우려하는 바와 같이(제1장), 지도는 탈주관화desubjectify하며 총체화시킨다. 기억하도록 하면서 창조하기도 한다. 아마도 모든 창조의 행위는 궁극적으로는 파괴의 행위도 될 수 있다.

심리지리학과 예술-기계

2004년 심리지리학자들과 예술가들은 〈잠깐의 장례식Funerals for a Moment〉이라는 작품을 연기했다. 일상의 모든 순간이 중요하다면, 작은 장례식을 열어 순간의 지나침을 공식적으로 표시해야 한다는 아이디어에서 출발한 일이다. 그리고 웹사이트도 만들어 일상에서 발생한 [또는, 발생하지 않은] 일을 기록해 정확한 시간과 장소를 함께 공유할 수 있도록 했다. 예를 들어, 2004년 4월 22일 오후 4시 45분에 발생한 어떤 순간의 기록이 남아 있다.

브루클린 코블 힐 지역에서 워런 스트리트를 따라 걷고 있었다. 바람이 갑자기 더 강하게 불었다. 돌풍 속에서 비어 있는 플라스틱 음료수병이 보도를 따라서 완벽하게 굴러가는 모습을 보았다. 완전히 똑바로 굴러 갔다.

장례식 프로젝트는 아이카툰iKatun이란 명칭의 비영리 예술가 단체에서 조직했다. 이 프로젝트에서는 [안내원, 문상객 등] 지정된 역할이 부여된 사람들에게 어떤 순간이 발생했던 바로 그 장소를 다시 찾도록 했다. 사건의 재연과 함께 짧은 추도사를 읽었고, 헌화를 통해 그 순간을 표시하기도 했다 (그림 12.1).

심리지리학은 처음에는 초현실주의surrealism에, 이후에는 20세기 상황주의situationalism 운동에 영향을 받았다. 가장 유명한 상황주의자 기 드보르는 심리지리학을 다른 지리학과의 관계 속에서 다음과 같이 정의했다.

심리지리학은 개인의 감정과 행동에 대한 지리적 환경의 구체적 효과를 연구하고 정밀한 법칙을 수립할 목적으로 마련되었다. 연구되는 감정과 행동은 의식적으로 조직될 수도 있고 그렇지 않을 수도 있다. 따라서 다소 유쾌한 모호성을 가진 형용사 심리지리학적이란 용어는 그러한 탐구로 도출된 발견에 쓰일 수 있다. 즉, 지리적 환경이 인간의 감정에 주는 영향, 보다 일반적으로는 이와 같은 발견의 정신을 반영하는 어떤 상황과 행동에도 적용된다(http://library.nothingness.org/articles/SI/en/

그림 12.1 2004년 카나린카의 〈잠깐의 장례식〉 장면
출처: Joshua Weiner 촬영

display/2).

드보르의 입장에서는 [제6장에서 논의되었던] 19세기에 확립되고 발전한 통계 지도나 주제도 제작은 역효과를 낳는 일이다.

데니스 우드(Wood 2007a)는 1960년대 파리의 상황주의자와 케빈 린치 Kevin Lynch를 비롯한 클라크대학교Clark University 도시계획가 간의 공통점에 착안해 오늘날 심리지리학 연구를 설명했다. 상황주의자들은 주로 도시 환경에 관심을 가지면서 데히브dérive, 즉 "표류drift"의 방법론을 도입했다. 드보르에 따르면, 2~3명으로 구성된 작은 그룹으로 활동하는 것이 표류에 적합하다. 참여자 간의 대조 검토가 용이하고, 객관적인 결론을 도출할 가능성이 높기 때문이다. 표류는 무작위적인 도보가 아니라, 말하자면 "심리지리학적 기복psychogeographical relief"의 윤곽에 따라 영향을 받는 활동이다. 상황주의자들은 1950년대 파리 지도를 가지고, 주변 환경 속에서 인지한 흐름과 힘을 보여 주기도 했었다.

알프레드 드 빌라Alfred de Villa 감독의 독립영화 〈어드리프트 인 맨해튼 Adrift in Manhattan〉은 하부−일상의 감각을 불러일으킨다. 세 명의 주인공의 출근 길이 때로는 자신들도 모르게 교차한다는 이야기다. 이들의 표류는 데히브의 관점에서만, 즉 배의 흐름에 맡겨 떠돌도록 한다는 측면에서만 나타나지 않는다. 이는 무작위적이지도 않고 완벽하게 예측할 수 있는 것도 아니다. 표류는 때때로 자신의 감정과 연결이 끊긴다는 의미도 있다. 헤더 그레이엄Heather Graham이 배역을 맡은 첼시의 검안사 로즈는 끔찍한 사고로 두 살배기 아들을 잃고 남편과도 헤어져 산다. [빅터 라숙Victor Rasuk이 연기하는] 사이먼은 말이 적은 청년 사진가로, 공원에서 로즈의 사진을 찍으며 거의 스토킹하는 수준으로 그녀를 따라다닌다. [카메라 가게 일하는] 사이먼이 로즈와 소통하는 방식은 인화한 사진 몇 장을 상점 이름이 뒷면에 나타나도록 표시해 그녀의 우편함에 넣어두는 것이다. 로즈가 이유를 물으러 상점을 찾았을 때 예기치 않게 사이먼을 만났고, 이들은 최소한 가볍게라도 연결되는 듯했다. 사이먼은 그녀의 스카프에 매력을 느꼈고, 로즈는 이상하게도 그의 순진함에 끌렸다. [도미닉 치아니즈Dominic Chianese가 배역을 맡은] 토마소는 로즈의 고객인데, 흐려지는 시각에 고통받는 화가이다. 영화의 주요 테마는 시력, 응시, 감시로 구성된다. 이를 통해 세 사람 모두가 연결된다. [토마소와 사이먼이 같은 아파트에 사는 것을 암시하는 장면도 있다] 영화의 상당 부분은 뉴욕 지하철과 거리를 배경으로 한다. 세 주인공, 이들의 친구, 가족의 삶이 교차하는 곳이기 때문이다. 이야기의 해결이나 결말을 제시하지 않고 모든 것이 열려 있는 채로 영화는 끝난다.

다다이스트dadaist와 상황주의자들은 예술 실천을 하나의 유산으로 남겼다. 이들의 예술은, 그리고 맵아트map art는 전통적인 그림 예술에 한정되지 않고, 하나의 실천으로 남아 있다. 지난 몇십 년 동안 예술가들은 뉴욕을 기반으로 한 글로우랩이 2003년 주최한 심리-지리융합psy-geoConflux 행사에 감화를 받아, 실천을 전면에 내세우는 이벤트에 많이 몰려들었다.

카나린카는 그런 예술가 중 한 명이다. 그녀는 "중립성과 객관성을 주장하는 세계에 대한 재현은 그 어떤 것이라도 따져 볼 필요 없이 의문스럽다"고 하면서 다음과 같이 말하였다.

지금의 예술가들이 [어쩌면 지도학자들도] 더욱 "정확한" 지도의 "더 나은" 그림을 그리는 방법을 강조해 질문하지 않는다. 실제로 세계는 새로운 재현을 필요로 하지 않는다. 새로운 관계와 새로운 사용법을 원한다. 다시 말해, 새로운 이벤트, 발명, 행동, 활동, 실험, 개입, 침투, 상황, 에피소드, 재앙을 요구하고 있다. 우리는 형태와 객체의 세계를 이탈해 관계와 이벤트의 세계로 진입했다. 그러나 예술과 지도는 여전히 간절하게 요구된다. 실재reality의 재현으로서가 아니라, 실재를 생산하는 도구로서 지도를 생각하는 것이 가능하지 않을까(kanarinka 2006: 25)?

여기에서 카나린카의 주장은 심리지리학자의 생각에 가깝지만, 다른 한편으로 철학자 알랭 바디우Alain Badiou의 생각과도 일맥상통한다. 바디우에 따르면, 존재의 문제는 이벤트나 해프닝과 결부된다. 이벤트는 "흔적"을 남기고 사물을 변화시키며 "세계에 하나의 장면"을 남긴다. 이러한 변혁적 행동은 특히 예술 이벤트에 나타난다. 주체는 이벤트가 남긴 흔적과 육체가 세계와 맺는 관계 사이에서 존재한다. 바디우에 따르면, 신체는 온전하게 물질적인 것으로 여겨지거나, [그래서 주체가 신체로 환원되고 정체성이 정의된다고 여겨지거나] 아니면 주체는 신체를 완벽하게 초월할 수 있다고 여겨진다. 다시 말해, 주체와 육체 간의 관계에 대한 이원론이 있다. 그러나 그 어느 것도 충분하지 않다. 그래서 바디우는 제3의 주체성이 필요함을 제안한다. 주체를 이벤트의 흔적이나 세상 속의 신체로만 환원하지 않는 관점을 요구했다는 이야기다. 이벤트와 세계 간의 관계적 차이가 바로 주체를 구성하는 공간이다. 이벤트는 결과를 낳는 긍정적인 개입이다. 이에 바디우는 정치와 예술 간의 관계를 논의했다. 또한 그는 새로운 형태의 주체성을 찾는 것을 예술가적 창조의 책임성으로 언급하기도 했다.

예술의 복구

지리학자 데니스 코스그로브(Denis Cosgrove 1948~2008)는 예술과 지도의 관계를 연구한 가장 대표적인 인물이다. 앞서 언급한 대다수의 사람들과 마찬가지로, 코스그로브는 매핑의 행위 그 자체를 상상력의 장소로서 강조했다. 예를 들어, 그는 "세계에 대한 지식에 다가가는 데 있어서 매핑이란 행위는 창조적이며 때로는 불안감을 자극하는 순간"이라고 말했다(Cosgrove 1999: 2). 코스그로브는 또한 예술과 매핑 간의 교차점을 복구하려 했다. 둘 간의 분리는 20세기 내내 명백해 보였기 때문이다. 그는 예술과 과학의 차이는 실재라기보다 피상적으로만 그렇게 보이는 것이라고 주장하며, 수많은 예술적 매핑 표현의 사례를 논의했다(Cosgrove 2005; 2006; Cosgrove and Della Dora 2005). 우드워드(Woodward 1987)의 『예술과 지도학Art and Cartography』이 측량과 같은 과학적 도구의 도입과 함께 지도학이 예술에서 과학으로 진화했다는 관념에 도전했다면 이어서 코스그로브는 예술과 미학을 동일시하는 우드워드의 관점을 비판했다. 예술은 무엇이 얼마나 아름다운 가에 관한 것이 아니라는 이유에서였다.

예를 들어, 19세기 지도의 여백은 바로크 양식에서 상세함의 정수를 보여준다(그림 12.2). [투구를 쓰고 방패와 삼지창을 들고 있는 여성상으로 브리튼을 상징하는] 브리타니아는 지도 중앙에서 전 세계에 걸터앉아 있고, 그리스의 신 아틀라스가 이 세계를 떠받친다. 브리타니아는 그리스의 여신처럼 옷을 입고 있으며, 그녀를 상징하는 고대 투구는 [오늘날 미국의 풋볼 선수들이 하는 것처럼] 눈썹의 뒤쪽까지 벗겨져 있다. 그러면서 브리타니아는 공물을 가져다 바치는 장면의 중앙에 있고, 어두운 피부색에 옷이 벗겨진 원주민들은 눈을 들어 위엄 있는 그녀의 모습을 바라본다. 한 사람은 [꽃과 과일이 가득 찬 뿔로, 풍요를 상징하는] 코르누코피아cornucopia를, 다른 사람은 공작새 꼬리를 공물로 바치고 있다. 대영 제국을 대표하는 사람들도 브리타니아에 경의를 표하고, 심지어 자연마저도 고요함을 유지하며 그녀를 향하고 있다. 호랑이는 새들을 무시하고 목줄이 묶인 채로 인도 관료에게 복종한다. 지도는 메르카토르 투영법으로 제작되었고, 지도의 중심은 [1884년] 새롭게 합의된 그리니치의 본초자오선이며, 여기에 대영 제국이 놓여 있다. 지도에서 대영 제국의 범위는 [영국의 해군과 상선을 상징하는] 붉은색으로 나타난다.

이 지도는 기존의 제국을 대체하는 새로운 제국 연방Imperial Federation에 대한 논의를 지지하기 위해 [1886년에] 제작되었다. 빌트클리프(Biltcliffe 2005)의 최근 논의에 따르면, 이 지도는 두 가지 이유에서 흥미롭다. 지도를 제작한 예술가 월터 크레인Walter Crane은 사회주의자로서 미술공예운동 Arts and Crafts Movement에 참여했고 존 러스킨John Ruskin의 추종자이기도 했다. 대량 생산이 예술에 초래한 나쁜 영향을 비판했던 발터 베냐민Walter

그림 12.2 1886년 대영 제국의 범위를 보여 주는 세계 제국 연방 지도
출처: Newberry Library

Benjamin보다 한참 전에, 크레인은 다음과 같이 빅토리아 시대의 추잡한 소비 사회에 저항하는 노력을 했다.

당대 사회는 상업과 자본주의를 강조했고, 이는 제국주의 프로젝트의 기반을 이루었다. 크레인은 이런 상황에서 인간이 경제 시스템의 노예로 전락했다고 생각했다. 사용보다 이익을 위한 생산이 이루어지며 인간의 생동력이 파괴되고 있다고 믿었기 때문이다(Biltcliffe 2005: 65).

사회주의는 제국주의에 반대했지만, 크레인은 제국이 사회 개혁을 진전시키는 데 사용될 수 있다고 믿었다. 지도를 자세히 들여다보면, 아틀라스 신에 "인간 노동"이라고 쓰인 라벨이 붙어 있는 사실을 발견할 수 있다(그림

지도 패러독스

그림 12.3 1886년 세계 제국 연방 지도 일부 확대
출처: Newberry Library

12.3). 노동자의 힘이 제국을 포함해 모든 것을 지탱한다는 뜻이다. 크레인이 겉으로만 보이는 제국주의의 메시지를 비밀스럽게 전복시키려 했던 것은 아닐까? 지도를 통해 단순히 제국주의의 권력만을 전하는 것이 아니라, 다각적인 권력의 게임을 보여 준 것은 아닐까? 이 질문에 대한 답이 무엇이든 간에, 맵아트는 단순한 장식이나 미학으로만 볼 수는 없다.

코스그로브에 따르면, 지도의 여백에 쓴 글이 과학의 분석적 엄밀함과 대립을 이루는 미학이란 주장은 근대 과학에서 시각의 역할을 간과하는 것이다. 과학은 지도를 비롯한 이미지의 시각적 설득력에 의존한다. 이를 주장하기 위해, 코스그로브는 브루노 라투르Bruno Latour의 "불변의 이동물immu-table mobile" 개념을 사용했는데, 이는 "과학적 관찰의 의미와 가설이 시공간을 이동하여도 변하지 않게 하는 도구"를 의미한다. 이에 과학적 지도는 정보를 보편적인 언어로 전환시켜야 한다. 코스그로브에 따르면, 공간 이미지의 예술적 생산도 마찬가지의 역할을 한다. 매핑 행위의 근대적, 과학적 지위에 대한 20세기의 주장은 "예술과 과학의 공유된 지위"를 흐릿하게 만들 뿐인 것이다(Cosgrove 2005: 37).

예를 들어, 이탈리아에서 작품 활동을 하는 아일랜드 태생의 예술가 데어드레 켈리Deirdre Kelly의 작품을 살펴보자. 켈리는 지도학적 상상에 기초한 혼합 매체와 콜라주 작품을 많이 창작한다. 로이터사Reuters Ltd.의 의뢰를 받아 제작한 〈신용Credit〉이란 제목의 작품은 자본의 글로벌 흐름을 이중의 반구 투영법hemisphere projection처럼 그려내고 있다(그림 12.4). 작품의 아래쪽에 대금업자와 금융인들이 거래하는 모습이 담겼고, 위쪽에는 에덴 동산이 가까이 있다. 고풍스러운 장식은 "부채상환 연장Rollover", "정신적 고통Distress", "위험Risk" 등 지도에 적혀 있는 현대적 메시지와는 대조를 이룬다. 여기에서는 신용의 확대와 평가가 노골적인 불변의 이동물로 그려진다.

예술가들이 100년 넘게 공간을 그리는 방법을 실험한 것은 그리 놀라운 사실이 아니다. 이러한 실험들은 매핑의 학문적 역사와 무관하게 이루어졌다. 학계에서는 정확성과 신빙성을 목표로 삼았다면, 맵아티스트들은 그러한 재현의 실천을 중요한 문제로 여겼다.

아방가르드 운동의 시작은 1863년 낙선전Salon des Refusés까지 거슬러 올라간다. 낙선전은 프랑스 예술원Académie des Beaux-Arts이 주관하는 파리 살롱의 전시회에서 거부된 작품을 가지고 하는 행사였는데, 여기에서 인상과 화가들이 재현의 문제를 노골적으로 제기했다. 예를 들어, 클로드 모네Claude Monet의 1872년 작 〈인상: 해돋이Impressions, Soleil levant〉는 선명한 붓 자국과 색채를 특징으로 하는데, 이는 당시까지 훨씬 더 일반적이었던 혼색의 부드러운 붓 자국과 대조를 이루었다. 모네, 르누아르Renoir와 같은 화

지도 패러독스

그림 12.4a 데어드레 켈리의 〈신용〉

출처: Derdre Kelly

그림 12.4b 데이드레 켈리의 《신용》 일부 확대

출처: Derdre Kelly

지도 패러독스

가들은 1873년 독립적으로 전시회를 열기 위한 모임을 조직했고, 회원들에게는 공식적인 살롱에 참여하지 말도록 권장했다. 폴 세잔Paul Cézanne, 에드가 드가Edgar Degas, 메리 카사트Mary Cassatt도 그러한 관점에 동참했고, 이를 통해 세계를 재현한다는 것의 의미에 대한 새로운 의문이 제기되었다. 물론 이들 사이에서도 의견의 대립이 있기는 했다.

어쨌든 재현에 대한 의문은 뒤이은 몇십 년 동안 다양한 방식으로, 그리고 다양한 매체를 통해서 제기되었다. 그리고 "모던 아트modern art"로 알려진 예술 운동도 형성되었는데, 이는 아방가르드, 인상주의, 다다이즘, 설치 미술을 포함하는 것이다. 1900년에는 새로운 세기를 경축하기 위해 "만국박람회Exposition Universelle"가 파리에서 개최되었다. 그런데 여기에 등장한 예술품 대부분은 그보다 100년 전에도 부적절해 보이지 않았을 것이었다(Wood 2003). 르네상스 시대까지 거슬러 올라가는 예술의 전통이 [역사화, 초상화, 누드화, 풍경화, 정물화, 조각상 등이] 박람회를 지배했다. 그러나 지도학이 과학적 방법에 견고하게 뿌리 내리고 있었던 것처럼, 지리적, 공간적 주제를 다루는 예술가들도 점점 이전에 재현이 의미했던 바에 도전하게 되었다.

이 문제가 개별 분야에서는 다르게 탐구되었지만, 한 가지 공통의 관심사는 있었다. 그것은 바로, 사실주의와 자연주의 예술에서 경관을 가급적이면 사실처럼 보이게 하려던 노력이 그릇된 것은 아니었는지에 대한 의문이다. 공간을 재구성하면 보다 심층적인 진리를 얻을 수 있지 않을까? 예를 들어, 조르주 브라크Georges Braque의 1911년 작품 〈벽난로 위 선반의 클라리넷과 럼주병Clarinet and Bottle of Rum on a Mantelpiece〉은 언뜻 보면 대책 없이 혼란스럽고 복잡하다. 실제로 공간과 공간적 배치가 중첩되어 전반적으로 혼란스러워 보인다. 그러나 좀 더 자세히 들여다보면 [중간쯤에 수평으로 놓여 있는] 클라리넷을 찾을 수 있다. 오른쪽 아래에는 음악 장식으로 보이는 [어찌 보면 벽난로 위 선반의 돌림띠 같아 보이기도 하는] 것이 있다. 이 작품은 확정적이기보다 연상을 유발하는 성격을 가지며, 다각적인 해석을 가능하게 한다. **유일**한 진리보다는 **일부**의 진리들을 제시하는 작품이라고 말할 수 있다.

브라크의 작품이 대단한 또 하나의 이유는 글자와 글이 등장한다는 점이다. 그림에는 럼주에 해당하는 프랑스어 "rhu"가 나온다. 그리고 [왈츠란 뜻의] "valse"도 볼 수 있는데, 이는 음악을 소리나 그림이 아닌 텍스트로 나낸 것이다. 베이스 노트bass note와 음자리표가 호응을 이루는 아이디어라 할 수 있다. 마지막으로, 브라크는 못과 못의 그림자를 넣어 이 작품을 거는 위치를 표시했다. 미술 작품이란 것을 모를까 봐 넣었을 수도 있지만, 어쨌든 예술계에서 가장 유명한 못이 되었다.

최근에 영국 태생의 예술가 토니 크랙Tony Cragg은 해변으로 몰려든 플라스틱 쓰레기를 가지고 작품 활동을 했다. 1981년 작품 〈북쪽에서 본 영국 Britain seen from the North〉은 멀리서 보면 옆으로 뉘어진 영국과 창작자가 [또는 관람객이] 마주 보고 있는 듯하다. 이 작품을 자세히 보면, 전체의 이미지는 작품을 구성하는 쓰레기 조각들로 해체된다. 크랙은 영국 사람이지만 1970년대 말 이후로 독일에 살았고, 그래서 작품은 외부인으로서 그의 생각을 반영하는 듯하다. 당시 영국이 직면한 어려운 상황을 표현한다는 해석도 가능하다. [당시 마거릿 대처의 보수당 정부는 노동조합을 탄압하는 격렬한 캠페인을 오랫동안 해 오고 있었다] 또한, 1970년대 후반 포스트펑크 post-punk 시대와 결을 같이 하며 영국의 런던 중심주의에 의문을 제기하는 측면도 있다. 당시 런던 중심주의는 찰스 왕자의 결혼과 이를 둘러싼 민족주의로 표출되기도 했었다. 자신의 작품과 관련해 크랙은 다음과 같은 말을 남겼다.

지도 패러독스

재료를 자른 다음 여기저기 돌려보고, 윤곽, 표면, 부피 등을 계속해서 바꿔 보았다. … 조각의 제작은 형태와 물질의 의미를 변화시키는 일이다. 이에 더해, 자신도 변한다. 보는 것에 대한 느낌과 생각은 꾸준히 변한다. 그러면서 형태와 내용, 추함과 아름다움, 추상과 구상, 표현과 개념 간의 도움 안 되는 단순한 이분법은 하나의 자유로운 해결 방안으로 녹아들어 간다. 여기로부터 새로운 의미를 지닌 새로운 형태가 결정체를 이루어 정립된다.

결론

맵아트는 언제 시작되었을까? 우드(Wood 2008)는 제1차 세계대전 직후에 시작되었다고 주장한다. 오늘날 우리가 알고 있는 맵아트는 1920년대 초현실주의 작품과 함께 발전했다(그림 2.3의 1929년 초현실주의 세계지도 참고). 그리고 [1930년대의 막스 에른스트Max Ernst와 조셉 코넬Joseph Cornell과 같은] 개별 예술가들의 수많은 작품이나 1940년대 마르셀 뒤샹Marcel Duch-amp, 문자 예술가와 [기 드보르와 그의 동료 아스게르 요른Asger Jorn 같은] 심리지리학자도 일조했다. 1960년대 재스퍼 존스Jasper Johns는 〈지도Map〉라 불렸던 유명한 작품 몇 편을 창작했다. 1950년대 이후로 아르헨티나 태생의 이탈리아 작가 루치오 폰타나Lucio Fontana도 "공간 개념Concetto Spa-ziale" 또는 "공간주의Spazialismo"라는 틀 속에서 조각, 칼자국 그림, 설치 미술을 포함한 수많은 작품 활동을 펼쳤다. 입체파와 미래파에 영향을 받은 폰타나는 1946년 "매니페스토manifesto"를 제시하며 회화를 넘어서 "자유 공간"을 향하는 방안을 마련했다. 폰타나의 공간주의 작품에 특징적으로 나타나는 칼자국은 공간을 창조하는 데 쓰였다. 이는 그림의 표면도, 무엇인가를 재현하는 것도 아닌, 확정할 수 없는 제3의 공간이었다. 브라크와 마찬가지로, 폰타나도 재현의 행위를 강조하면서 문제시했다.

이러한 사람들과 예술 운동을 어떻게 평가할 수 있을까? 많은 이들은 미학이 예술의 의미이고 예술의 생산자들이 최고의 예술적 재능을 가지고 있다고 말한다. 예술의 미학적 경험을 부인하는 것은 아니지만, 이는 맵아트에 대한 [어쩌면 모든 예술에 대한] 부적절한 이해 방식이다. 보다 적절한 이해를 위해서는 최소한 세 가지의 맵아트 요소를 인식해야 한다. 즉 맵아트는 다른 사람들의 세계를 들추어내고, 세계에 대한 공유된 이해를 생산하거나, 표현하며 문화를 다른 무엇인가로 재구성할 수 있어야 한다. 한 마디로, 예술은 재현과 미학의 근원이라기보다, 진실에 대한 의문과 관련된다.*

보스턴을 기반으로 활동하는 예술가 [카나린카로도 알려진] 캐서린 디냐치오가 제시하는 사례 몇 가지를 살펴보고 이 장을 마치도록 하겠다. 그녀는 지난 10년간 예술의 "공간적 전환Spatial turn"을 따르는 맵아트 활동을 세 집단으로 구분했다(kanarinka 2009). 디냐치오는 현대적 삶과 시공간 압축의 가속화 속에서 세계를 재현하는 새로운 방식이 나타났다고 말했다.

전 지구에 걸쳐 자본, 갈등, 사람의 축적과 순환이 가속화되었다. 이 현상 때문에 다양한 사회에서는 "전체" 세계와 자신들 간의 관계를 표현하는 시각적, 문화적 메커니즘의 개발이 요구되었다. [그리고 여전히 요구되고 있다] 이런 세계는 경제적, 기술적으로 이미 사회의 뒷마당에 놓여 있다(kanarinka 2009).

---

* 이에 대해 관심을 가지고 있는 사람들은 하이데거(Heidegger 1993)와 드레이퍼스(Dreyfus 2005)를 읽어보길 바란다.

지도 패러독스

이런 방식으로 카나린카는 데이비드 하비David Harvey가『포스트모더니티의 조건The Condition of Postmodernity』에서 ["어떻게 세계를 우리 자신에게 재현할지"라는 구절(Harvey 1990: 240)] 제시한 주장을 받아들이고 있다. 영향력 있는 하비의 책을 기초로, 그녀는 오늘날 맵아트 실천을 특징적으로 말할 수 있는 세 가지 범주를 제시했다. 기호 파괴자symbol saboteur, 에이전트와 행위자agent and actor, 비가시적 데이터-매퍼Invisible Data-Mapper가 그에 해당한다.

기호 파괴자는 "가시적인 지도의 도상학을 사용해 개인적, 허구적, 유토피아적, 은유적 장소를 참조하는 예술가"를 말한다. 여기에서는 예술가 자신의 목적을 위해 지도의 윤곽이 재전유된다. 예를 들어, 니나 카차두리안Nina Kachadourian의 1997년 컷아웃cutout 지도 〈오스트리아〉에서는 도로만 제외하고 지도의 모든 것이 지워지고, 도로는 기다란 DNA 조각처럼 얽힌 구형의 모습으로 표현되어 있다. 앞서 언급한 재스퍼 존스와 토니 크랙의 작품도 기호 파괴자 범주에 속한다.

캐서린 리브스Catherine Reeves는 유머와 아이러니의 정신으로 이른바 "평등국가 투영법Equinational Projection"을 만들었다. 페터스 투영법 논쟁을 따라 정치적으로 가장 올바른 것처럼 보이는 지도를 만들기 위해서였다. 잘 알려지지 않은 팬진fanzine에 처음 발표되었던 이 투영법에서, 리브스는 지구상 모든 국가를 동일한 크기와 모양으로 그렸다(그림 12.5). 페터스 옹호자나 페터스 반대자 모두 거부할 수는 없을 것이다!

카나린카의 두 번째 범주인 에이전트와 행위자는 "현재의 정체 상태에 도전하고 세계를 변화시킬 목적으로 지도를 제작하거나 상황적인 위치 활동에 참여하는 예술가"를 뜻한다. 예를 들어, 제1차 세계대전 이후에 다다이즘으로 알려진 예술가 운동은 사회 비판과 변화를 목적으로 아방가르드 프

IASBS EQUINATIONAL PROJECTION

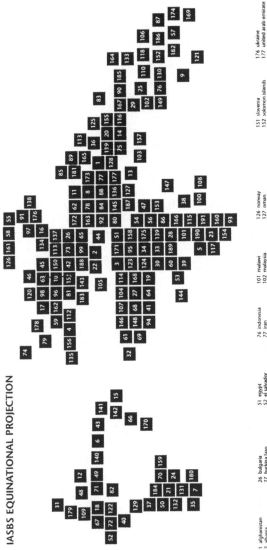

1 afghanistan
2 albania
3 algeria
4 andorra
5 angola
6 antigua + barbuda
7 argentina
8 armenia
9 australia
10 austria
11 azerbaijan
12 bahamas
13 bahrain
14 bangladesh
15 barbados
16 belarus
17 belgium
18 belize
19 benin
20 bhutan
21 bolivia
22 bosnia-herzegovina
23 botswana
24 brazil
25 brunei

26 bulgaria
27 burkina faso
28 burundi
29 cambodia
30 cameroon
31 canada
32 cape verde
33 central african republic
34 chad
35 chile
36 china
37 colombia
38 comoros
39 congo
40 costa rica
41 côte d'ivoire
42 croatia
43 cuba
44 cyprus
45 czech republic
46 denmark
47 djibouti
48 dominica
49 dominican republic
50 ecuador

51 egypt
52 el salvador
53 equatorial guinea
54 eritrea
55 estonia
56 ethiopia
57 fiji
58 finland
59 france
60 gabon
61 gambia
62 georgia
63 germany
64 ghana
65 greece
66 grenada
67 guatemala
68 guinea
69 guinea-bissau
70 guyana
71 haiti
72 honduras
73 hungary
74 iceland
75 india

76 indonesia
77 iran
78 iraq
79 ireland
80 israel
81 italy
82 jamaica
83 japan
84 jordan
85 kazakhstan
86 kenya
87 kiribati
88 kuwait
89 kyrgyzstan
90 laos
91 latvia
92 lebanon
93 lesotho
94 liberia
95 libya
96 liechtenstein
97 lithuania
98 luxembourg
99 macedonia
100 madagascar

101 malawi
102 malaysia
103 maldives
104 mali
105 malta
106 marshall islands
107 mauritania
108 mauritius
109 mexico
110 micronesia
111 moldova
112 monaco
113 mongolia
114 morocco
115 mozambique
116 myanmar
117 namibia
118 nauru
119 nepal
120 netherlands
121 new zealand
122 nicaragua
123 niger
124 nigeria
125 north korea

126 norway
127 oman
128 pakistan
129 panama
130 papua new guinea
131 paraguay
132 peru
133 philippines
134 poland
135 portugal
136 qatar
137 romania
138 russia
139 rwanda
140 st. kitts + nevis
141 st. lucia
142 st. vincent + the grenadines
143 san marino
144 sao tome + principe
145 saudi arabia
146 senegal
147 seychelles
148 sierra leone
149 singapore
150 slovakia

151 slovenia
152 solomon islands
153 somalia
154 south africa
155 south korea
156 spain
157 sri lanka
158 sudan
159 suriname
160 swaziland
161 sweden
162 switzerland
163 syria
164 taiwan
165 tajikistan
166 tanzania
167 thailand
168 togo
169 tonga
170 trinidad + tobago
171 tunisia
172 turkey
173 turkmenistan
174 tuvalu
175 uganda

176 ukraine
177 united arab emirate
178 united kingdom
179 united states
180 uruguay
181 uzbekistan
182 vanuatu
183 vatican city
184 venezuela
185 viet nam
186 western samoa
187 yemen
188 yugoslavia
189 zaire
190 zambia
191 zimbabwe

Globehead!
Journal of extreme geography
Vol.1 Thing 1 1994
© C. Reeves 1994

그림 12.5 캐서린 리브스의 "평등국가 투영법"

출처: Globehead! 1, 1994, pp.18-19.

로젝트를 수행하며 혼돈, 삶의 상실, 경계의 재설정에 대항했다. 막스 에른스트의 1933년 작품 〈비 온 뒤의 유럽Europe after the Rain Ⅰ〉은 재구성된 유럽의 지도를 바탕으로 그려졌다. [익명 작품이지만 데니스 우드가 폴 엘뤼아르Paul Eluard의 작품이라고 말하는(Wood 2007b)] 1929년의 〈초현실주의 세계지도Surrealistic Map of the World〉에서는 세계의 유력 국가들이 평가절하 또는 생략되고 이스터섬이 확대되어 있다. 보다 최근의 예술가들은 지도와 유사한 기호를 사용해 이라크나 콜롬비아에서 진행되는 군사 행동을 비판하였다. 리즈 모굴Lize Mogul과 다리오 아젤리니Dario Azzellini의 2007년 작품 〈전쟁의 민영화Privatization of War〉나 [CIA의 만행을 고발한] 〈고문 택시 Torture Taxi〉(Paglen and Thompson 2006)에 나타나 있는 트레버 패글렌Trevor Paglen의 지도가 그런 사례에 해당한다.

플럭서스Fluxus 예술 운동은 공연 예술과 1960~1970년대 "이벤트"를 강조하면서 전통적 예술의 가치를 [그리고 고매한 심각함을] 문제시한다. 1962년 요코 오노Yoko Ono는 상상의 지도를 창작하고 이를 활용해 도시를 다녀볼 것을 권유했다. 이에 부응해, 안나 마리아 보가도티르Anna María Bogadóttir와 말레네 뢰르담Malene Rørdam은 2004년 〈뉴 코펜 요크 하겐New Copen York Hagen〉을 선보였다. 여기에서는 뉴욕과 겹쳐진 코펜하겐의 지도를 만들어 여행 가이드로 사용하였다. 이러한 범주에는 국제 상황주의자 situationalist International 운동과 심리지도학도 포함된다.

마지막으로, 비가시적 데이터-매퍼는 "지도학적 메타포를 가지고 증권 시장, 인터넷, 인간게놈과 같은 정보의 영토를 가시화하는 데 사용하는 예술가"를 말한다. 여기에서는 데이터가 이슈의 중심에 있으면서 지도화된다. 이런 사례로 앞에서 논의한 켈리의 〈신용〉을 언급할 수 있다. 부채, 위험 평가, 이윤의 글로벌 흐름을 추적하기 때문이다. 제10장에서 본 것처럼 인터넷 또한 지도화될 수 있고, 이러한 정보 지도와 맵아트 간의 경계는 언제나 불분명하다. 리사 제브랫Lisa Jevbratt은 1999년 작품 〈1:1〉에서 인터넷 전체의 IP 주소 데이터셋을 시각화하면서 1:1 지도의 아이디어를 파헤친다. 이는 루이스 캐럴Lewis Carroll, 움베르토 에코Umberto Eco, 호르헤 루이스 보르헤스Jorge Luis Borges와 같은 작가들이 논의하기도 했던 것이다. 이러한 IP 주소는 실제로 웹사이트에 연결되어 있는지에 따라 색깔로 코드화되어 있다. 마틴 와튼버그Martin Wattenberg와 마렉 왈자크Marek Walczak의 2007~2008년 설치 미술 〈노플레이스Noplace〉에서는 정보를 가지고 유토피아의 비전을 창조한 멀티미디어 작품의 모습을 확인할 수 있다.

[알래스카 패어뱅크스의 북부 박물관Museum of the North에 설치된] 존 루터 애덤스John Luther Adams의 〈들으러 가는 장소The Place Where You Go to Listen〉는 청각과 시각의 경험을 제공한다. 지질, 지열, 대기의 측면에서 지구를 읽고, 계속 변화하는 소리와 이미지를 만들어 낸다. 이러한 사운드스케이프soundscape에는 지진, 구름, 심지어 달도 등재되어 있다.

지금까지 살펴본 세 가지 범주는 지난 한 세기 동안의 맵아트를 통해서 사고하는 방식이다. 그러나 이들은 일시적인 것일 수 있고 현재 등장하고 있는 다양한 매핑을 모두 포착하지는 못한다. 물론, 파리 박람회의 사례를 통해서 살펴본 것처럼 21세기 초반의 예술과 100년 전의 예술이 분리될 수 없음은 의문에 여지가 없다. 하비, 디냐치오, 그리고 다른 문화 예술 관찰자들을 믿을 수 있다면, 오늘날의 예술은 비평, 해학, 찬반의 표명 방식으로 현대 사회와 긴밀하게 연결되어 있다. 지도와 매핑은 그러한 프로젝트의 일부라는 점이 매우 중요하다.

제13장

에필로그: 지도학적 불안을 넘어?

만약에 생각이 스스로에게 영향을 미치는 중요한 것이 아니라면, 오늘날의 철학, 즉 철학적 활동은 무엇일까? 이미 알고 있는 것들을 정당화하는 대신, 어떻게 그리고 얼마만큼 다르게 생각하는 것이 가능할지에 대해 알고자 하는 노력은 무엇으로 구성될 수 있을까(Foucault 1985: 8-9)?

나는 이 책을 지도와 GIS에 대해 존재하는 상반된 입장을 지적하며 시작하였다. 한편으로 지도는 매우 인기 있는 것처럼 보이는데, 아마 지도나 GIS 없이 지리학, 환경, 생태학, 고고학, 고생물학, 지질학, 그리고 계획학("지리"과학) 분야의 일들이 가능하다고 생각하는 사람들은 거의 없을 것이다. 반면 지도와 GIS는 앞서 인용한 존 피클스의 절묘한 표현처럼 "부적절한 사용에 대한 불편한 시선"을 가지고 있는 것처럼 보인다. 지도와 GIS는 "온톨로지"에 의해 운명이 결정되고 제국/식민지 권력과 관계되며, 궁극적으로 지도

사서나 GIS "전문가"의 관심사임이 분명하다. 다시 말하면 지도학적 불안에 놓여 있다.

몇 년 동안 나는 이 두 가지 태도의 상당 부분과 마주했다. [때때로 동일인이 이 두 가지 태도를 보이기도 한다] 이 책에서와 마찬가지로 "비판 지리학"으로 불리는 시리즈를 위해 책을 집필하면서 이 부분에 대응하기 위해 세 가지 노력을 하였다. 첫 번째는 비판 지도학과 비판 GIS에 어떤 가능성이 있는지 살펴보는 것이다. 이것은 "실제 존재하는" 비판 지도학과 비판 GIS가 무엇인지에 대한 질문을 의미한다. 누가 그 일을 해 오고 있는가? 대부분의 사람들은 비판 GIS, 또는 비판 지도학이 무엇인지 대해 알지 못한다. 따라서 책의 절반 정도를 차지하는 첫 번째 과정은 비판 지도학 및 비판 GIS가 무엇인지에 대해 탐구하는 것이다. 이것은 마치 "비판이란 무엇인가?"라는 질문에 답하는 것을 의미하는 것 같지만, 동시에 현대 GIS와 지도학의 출현을 역사적인 관점에서 살펴보는 것을 의미하기도 한다.

이러한 역사적 관점은 중요하다. 만약 역사가 우리 스스로에게 알리고 싶어하는 기억 [이런 저런 잡동사니들이 제멋대로 뒤섞인] 의 집합체라면 역사는 가장 중요한 장소가 될 것이다. [만약 이러한 것들이 의심스럽다면, 왜 오웰의 『1984』에서 정권이 **미래**가 아닌 **과거**를 편집하고 미화하기 위해 윈스턴 스미스를 고용한 것인지 생각해 보기 바란다] 우리는 우리의 역사 의식으로부터 우리의 감각을 이끌어 내고, 하이데거나 마르크스로부터 계승된 세계에 태어났다. 확립된 지식 범주에서 벗어나 있는 통제된 지식들을 복구하는 것은 비판가들의 기여 중 하나이다. 예를 들어, 현대 지도학/GIS의 표준 교과서의 설명이 전후 시대의 아서 로빈슨의 연구에 기인한 것이라면 OSS에서의 시간과 그가 학문을 변형시킨 방식에 대한 이야기가 왜 그렇게 적은 것일까? 또한 페터스를 부정하는 사람들이 제임스 골이 페터스 세계지도의 최초 발명자로 인용되기를 원한다면, 화석 잔해를 사탄의 후손인 천사 종족의 것이라고 설명했던 선아담인에게 호소하고 있는 것은 무엇일까? 단순히 영웅과 악당의 이야기가 되어서는 안될 것이다.

두 번째 과정은 이러한 비판을 실행에 옮기는 것이다. 이러한 측면에서 이 책은 최대한 비판적으로 쓰였다고 할 수 있다. 하지만 어디에서부터가 출발점일까? 여기서 나는 비판 지도학과 비판 GIS를 "하는" 사람으로서 나의 위치를 인지하고 있어야 한다. 하지만 바로 "여기"를 찾는 것이 어렵다. 나는 영국뿐만 아니라 미국에서 20년 이상 살았기 때문에 일종의 유배지(Said 2000)와 같은 두 세계 사이에 존재한다. 에드워드 사이드Edward Said가 경험한 것처럼 제2의 조국으로부터 느끼는 소외감은 완전히 떨쳐버릴 수 없고, 여전히 존재한다. 이와 같은 소외감은 비판 사회이론과 매핑/GIS의 두 세계 사이에 다소 불편하게 앉아 있다는 사실로 인해 두 배가 되기도 한다. 양쪽 모두에게 무시당할 수 있는 실제적 위험과 현실이 존재하는데, 나의 이론적 자격은 비판 지리학자에게는 부족할 수 있지만 GIS 사용자들에게는 충분하다. 그렇다고 불분명한 "외부인"의 지위를 주장하는 것은 아니다. 나는 분명히 특정하고도 권위를 가진 지적 위치를 차지하고 있다. 하지만 진정한 내부자의 지위도 아니다. 학자, 작가, 시인, 예술가들에게 있어 자유의 정도는 다른 여러 나라들뿐만 아니라 미국에서조차 제한되고 감시받고 있다. 내가 경험한 것은 소외된 곳에서 흘러나오는 목소리, 즉 소속감의 문제 같은 것이다. 에드워드 사이드는 생전에 팔레스타인의 대의 명분에 너무 치우쳤다는 것과 "진정한" 팔레스타인이 아니라는 두 가지 점 모두에서 비난을 받았다. 아마 많은 사람들이 그렇듯, 나 또한 토론 중인 주제와 가깝기도 때론 멀어지기도 한다. 그리고 비판의 실천 또한 비슷할거라 생각한다.

따라서 나는 이 책에서 일종의 번역가의 역할을 수행하려 노력했는데, 그렇게 하면 하나 이상의 진영에 속한 채 불편함을 느끼는 독자들에게 매력적으로 다가갈 수 있을거라 믿었기 때문이다. 이러한 종류의 "셔틀 외교"는 생각을 스스로에게 집중하게 하고 동시에 다르게 생각하는 법을 배울 수 있게 해 준다. 모든 번역은 결국 재번역을 촉발하게 된다. 내가 만난 많은 학생들처럼 여러분도 그림 1.1에서와 같이 한 번에 여러 위치를 차지하고 있음을 알게 될 것이다. 아마도 여러분은 공인된 GIS 자격증뿐만 아니라 상향식의 사용자 제작 지도에도 관심을 가지고 있을 것이다. 여러 동기들의 충돌은 비판적 실천의 핵심에 유용한 질문들을 유발할지 모른다.

앞서 설명한 비판 지리학의 세 가지 원칙, 즉 비판 지리학은 상반되어야 하고, 행동주의적/실천적이며, 또한 비판 이론에 속해 있어야 한다는 점을 상기해 볼 때, 많은 장들이 이러한 원칙들을 실행에 옮기려고 노력하고 있다. 이 책에서는 내가 중요하게 생각하는 것과 GIS와 지도학에 있어 중요하면서도 문제가 될 수 있는 세 가지 주제를 선택하였다. 바로 지도와 통치(제6장), 지도와 감시(제9장), 그리고 인종의 구성(제11장)이다. 물론, 다른 장의 다른 이슈들도 논의가 가능하고 필요하지만, 이 책과 같이 심화된 논의를 시작하는 책이라면 가지고 있는 한계라 할 수 있다.

만약 "지도학은 모든 형태의 지리적 지식을 지탱하는 주요 기둥이다"라는 데이비드 하비의 말에 동의한다면, 가장 먼저 알고 싶은 것 중 하나는 바로 이 세 분야에서 생성된 지식의 본질에 대한 것이다. 비판적 접근은 이러한 분야들을 문제화하고, 이들의 함의나 모순, 가정, 역사와 전개에 대해 살펴보기를 원할 것이다.

세 번째 과정으로 비판 지도학과 비판 GIS의 출처와 대상 모두를 고려하려 노력했다. 순수한 학문적 관점에서 이야기하는 모든 설명은, 적어도 내가 보기에는 가장 흥미롭고 급진적인 비판의 실천을 생략하고 있는 것 같다. 현재 매핑이 학문을 벗어나 있는 것은 사실이다. "군중에 의한 매핑"과 지오웹의 성장을 정치적 "넷루트"와 군중에 의한 정치의 증가와 동시에 목격하게되는 것은 우연이 아닐 것이다. 이것은 전통적 권력자(지리적 지식 엘리트 또는거대 미디어)들에 의해 규정된 표출을 넘어 대안적 형태의 표출을 만들고자하는 목적과 열망에서 비롯되었다. 그렇게 되면 비판 지도학과 비판 GIS는학술 전문가, 교과서, 공식적인 "지식체"와 같은 고착화된 권력 구조를 벗어날 수 있을 것이다. 예를 들어 제12장은 맵아트와 공간 시학적 맥락에서 비학문적이고 비학술적인 비판 일부를 보여 주고 있다.

그러한 목표를 달성하기 위해서는 비판이 "외부적"으로 나타나야 한다.대부분의 비판이 성찰적이고 내부적이라면 그 속에서 어느 정도 반대를 할수 있는지에 대한 문제는 논란이 될 수 있다. 누군가에게 있어 반대라는 것은 외부에서, 그리고 아주 순수한 입장에서, 분리되고 부패되지 않은 상태에서만 일어날 수 있다. 시스템 내에서의 작업은 시스템의 일부가 되어 흡수되는 것이다. 분석 대상으로부터의 분리되고 벗어나야 한다는 주장은 매핑과GIS의 권력 관계로부터 분리되는 것이 불가능하다는 표시일 수 밖에 없다.이것은 다시 위치성의 문제이고, 시기에 따라 시스템 내부와 외부 모두에 위치하고 있음을 알게 될 것이다. 나 또한 그렇다는 걸 잘 안다.

질문의 필요성

만약 비판이 GIS와 지도학에서 성취한 것이 있다면, 외부에서건 내부에서건지리적 지식 생산의 가정에 대한 도전과 간섭이 될 수 있다. 이것이 다른 식으로 행동하고 생각하는 것이 가능한지에 대한 탐구 정신일까? 만약 비판이"학문으로서" 지도학과 GIS에 안전하고 닫혀 있는 방식으로 쉽게 수용되지 못한다면,* 때때로 전혀 다른 방향으로 흘러가게 될 것이다.

이런 견해는 데이비드 하비에 의해 제기되었는데, 그는 지리적 지식, 그중에서도 지도학 지식의 생산을 위한 많은 "사이트"를 확인하였다. 하비는 이러한 지식 생산 사이트가 왜 간과되어 왔는지 의문을 가졌다.

> 지도학은 간단히 말해 모든 형태의 지리적 지식을 지탱해 주는 주요 기둥이다. … 푸코가 지식/권력/제도들이 특정한 방식의 통치성에 맞물려 왔다고 가르친 이후 꽤 시간이 흘렀지만 지리학이라는 학문 자체에 관심을 기울이는 사람은 거의 없다(Harvey 2001: 217, 220).

또한 리빙스턴이 최근에 보여 주었듯이 이러한 지식은 매우 실제적인 지리적 사이트에서 만들어지며, 종종 특정 지도학이 이에 기여한다.

세계에서 가장 오래된 종교 중 하나인 유대교는 매년 노예 제도에서의 탈출을 기억하고 반성하기 위한 위대한 전통인 유월절을 기념한다. 이때는 가족과 친구들이 함께 모여 이에 대해 서로 질문하고 이야기하는 것이 전통이다. 유대인의 자유는 어떻게 쟁취되었고, 무엇으로 구성되어 있을까와 같은 질문 말이다. 예컨대 저녁 시간이 흐르며, 식탁에 앉아 있는 네 명의 아들들은 유월절에 대해 알아가며 종종 다른 모임에 대한 이야기를 나누기도 한다. 각각의 아들들(현명한 아들, 반항적인 아들, 단순한 아들 등)은 자유의 문제에 대해 서로 다르게 접근한다. 예를 들어, 현명한 아들은 "이 의식의 의미는 무엇일까?"라고 묻는다. 좋은 질문을 함으로써 현명한 아들은 많은 걸 배울 수

---

* GIS 지식체(DiBiase et al. 2006)에 "직업 윤리"에 관한 작은 세션을 삽입하거나 최근 교과서(Slocum et al. 2009)에 추가된 "GIS와 사회" 부분에 두 개의 형식적 단락을 삽입하는 것을 생각하고 있다.

있게 된다. 한편 반항적인 아들은 전체적인 의미와 목적에 반기를 들며 그것의 본래 의미를 퇴색시키고자 할 것이다. 그러나 반항적인 아들의 탐구 정신만큼은 강력하다. 단순한 아들의 질문은 아마도 이와는 다른 수준일 것이다.

이와 같은 반응 중에서 최악은 질문을 아예 하지 않는 넷째 아들이다. 이는 파괴적인 질문이나, 답이 없는 것보다 더 나쁘다. 질문을 하지 않는 마지막 아들을 위해서는 외부에서가 아닌 자신 안에서 변화를 가져와야만 한다. 누가 그러한 변화를 가져올 수 있을까? 궁극적으로 그 스스로 해야 하고 스스로 질문할 수 있어야 한다. [노예의 고통을 불러일으킬 수 있는 쓴 맛의 허브를 식탁에 올릴 수도 있다] 유대인은 어떻게 노예 제도의 속박에서 벗어날 수 있었을까와 같은 노예 제도에 대한 질문 역시 마찬가지이다. 스스로가 변해야만 다른 삶의 방식에 대해 생각하고 의문을 가질 수 있다.

자유와 질문 사이의 관계에 대한 이 주제는 많은 유사점을 갖고 있다. 계몽주의자 칸트에게 있어 이것은 그의 유명한 표어 "감히 알려고 하라!sapere aude!"에 잘 나타나 있다. [감히 알려고 하거나, 말 그대로 감히 맛보거나 느끼려 하는 것: 우리는 그런 맛을 보려는 현명한 사람들인 호모 사피엔스다] 자유는 어떤 상태가 아니다. 자유는 과정이며 심지어 정신이자 스타일이다. 다시 조지 오웰의『1984』를 상기해 보면, 전체주의 국가가 그들의 슬로건, "자유는 노예"에서 반전을 꾀하는 것을 볼 수 있다. 그러한 슬로건하에 모든 자유 사상들이 억압되고, 마치 그것이 자유인 것처럼 보이게 한다. 반면 주인공 윈스턴 스미스는 "자유는 2 더하기 2는 4라고 말할 수 있는 자유이다. 만약 이것이 허용된다면 다른 모든 것들도 허용될 것이다"라고 주장했다 (Orwell 2003: 83). 스미스는 명백하긴 하지만 정치적으로는 판단하기 어려운 진실을 주장하며 그것이 자유인 것 같은 입장 [나중에 정말 위험한 것으로 드러난] 을 취했다. 다른 모든 것들, 심지어 자유도 자유로부터 나온다. 질문이 어려울 필요는 없지만 ["2 더하기 2가 무엇인가?"라고 묻는 것보다 더 기본적인 질문은 없다] 반드시 있어야 한다.

미셸 푸코에게 있어, 질문을 하는 것은 바로 자유를 실천하는 좋은 예가 되었고, 그것은 다시 내부로부터의 변화나 태도에서 비롯되었다. 1984년 죽기 전 마지막 인터뷰에서, 푸코는 세가지 구성 요소 간의 관계에 대해 설명하였다. 윤리, 자아, 그리고 자유(Foucault 1997a). 그가 주장한 자유는 실천이지, 사람들이 도달할 수 있는 장소나 궁극적으로 달성할 수 있는 조건 같은 것이 아니다. 이는 자유가 지속적인 질문을 통해 실천되지 않는다면 상실된다는 것을 의미한다. 이것이 바로 빅 브라더가 사람들을 속여 자유가 노예라고 여기도록 함으로써 주장하고 싶어하는 것, 다시 말해, 자신의 지위에 대해 무조건적으로 수용하기를 원한다.

"자기 자신에 대한 걱정"은 자아도취적으로 들리고, 우리는 그것을 뉴에이지 해석(자아 실현 또는 자기 이해)이나 다른 사람들의 걱정보다 자신을 우선시하는 이기심, 또는 종교적, 교육학적, 의학적, 그리고 정신의학적 실천으로 덧씌우려 할지도 모른다. 푸코는 이런 것을 피함으로써 그리스인들로부터 유래된 "존재의 방식"으로서의 윤리적 의미를 회복할 수 있다고 주장한다(Foucault 1997a: 286). 이 존재의 방식은 계몽(깨달음)의 상태가 아니라 태도, 즉 질문하는 것이다.

나는 사실 이것이 윤리적 우려와 권리 존중에 대한 정치적 투쟁, 정부의 기술 남용에 대한 비판적 사고, 개인의 자유를 바탕으로 한 윤리 연구의 핵심이라고 믿는다(Foucault 1997a: 299, 강조 추가).

세더, 조지 오웰, 이마누엘 칸트, 푸코, 이들이 주장한 이질적인 주제들을 한데 모으는 것은 비판이라 불리는 질문의 실천으로서, 자유를 강조하고 있다는 것이다. 비록 준비된 답이 없더라도, 여전히 "생각이 스스로에게 가져오는 비판적 일"을 하는 것이 낫다.

그렇다면 비판은 우리를 어디로 데리고 갈까? 제1장에서 매핑을 다양한 방향 [종종 동시에] 으로 작용하는 여러 힘에 의해 분산되는 긴장된 영역으로 파악했다. 마치 거미줄처럼 이 영역은 흔들리고 그 힘의 영향을 기록하려 하며, 때때로 그 형태를 바꾼다(그림 1.1). 이러한 서로 다른 방향들이 일련의 질문 [우리는 어디에 있으며, 어디로 가야 할까?] 이라는 점을 지적하면서 결론을 내고자 한다.

눈에 띄는 긴장감(질문) 중 하나는 언뜻 보기에 기술적인 문제처럼 보이지만, 실제로는 지도학과 GIS의 핵심 부분을 건드리는 것이다. "지리적 지식 엘리트" 계급에 의해 그리고 그들을 위한 지식을 추구할 것인가, 아니면 굿차일드의 시민 센서를 통해 지리적 지식의 상향식 생산을 보다 더 확립할 것인가? [다시 한번, 독자들에게 정답이 둘 중 하나가 아니라 둘 다이거나 둘 다 아닐 수 있다는 점을 상기시키고 싶다]

예를 들어, 지도학과 GIS를 전문적인 학문 지식 영역 내로 집어넣으려는 강력한 기관 세력이 있다. 미국에서 GIS 인증 기관은 지원자들에게 국가 차원에서 공인된 GIS 전문가 자격증을 제공한다. 현재까지 4,600개 자격증이 수여되었고, 이들은 고용주들이 참고할 수 있도록 중앙등록소에 기록되어 유지된다. 자격증은 그 보유자가 핵심 지식 또는 GIS 실행에 숙달되어 있고, 권위자 또는 전문가로서 자격이 있음을 증명하는 것이다. 마찬가지로, 최근에 출판된 GIS "지식체"에서는 GIS 자격증의 도출 과정에 대해 즉 GIS 전문가가 숙달할 것으로 기대되는 기술 및 이슈들에 대해 체계화하고 있다 (DiBiase et al. 2006). 이러한 GIS 지식체가 미국 지리학계를 이끄는 미국 지리학회에 의해 시작되고 출간되었다는 점은 주목할 만하다.

이 책에서 살펴본 것처럼, 지식의 주장은 권력 관계에 대한 질문이다. 국가지도에 대한 "온톨로지" 기반의 확장 가능한 시맨틱웹(제8장)은 최근 지도 전문가 회의에서 보여진 것처럼 "다른 사람들이 자신의 지역에 관한 설명을 추가하기 원한다면 그렇게 할 수 있다"라고 하면서 정당화될 수 있다. 여기서 간과한 것은 "공적 지식"이 지역 또는 토착 지식을 희생시키고 스스로를 더 중요하거나 필수적인 지식으로 자리 잡게 함으로써 부적절한 사용에 대한 불편함이 발생한다는 것이다. 이 책을 통해 지식의 정치가 우리로부터 결코 멀리 떨어져 있지 않음을 보았다.

한편, 이러한 지식의 주장들은 경합하기도 하며 다툴 여지가 있다 [반지식 또는 반매핑]. 예를 들어, 2008~2009년에 멕시코에서 일하는 몇몇 미국 지리학자들을 둘러싼 큰 논란이 시작었는데, 그들은 지역 매핑 프로젝트에 참여하고 있었다. 논란의 핵심은 미국 지리협회 회장을 포함하여 이 지리학자들이 업무를 수행하기 위해 미국 국방부의 자금 지원을 받았는지 여부를 명확히 하는 것이었다. 지리학자들이 지역 원주민 또는 전체 지역민들의 허가를 어느 정도까지 받았는지, 그리고 그 허가가 정말 자유롭게 이루어진 것인지에 대한 의구심이 있었다. 이 일은 나 자신과 많은 다른 지리학자들에게 매우 고통스러울 수밖에 없는데, 왜냐하면 초창기 미국 지리학자들의 동기는 꽤 훌륭해 보였기 때문이다. 요컨대 역사적으로 멕시코 정부와 미국 제국주의의 억압과 착취의 대상이 되었던 지역 원주민들에게 기술을 이전하고 자기 강화를 모색하고자 했다. 하지만 의심할 여지 없이 국방부 자금을 받았을 뿐만 아니라 이 프로젝트를 미국 지리협회의 전 회장이자 존스 홉킨스대학교의 전 총장이었던 아이제이아 보먼의 이름을 따 "보먼 탐험대"라고 부르는 치명적인 순진함을 드러냈다. 닐 스미스가 보여 주었듯이 20세기 전반

지도 패러독스

에 걸친 제국주의 지정학에 대한 보면의 관여는 문제가 있어 보인다(Smith 2003). [보면의 인종차별주의에 대한 스미스의 설명은 설득력이 떨어진다]

이 예는 제8장에서 실존적 또는 인류학적 GIS(또는 매핑)라 불렀던 것에 대한 필요성을 보여 준다. 실존적 GIS는 존재(세상)의 방식을 문화적으로 비교하여 설명할 수 있다. 만약 내 동료들이 프로젝트 자금에 대해 분명하게 설명하고, IRB의 승인을 제대로 얻었다고 가정하면, 여기서 보고 있는 것은 세계관의 충돌이 될 것이다. 서구의 과학적 기준에 따르면 그 지리학자들은 아무 잘못도 하지 않았지만, 오하카 원주민들에게는 그 기준이 불충분하거나 그들과는 무관한 것으로 보이기 때문이다.

현대 매핑과 GIS가 전후 시기에 성장했다면, 아마도 지리학적 연구가 공간 과학에 의해 지배되었던 시기일 것이다. 잘 알려진 것처럼, 이 계량 혁명은 전쟁 중과 전쟁 후 수십 년 동안 영미 지리학의 지적 활동을 지배했고, 의도적으로 지도는 공백이 되거나 장소가 사라진 채로 있게 되었다. 예를 들어, 이론 지리학에 관한 벙기의 선언문(Bunge 1966)은 지도학이 지리학의 수학적 영역이 될 수 있다는 견해를 고무시켰다. 다시 말해, 지도학은 어디에서도 볼 수 없지만 모든 것을 볼 수 있는 데카르트의 공간 같은 것이다 [그레고리가 "전시회 같은 세계"라고 부르는 것(Gregory 1994)]. 계량 혁명은 지리학에서와 거의 동일한 이유로 매핑과 GIS에서 적용 가능성을 볼 수 있었는데, 지도학이 사소한 것과 계보 [역사 지도의 분류 같은] 에 지나치게 관심을 두는 고고학적 접근으로부터 벗어날 수 있도록 도와주었다. 제5장에서 논의한 바와 같이, 과학적 지위에 대한 매핑의 열망은 모델링에 필요한 기반이 반드시 필요했는데, 클로드 섀넌과 같은 커뮤니케이션 과학자들의 정보 이론에서 그 기반을 찾을 수 있었다. 지도 커뮤니케이션 모델로 정의된 이론에 도달했지만, GIS와 지도학은 이러한 커뮤니케이션 기술이 어떻게 군사 및 기업(또는 자본) 분야의 일부가 되었는지에 관한 보다 큰 그림을 보는 데는 실패했다.

또한 이 책(12장)은 한 세기 이상의 시간 동안, 특히 지난 10년간 맵아트를 통한 매핑, 반매핑, 그리고 재현의 개념과 심지어 지도와 매핑의 존재론과 같은 것들에 지속적으로 의문을 갖는 행위들에 대한 강한 탐색이 있었다는 것을 보여 준다. 맵아티스트들은 믿을 수 없을 만큼 풍부하고 다양한 매핑 접근 방식을 제공하고 있다. 우드는 다음과 같이 관찰하였다.

맵아티스트들은 … 지도는 어떤 현상의 사회적 재생산 이외의 다른 목적을 달성할 수 있는 힘을 가지고 있다고 주장한다. 그들은 지도를 거부하지 않는다. 오히려 현실을 있는 그대로 표현하기 위한 규범적 지도가 특이하게 주장하는 권위를 거부한다(Wood 2006: n.p.).

이 두 가지 방향 [비판과 반매핑]은 매핑 문화의 일반적 지혜와는 반대로 스스로를 설정하는 "저항" [또한 제9장에서 논의했듯이, "재작업"과 "회복력"] 으로 간주할 수 있다.

만약 매핑과 GIS에서의 이러한 경향 [안정화와 저항] 이 의미하는 바가 있다면, 이는 매핑 분야가 처음 겪어보는 것이기 때문이 아니라 오히려 새로운 현대성의 근본적인 측면을 반영하기 때문일 것이다. 다시 말해, 제약 없는 자유는 위험할 수 있으며 그러므로 제약의 필요성이 인식된다. 그림 1.1이 제시하는 어떤 경향도 확정적인 것으로 해석되어선 안 되지만 세상을 보는 방식을 보다 단단하게 해 줄 것이라 믿는다. 그래픽은 의심할 여지 없이 강력하지만, 결국 2차원적이고 정적이다. 또한 도덕성을 "선"과 "악"으로만 이해해서는 안 된다. 많은 기술적 형태의 지식이 성공적이며, 어떤 형태의 지오웹은 확실히 감시적이다. 오히려 이것은 지도와 GIS의 사용자가 이끌려 갈 수 있는 경쟁적인 방향을 요약해서 보여 주는 것이다.

지도학적 불안을 넘어 - 공간 구상

매핑과 GIS의 모순된 성격에 대한 그레고리의 지도학적 불안에 대한 개념은 1994년에 출간되었다(Gregory 1994). 제1장에서 논의했던 것처럼 이것은 여전히 반향을 불러일으킨다. 이 주제에 대한 그레고리의 설명은 솔직히 다소 제멋대로 펼쳐져 있다. 대략 130쪽 분량에 달하는데 포스트모더니즘, 구조주의 이론, 데리다, 마르크스주의 등이 포함되어 있지만 매핑에 관한 것은 거의 없다. 하지만 [할리, 로티, 그리고 다른 이들의 연구와 함께] 이 연구의 기여는 "자연의 거울"로서의 매핑과 GIS의 개념을 흩뜨려 놓은 것이다. 10년 반이 넘도록 비판적 매핑은 여전히 존재하지만 충분하지는 않다. 만약 그레고리의 비판이 지리학의 한복판에만 머물렀다면, 페터스 논쟁이나 지리정보과학 온톨로지의 발전, 재현주의 과학에 대한 지속적인 호소가 가능했을까? 그럼에도 불구하고 이러한 비판은 오늘날 다른 방식의 존재와 실행이 가능한 대안들에 대한 공간을 열었다.

1982년 한 건축 잡지에 처음 게재된 인터뷰에서 미셸 푸코는 프랑스 국립토목학교Ecole national des Ponts et Chaussées와 같은 기관의 "정치적 합리성"에 대한 질문을 받았다. 이 학교는 에드니가 제국 지도에 관한 중요한 연구에서 지적했듯이(Edney 2009), 18세기에 설립된 이후 프랑스의 지형 기술자 훈련을 위한 주요 센터 중 하나였다. 푸코는 "그들은 공간을 생각해 내는 사람들이다."라고 말했다(Foucault 1984: 244). 제국 지도의 아이러니는 그것이 그 자체로 존재하는 것이 아니라는 것이다. 제국 지도는 단순한 종이 한

장이 아니라 수많은 실천의 집합체이다. 제국주의가 지도 자체의 특성은 아니다. 지도는 관계, 담론, 권력 관계, 그리고 물질적 환경의 전체적인 연결성 속에서 작동한다. 때때로 이런 환경은 제국주의적이기도 하고, 또한 반헤게모니적이기도 하다. 비판 지도학과 비판 GIS의 임무는 지도 실천에 있어 이러한 환경의 본질을 설명하고, 확인되지 않은 가정에 도전하며, 지도가 공간을 어떻게 생각하는지에 관해 질문하는 것이다. 더이상 지도학을 걱정할 필요는 없다. 오로지 비판적이지 않은 것들에 대해서만 걱정하면 된다.

Adams, J. (2008) Sonic Youth. *The New Yorker*, August 25: 32-9.

Agamben, G. (2005) *State of Exception* (K. Attell, trans.). Chicago: The University of Chicago Press.

Agarwal, P. (2005) Ontological Considerations in Giscience. *International Journal of Geographical Information Science* 19(5): 501-36.

Agnew, J. (2002) *Making Political Geography*. London: Arnold.

Akerman, J. R. (2009) *The Imperial Map*. Chicago: University of Chicago Press.

Amoore, L. (2006) Biometric Borders: Governing Mobilities in the War on Terror. *Political Geography* 25(3): 336-51.

Armstrong, J., and Zúniga, M. M. (2006) *Crashing the Gate. Netroots, Grassroots and the Rise of People-Powered Politics*. White River Junction, VT: Chelsea Green Publishing.

Avery, S. (1989) *Up from Washington. William Pickens and the Negro Struggle for Equality, 1900-1954*. Newark: University of Delaware Press.

Bachelard, G. (1958/1969) *The Poetics of Space* (M. Jolas, trans.). Boston: Beacon Press.

Balkin, J. (2006) What Is Access to Knowledge? Retrieved August 1, 2007, from http://balkin.blogspot.com/2006/04/what-is-access-to-knowledge.html.

Bar-Zeev, A. (2008) From Keyhole to Google Earth: An Interview with Avi Bar-Zeev. *Cartographica* 43(2).

Barnes, T. J. (2006) Geographical Intelligence: American Geographers and Research and Analysis in the Office of Strategic Services 1941-1945. *Journal of Historical Geography* 32: 149-68.

Barnes, T. J. (2008) Geography's Underworld: The Military-Industrial Complex, Mathematical Modelling and the Quantitative Revolution. *GeoForum* 39: 3-16.

Barnes, T. J., and Farish, M. (2006) Between Regions: Science, Militarism, and

American Geography from World War to Cold War. *Annals of the Association of American Geographers* 96(4): 807-26.

Barthes, R. (1972) *Mythologies*. New York: Hill and Wang.

BBC. (2008) Online Maps "Wiping out History." Retrieved August 30, 2008, from http://news.bbc.co.uk/1/hi/uk/7586789.stm.

Bell Labs. (2001) Claude Shannon, Father of Information Theory, Dies at 84. *Bell Labs News* 26(1).

Bentham, J. B. M. (1995) *The Panopticon Writings*. London: New York.

Bernhard, B. (2007) Mom's Milk Fuels Fight. *Orange County Register,* February 7.

Biltcliffe, P. (2005) Walter Crane and the *Imperial Federation Map Showing the Extent of the British Empire* (1886). *Imago Mundi* 57(1): 63-9.

Blomley, N. (2006) Uncritical Critical Geography? *Progress in Human Geography* 30(1): 87-94.

Board, C. (1967) Maps as Models. In R. J. Chorley and P. Haggett (eds.), *Models in Geography* (pp.671-725). London: Methuen & Co.

Boulton, A. (2009) *Citizens as Sensors, Citizens as Censors. Or, Towards a Poststructuralist Political-Economy of Unwitting Participation, Hospitality and Censorship in Google Maps.* Paper presented at the Association of American Geographers Annual Conference, Las Vegas, NV.

Bowker, G. C., and Star, S. L. (1999) *Sorting Things Out. Classification and Its Consequences.* Cambridge, MA and London, UK: The MIT Press.

Brewer, C. A., and Suchan, T. (2001) *Mapping Census 2000. The Geography of US Diversity.* Redlands, CA: ESRI Press.

Bryan, J. (2009) Where Would We Be Without Them? Knowledge, Space and Power in Indigenous Politics. *Futures* 41: 24 -32.

Buisseret, D. (1984) The Cartographic Definition of France's Eastern Boundary in the Early Seventeenth Century. *Imago Mundi* 36: 72-80.

Buisseret, D. (ed.). (1992) *Monarchs, Ministers and Maps: The Emergence of Cartography as a Tool of Government in Early Modern Europe.* Chicago: University of Chicago Press.

Buisseret, D. (2003) *The Mapmakers' Quest. Depicting New Worlds in Renaissance Europe.* Oxford: Oxford University Press.

Bunge, W. (1966) *Theoretical Geography* (2nd [rev. and enl.] edn.). Lund: Royal University of Lund Dept. of Geography Gleerup.

Burchell, G., Gordon, C., and Miller, P. (eds.). (1991) *The Foucault Effect: Studies in Governmentality: With Two Lectures by and an Interview with Michel Foucault.* Chicago: University of Chicago Press.

Butler, D. (2006) Mashups Mix Data into Global Service. *Nature* 439(7072): 6-7.

Carmi, S., Havlin, S., Kirkpatrick, S., Shavitt, Y., and Shir, E. (2007) A Model of Internet Topology Using K-Shell Decomposition. *Proceedings of the National Academy of Sciences of the United States of America* 104(27): 11150-4.

Carrubber's Mission. (1983) Carrubber's Mission Minutes: Carrubber's Christian Centre, Edinburgh, Scotland.

Casey, E. S. (2002) *Representing Place: Landscape Painting and Maps.* Minneapolis: University of Minnesota Press.

Casey, E. S. (2005) *Earth-Mapping.* Minneapolis: University of Minneapolis.

Castree, N. (2000) Professionalisation, Activism, and the University: Whither "Critical Geography"? *Environment and Planning A* 32: 955-70.

Chakraborty, J., and Bosman, M. M. (2005) Measuring the Digital Divide in the United States: Race, Income, and Personal Computer Ownership. *The Professional Geographer* 57(3): 395-410.

Chorley, R. J., and Haggett, P. (1967) *Models in Geography.* London: Methuen.

Chrisman, N. (2006) *Charting the Unknown. How Computer Mapping at Harvard Became GIS.* Redlands, CA: ESRI Press.

Christensen, K. (1982) Geography as a Human Science: A Philosophic Critique of the Positivist-Humanist Split. In P. Gould and G. Olsson (eds.), *A Search for Common Ground* (pp.37-57). London: Pion.

Chua, H. F., Boland, J. E., and Nisbett, R. E. (2005) Cultural Variation in Eye Movements During Scene Perception. *Proceedings of the National Academy of Sciences* 102(35): 12629-33.

Clarke, K. C. (2003) *Getting Started with Geographic Information Systems* (4th edn.). Upper Saddle River, NJ and London: Pearson Education.

Cloke, P., and Johnston, R. (eds.). (2005) *Spaces of Geographical Thought.* London and Thousand Oaks, CA: Sage Publications.

Cloud, J. (2002) American Cartographic Transformations During the Cold War. *Cartography and Geographic Information Science* 29(3): 261-82.

Clute, J., and Nicholls, P. (eds.). (1995) *The Encyclopedia of Science Fiction*. New York: St. Martin's Green.

CNN. (2006) Poll: Fifth of Americans Think Calls Have Been Monitored (Vol. 2006). Washington, DC.

Colb, S. F. (2001). The New Face of Racial Profiling: How Terrorism Affects the Debate. Retrieved September 20, 2007, from http://writ.findlaw.com/colb/20011010.html.

Committee on Beyond Mapping. (2006) *Beyond Mapping. Meeting National Needs through Enhanced Geographic Information Science*. Washington, DC: The National Academies Press.

Connor, S. (2005) From 2006 Britain Will Be the First Country Where Every Journey by Every Car Will Be Monitored. *The Independent,* December 22, pp.1, 2.

Cook, K. S. (2005) A Lifelong Curiosity About Maps. *Cartographic Perspectives* (51): 43-54.

Cosgrove, D. (ed.). (1999) *Mappings*. London: Reaktion Books.

Cosgrove, D. (2001) *Apollo's Eye: A Cartographic Genealogy of the Earth in the Western Imagination*. Baltimore, MD: Johns Hopkins University Press.

Cosgrove, D. (2005) Maps, Mapping, Modernity: Art and Cartography in the Twentieth Century. *Imago Mundi* 57(1): 35-54.

Cosgrove, D. (2006) Art and Mapping: An Introduction. *Cartographic Perspectives* (53): 4.

Cosgrove, D. E., and Della Dora, V. (2005) Mapping Global War: Los Angeles, the Pacific, and Charles Owens's Pictorial Cartography. *Annals of the Association of American Geographers* 95(2): 373-90.

Cragg, T. (n.d.) Cutting up Material. Retrieved October 9, 2009, from www.tony-cragg.com/texte/Cutting up Material.pdf.

Craig, W. J., Harris, T. M., and Weiner, D. (eds.). (2002) *Community Participation and Geographic Information Systems*. London: Taylor & Francis.

Crampton, J. W. (2003) *The Political Mapping of Cyberspace*. Chicago: University of Chicago Press.

Crampton, J. W. (2006) The Cartographic Calculation of Space: Race Mapping and the Balkans at the Paris Peace Conference of 1919. *Social and Cultural Geography* 7(5): 731-52.

Crampton, J. W. (2007a) The Biopolitical Justification for Geosurveillance. *Geographical Review* 97(3): 389-403.

Crampton, J. W. (2007b) Maps, Race and Foucault: Eugenics and Territorialization Following World War One. In J. W. Crampton and S. Elden (eds.), *Space, Knowledge and Power: Foucault and Geography* (pp.223-44). Aldershot: Ashgate.

Crampton, J. W. (2009a) Being Ontological. *Environment and Planning D: Society and Space*: 603-8.

Crampton, J. W. (2009b) Rethinking Maps and Identity. Choropleths, Clines and Biopolitics. In M. Dodge, R. Kitchin and C. Perkins (eds.), *Rethinking Maps* (pp.26-49). London: Routledge.

Cross, M. (2007) Copyright Fight Sinks Virtual Planning. *The Guardian,* January 4.

Cutter, S. L., Richardson, D. B., and Wilbanks, T. J. (eds.). (2003) *The Geographical Dimensions of Terrorism*. London and New York: Routledge.

Cvijib, J. (1918) The Zones of Civilization of the Balkan Peninsula. *Geographical Review* 5(6): 470-82.

Danielewski, M. Z. (2000) *House of Leaves by Zampano, with an Introduction and Notes by Johnny Truant*. New York: Pantheon Books.

de Certeau, M. (1984) *The Practice of Everyday Life*. Berkeley and Los Angeles: University of California Press.

Debord, G. (1967/1994) *Society of the Spectacle* (D. Nicolson-Smith, trans.). New York: Zone Books.

Delamarre, L. (1909) Pierre-Charles-François Dupin, *The Catholic Encyclopedia*. Robert Appleton Company.

Devlin, K. (1983) How to Put the World Back in Its Right Place. *The Guardian,* 1 December, p.16.

DiBiase, D., DeMers, M., Johnson, A., Kemp, K., Luck, A. T., Plewe, B., and Wentz, E. (2006) *Geographic Information Science Body of Knowledge*. Washington, DC: Association of American Geographers.

DiBona, C., Cooper, D., and Stone, M. (2006) *Open Sources 2.0: The Continuing Revolution*. Sebastopol, CA: O'Reilly Media Inc.

Dobson, J. E. (2006) Geoslavery. In B. Warf (ed.), *Encyclopedia of Human Geography* (pp.186-87). Thousand Oaks, CA: Sage Publications.

Dodds, K., and Sidaway, J. D. (2004) Halford Mackinder and the "Geographical Pivot of History": A Centennial Retrospective. *Geographical Journal* 170(4): 292-7.

Dodge, M., and Kitchin, R. (2001) *Atlas of Cyberspace*. Harlow, England: New York: Addison-Wesley.

Dodge, M., and Kitchin, R. (2007) "Outlines of a World Coming into Existence": Pervasive Computing and the Ethics of Forgetting. *Environment and Planning B: Planning and Design* 34(3): 431-45.

Dodge, M., and Perkins, C. (2008) Reclaiming the Map: British Geography and Ambivalent Cartographic Practice. *Environment and Planning A* 40(6): 1271-6.

Dominian, L. (1917) *The Frontiers of Language and Nationality in Europe*. New York: Henry Holt for the American Geographical Society.

Downs, R. M. (1994) Being and Becoming a Geographer - An Agenda for Geography Education. *Annals of the Association of American Geographers* 84(2): 175-91.

Downs, R. M. (1997) The Geographic Eye: Seeing through GIS? *Transactions in GIS* 2(2): 111-21.

Downs, R. M., and Liben, L. S. (1988) Through a Map Darkly: Understanding Maps as Representations. *Genetic Epistemologist* 16: 11-18.

Downs, R. M., and Liben, L. S. (1991) The Development of Expertise in Geography: A Cognitive-Developmental Approach to Geographic Education. *Annals of the Association of American Geographers* 81(2): 304-27.

Dreyfus, H. L. (2005) Heidegger's Ontology of Art. In H. L. Dreyfus and M. A. Wrathall (eds.), *A Companion to Heidegger* (pp.407-19). Malden, MA and Oxford, UK: Blackwell Publishing.

Duncan, I. (1860/1869) *Pre-Adamite Man. The Story of Our Old Planet and Its Inhabitants*. 3rd edn. London: Saunders, Otley, and Co.; Edinburgh: W. P. Kennedy.

Dunn, C. E. (2007) Participatory GIS a People's GIS? *Progress in Human Geography*, 31(5): 616-37.

Dupin, P. C. F. (1827) *Forces productives et commerciales de la France* (Vol. 2). Paris: Bachelier, Libraire.

Duster, T. (2005) Race and Reification in Science. *Science* 307(5712): 1050-1.

Economist. (1989) The World Turned Upside Down. *Economist* 97.

Edney, M. H. (1992) Harley, J. B. (1932-1991) - Questioning Maps, Questioning Cartography, Questioning Cartographers. *Cartography and Geographic Information Systems* 19(3): 175-8.

Edney, M. H. (1993) Cartography Without "Progress": Reinterpreting the Nature and Historical Development of Mapmaking. *Cartographica* 30(2/3): 54-68.

Edney, M. H. (1997) *Mapping an Empire: The Geographical Construction of British India, 1765-1843*. Chicago: University of Chicago Press.

Edney, M. H. (2005a) The Origins and Development of J. B. Harley's Cartographic Theories. *Cartographica* 40(1&2): 1-143.

Edney, M. H. (2005b) Putting "Cartography" into the History of Cartography: Arthur H. Robinson, David Woodward, and the Creation of a Discipline. *Cartographic Perspectives* (51): 14-29.

Edney, M. H. (2009) The Irony of Imperial Mapping. In J. R. Akerman (ed.), *The Imperial Map* (pp.11-45). Chicago: University of Chicago Press.

Elden, S. (2007) Governmentality, Calculation, Territory. *Environment and Planning D: Society and Space* 25(3): 562-80.

Elwood, S. (2006a) Beyond Cooptation or Resistance: Urban Spatial Politics, Community Organizations, and GIS-Based Spatial Narratives. *Annals of the Association of American Geographers* 96(2): 323-41.

Elwood, S. (2006b) Critical Issues in Participatory GIS: Deconstructions, Reconstructions, and New Research Directions. *Transactions in GIS* 10(5): 693-708.

Elwood, S. (2008) Volunteered Geographic Information: Future Research Directions Motivated by Critical, Participatory, and Feminist GIS. *GeoJournal*: 1-11.

Eribon, D. (2004) *Insult and the Making of the Gay Self*. Durham, NC: Duke University Press.

Erle, S., Gibson, R., and Walsh, J. (2005) *Mapping Hacks*. Sebastopol, CA: O'Reilly and Associates.

Fairhurst, R. (2005) Next-Generation Webmapping. *Bulletin of the Society of University Cartographers* 39(1-2): 57-61.

Foucault, M. (1977) *Discipline and Punish: The Birth of the Prison* (1st American edn.). New York: Pantheon Books.

Foucault, M. (1978) *The History of Sexuality* (1st American edn.). New York: Pantheon Books.

Foucault, M. (1983) The Subject and Power. In H. L. Dreyfus and P. Rabinow (eds.), *Michel Foucault: Beyond Structuralism and Hermeneutics* (2nd edn., pp.208-26). Chicago: University of Chicago Press.

Foucault, M. (1984) Space, Knowledge, and Power. In P. Rabinow (ed.), *The Foucault Reader*(pp.239-56). New York: Pantheon.

Foucault, M. (1985) *The Use of Pleasure. The History of Sexuality,* Vol. 2. New York: Vintage.

Foucault, M. (1997a) The Ethics of the Concern for Self as a Practice of Freedom. In P. Rabinow (ed.), *Ethics, Subjectivity and Truth. Essential Works of Foucault 1954-1984*, Vol. I (pp.281-301). New York: The New Press.

Foucault, M. (1997b) *The Politics of Truth.* New York: Semiotext(e) (Distributed by the MIT Press).

Foucault, M. (2000a) About the Concept of The "Dangerous Individual" in Nineteenth-Century Legal Psychiatry. In J. D. Faubion (ed.), *Essential Foucault: Power* (pp.176-200). New York: New Press.

Foucault, M. (2000b) "Omnes Et Singulatim": Toward a Critique of Political Reason. In J. Faubion (ed.), *Power. The Essential Works of Michel Foucault 1954-1984*, Vol. 3 (pp.298-325). New York: New Press.

Foucault, M. (2000c) So Is It Important to Think? In J. D. Faubion (ed.), *Power. The Essential Works of Michel Foucault 1954-1984*, Vol. 3 (pp.454-8). New York: The New Press.

Foucault, M. (2000d) Truth and Juridical Forms. In J. Faubion (ed.), *Power. The Essential Works of Michel Foucault 1954-1984*, Vol. 3 (pp.1-89). New York: New Press.

Foucault, M. (2003a) *Abnormal: Lectures at the Collège de France (1974-1975).* New York: Picador.

Foucault, M. (2003b) *Society Must Be Defended: Lectures at the Collège de France, 1975-76.* New York: Picador.

Foucault, M. (2007) *Security, Territory, and Population. Lectures at the Collège de France* (G. Burchell, trans.). Basingstoke and New York: Palgrave Macmillan.

Foucault, M. (2008) *The Birth of Biopolitics. Lectures at the Collège de France 1978-1979.* Basingstoke and New York: Palgrave Macmillan.

Foucault, M., Martin, L. H., Gutman, H., and Hutton, P. H. (1988) *Technologies of the Self: A Seminar with Michel Foucault*. Amherst: University of Massachusetts Press.

Foucault, M., and Pearson, J. (2001) *Fearless Speech*. Los Angeles, CA: Semiotext(e) (Distributed by the MIT Press).

Friedman, J. B. (1981) *The Monstrous Races in Medieval Art and Thought*. Cambridge, MA: Harvard University Press.

Friendly, M. (2002) Visions and Re-Visions of Charles Joseph Minard. *Journal of Educational and Behavioral Statistics* 27(1): 31-51.

FRUS. (1942-7) *Papers Relating to the Foreign Relations of the United States. The Paris Peace Conference, 1919*. Washington, DC: US Govt. Print. Off.

Gall, J. (1856) On Improved Monographic Projections of the World. *Report of the Twenty-Fifth Meeting of the British Association for the Advancement of Science*: 148.

Gall, J. (1860[1858]) *The Stars and Angels*. Philadelphia: William S. and Alfred Martien.

Gall, J. (1871) On a New Projection for a Map of the World. *Royal Geographical Society Proceedings* 15(July 12): 159.

Gall, J. (1880) *Primeval Man Unveiled: Or, the Anthropology of the Bible*. 2nd edn. London: Hamilton, Adams and Co.

Gall, J. (1885) Use of Cylindrical Projections for Geographical, Astronomical, and Scientific Purposes. *Scottish Geographical Magazine* 1: 119-23.

Gantz, J. F. (2008) *The Diverse and Exploding Digital Universe*. Framingham, MA: IDC.

Gigerenzer, G. (2004) Dread Risk, September 11, and Fatal Traffic Accidents. *Psychological Science* 15(4): 286-7.

Gigerenzer, G. (2006) Out of the Frying Pan into the Fire: Behavioral Reactions to Terrorist Attacks. *Risk Analysis* 26(2): 347-51.

Giles, J. (2005) Internet Encyclopedias Go Head to Head. *Nature* 438 (15 December): 900-1.

Gleick, J. (2001) Bit Player. *The New York Times Magazine*, December 30, p.48.

Goodchild, M. (1992) Geographical Information Science. *International Journal of Geographical Information Systems* 6(1): 31-45.

Goodchild, M. (2007) Citizens as Censors: The World of Volunteered Geography. *GeoJournal* 69: 211-21.

Goodman, A. H. (2006) Two Questions About Race. Retrieved August 17, 2008, from http://raceandgenomics.ssrc.org/Goodman.

Goodman, A. H., Heath, D., and Lindee, M. S. (eds.). (2003) *Genetic Nature/Culture. Anthropology and Science Beyond the Two-Culture Divide*. Berkeley, CA: University of California Press.

Gordon, C. (1991) Governmental Rationality: An Introduction. In G. Burchell, C. Gordon and P. Miller (eds.), *The Foucault Effect: Studies in Governmentality* (pp. 1-51). Chicago: University of Chicago Press.

Gore, A. (1998) The Digital Earth: Understanding Our Planet in the 21st Century. Retrieved September 15, 2007, from http://www.isde5.org/al_gore_speech.htm.

Gore, A. (2007) *The Assault on Reason*. New York: Penguin Press.

Grant, M. (1916) The Passing of the Great Race. *Geographical Review* 2(5): 354-60.

Grant, M. (1917) Introduction. In L. Dominian (ed.), *The Frontiers of Language and Nationality in Europe* (pp.xii-xviii). New York: Henry Holt and Company.

Grant, M. (1932) *The Passing of the Great Race or the Racial Basis of European History* (4th edn.). New York: Scribner's Sons.

Graves, J. L. (2001) *The Emperor's New Clothes. Biological Theories of Race at the Millennium*. New Brunswick, NJ: Rutgers University Press.

Greenhood, D. (1964) *Mapping*. Chicago: University of Chicago Press.

Greenwald, G. (2008a) Federal Government Involved in Raids on Protesters. Retrieved August 31, 2008, from http://www.salon.com/opinion/greenwald/2008/08/31/raids.

Greenwald, G. (2008b) Massive Police Raids on Suspected Protestors in Minneapolis. Retrieved August 30, 2008, from http://www.salon.com/opinion/greenwald/2008/08/30/police_raids.

Gregory, D. (1994) *Geographical Imaginations*. Cambridge, MA and Oxford, UK: Blackwell.

Gregory, D. (2004) *The Colonial Present. Afghanistan, Palestine, Iraq*. Malden, MA: Blackwell Publishing.

Gregory, D., and Pred, A. (2007) *Violent Geographies*. New York and London: Routledge.

Hacking, I. (1975) *The Emergence of Probability: A Philosophical Study of Early Ideas About Probability, Induction and Statistical Inference.* London and New York: Cambridge University Press.

Hacking, I. (1982) Biopower and the Avalanche of Printed Numbers. *Humanities in Society* 5: 279-95.

Hacking, I. (1990) *The Taming of Chance.* Cambridge, UK and New York: Cambridge University Press.

Hacking, I. (2002) *Historical Ontology.* Cambridge, MA: Harvard University Press.

Hall, M. (2007) On the Mark: Will Democracy Vote the Experts Off the GIS Island?, *Computerworld* (Vol. 2007). Framington, MA.

Hannah, M. (2000) *Governmentality and the Mastery of Territory in Nineteenth-Century America.* Cambridge: Cambridge University Press.

Hannah, M. (2006) Torture and the Ticking Bomb: The War on Terrorism as a Geographical Imagination of Power/Knowledge. *Annals of the Association of American Geographers* 96(3): 622-40.

Hannah, M. (2009) Calculable Territory and the West German Census Boycott Movements of the 1980s. *Political Geography* 28(1): 66-75.

Harley, J. B. (1964) *The Historian's Guide to Ordnance Survey Maps: Reprinted from the Amateur Historian with Additional Material.* London: Published for the Standing Conference for Local History by the National Council of Social Service.

Harley, J. B. (1969-71) Bibliographical Notes. In *The First Edition of One-Inch Ordnance Survey of England and Wales.* Newton Abbott, Devon: David & Charles.

Harley, J. B. (1987) The Map as Biography: Thoughts on Ordnance Survey Map, Six-Inch Sheet Devonshire Cix, Se, Newton Abbot. *The Map Collector* (41): 18-20.

Harley, J. B. (1988a) Maps, Knowledge, and Power. In D. Cosgrove and S. Daniels (eds.), *The Iconography of Landscape: Essays on the Symbolic Representation, Design and Use of Past Environments* (pp.277-312). Cambridge: Cambridge University Press.

Harley, J. B. (1988b) Silences and Secrecy: The Hidden Agenda of Cartography in Early Modern Europe. *Imago Mundi* 40: 57-76.

Harley, J. B. (1989a) Deconstructing the Map. *Cartographica* 26(2): 1-20.

Harley, J. B. (1989b) "The Myth of the Great Divide": Art, Science, and Text in the History of Cartography. *13th International Conference on the History of Cartography*. Amsterdam.

Harley, J. B. (1990a) Cartography, Ethics and Social Theory. *Cartographica* 27(2): 1-23.

Harley, J. B. (1990b) *Maps and the Columbian Encounter: An Interpretive Guide to the Travelling Exhibition*. University of Wisconsin-Milwaukee, Golda Meir Library.

Harley, J. B. (1991) Can There Be a Cartographic Ethics? *Cartographic Perspectives* 10: 9-16.

Harley, J. B. (1992a) Deconstructing the Map. In T. J. Barnes and J. S. Duncan (eds.), *Writing Worlds: Discourse, Text and Metaphor in the Representation of Landscape* (pp.231-47). London: Routledge.

Harley, J. B. (1992b) Rereading the Maps of the Columbian Encounter. *Annals of the Association of American Geographers* 82(3): 522-42.

Harley, J. B. (2001) *The New Nature of Maps: Essays in the History of Cartography*. Baltimore, MD: Johns Hopkins University Press.

Harley, J. B., and Woodward, D. (eds.). (1987) *Cartography in Prehistoric, Ancient, and Medieval Europe and the Mediterranean*. Chicago: University of Chicago Press.

Harley, J. B., and Zandvliet, K. (1992) Art, Science, and Power in Sixteenth-Century Dutch Cartography. *Cartographica* 29(2): 10-19.

Harmon, K. (2004) *You Are Here. Personal Geographies and Other Maps of the Imagination*. New York: Princeton Architectural Press.

Harris, L. M., and Hazen, H. D. (2006) Power of Maps: (Counter) Mapping for Conservation. *ACME* 4(1): 99-130.

Hartshorne, R. (1939) *The Nature of Geography: A Critical Survey of Current Thought in the Light of the Past*. Lancaster, PA: Association of American Geographers.

Harvey, D. (1990) *The Condition of Postmodernity: An Enquiry into the Origins of Cultural Change*. Oxford, UK and Malden, MA: Blackwell Publishers.

Harvey, D. (2001) Cartographic Identities: Geographical Knowledges under Globalization. In D. Harvey (ed.), *Spaces of Capital: Towards a Critical Geography* (pp. 208-33). New York: Routledge.

Harvey, D. (2003) *Paris, Capital of Modernity.* New York: Routledge.

Hayes, P. G. (1995) Plotting Our Past. A UW Prof Tackles the History of Maps. *The Milwaukee Journal.*

Heidegger, M. (1962) *Being and Time.* New York: Harper.

Heidegger, M. (1977) *The Question Concerning Technology, and Other Essays* (W. Lovitt, trans.). New York: Harper and Row.

Heidegger, M. (1993) The Origin of the Work of Art. In D. F. Krell (ed.), *Martin Heidegger Basic Writings.* Rev. edn. (pp.143-212). New York: HarperCollins.

Helft, M. (2007) With Simple Tools on Web, Amateurs Reshape Mapmaking. *The New York Times,* July 27, p.A1.

Holdich, T. H. (1916) Geographical Problems in Boundary Making. *The Geographical Journal* 47(6): 421-36.

Holloway, S. L., Rice, S. P., and Valentine, G. (eds.). (2003) *Key Concepts in Geography.* London: Sage Publications.

Huxley, M. (2006) Spatial Rationalities: Order, Environment, Evolution and Government. *Social and Cultural Geography* 7(5): 771-87.

Isikoff, M. (2003) The FBI Says, Count the Mosques. *Newsweek,* February 3, p.6.

Jacob, C. (2006) *The Sovereign Map: Theoretical Approaches in Cartography through History* (T. Conley, trans.). Chicago: University of Chicago Press.

Jefferson, M. (1909) The Anthropography of Some Great Cities: A Study in Distribution of Population. *Bulletin of the American Geographical Society* 41(9): 537-66.

Jessop, B. (2007) From Micro-Powers to Governmentality: Foucault's Work on Statehood, State Formation, Statecraft and State Power. *Political Geography* 26(1): 34-40.

Johnson, D. W. (1919) A Geographer at the Front and at the Peace Conference. *Natural History* XIX(6): 511-17.

Johnson, F. C., and Klare, G. R. (1961) General Models of Communication Research, a Survey of the Development of the Decade. *Journal of Communication* 11(1): 13-26, 45.

Johnson, S. (2006) *The Ghost Map.* New York: Riverhead Books.

Johnston, N. (1994) *Eastern State Penitentiary: Crucible of Good Intentions.* Philadelphia, PA: Philadelphia Museum of Art.

Johnston, R. (2001) Out of the "Moribund Backwater": Territory and Territoriality in Political Geography. *Political Geography* 20(6): 677-93.

Jones, M., Jones, R., and Woods, M. (2004) *An Introduction to Political Geography. Space, Place and Politics.* London and New York: Routledge.

Jordan, T. G. (1988) The Intellectual Core. *AAG Newsletter* 23(5): 1.

Kahn, J. (2007) Race in a Bottle. *Scientific American* 297(2): 40-5.

kanarinka. (2006) Art-Machines, Body-Ovens and Map-Recipes: Entries for a Psychogeographic Dictionary. *Cartographic Perspectives* (53): 24-40.

kanarinka. (2009) Art and Cartography. In R. Kitchin and N. Thrift (eds.), *The International Encyclopedia of Human Geography* (pp.190-206). Oxford: Elsevier.

Kant, I. (1781; 2nd edn. 1787) *Critique of Pure Reason.*

Kant, I. (2001/1784) What Is Enlightenment? In A. W. Wood (ed.), *Basic Writings of Kant* (pp.133-41). New York: The Modern Library.

Katz, B. M. (1989) *Foreign Intelligence. Research and Analysis in the Office of Strategic Services 1942-1945.* Cambridge, MA: Harvard University Press.

Katz, C. (2004) *Growing up Global. Economic Restructuring and Children's Everyday Lives.* Minneapolis, MN: University of Minnesota Press.

Keen, A. (2007) *The Cult of the Amateur. How Today's Internet Is Killing Our Culture.* New York: Doubleday/Currency.

King, M. (2006) Bottled Water Forces Flight to Land. Retrieved February 14, 2007, from http://www.11alive.com/news/news_article.aspx?storyid=83684.

Kitchin, R., and Dodge, M. (2007) Rethinking Maps. *Progress in Human Geography* 31(3): 331-44.

Klinkenberg, B. (2007) Geospatial Technologies and the Geographies of Hope and Fear. *Annals of the Association of American Geographers* 97(2): 350-60.

Kolácny, A. (1969) Cartographic Information - a Fundamental Concept and Term in Modern Cartography. *Cartographic Journal* 6: 47-9.

Konvitz, J. W. (1987) *Cartography in France 1660-1848: Science, Engineering, and Statecraft.* Chicago: University of Chicago Press.

Krogt, P. v. d. (2006) "Kartografie" or "Cartografie"? *Caart-Thresoor* 25(1): 11-12.

Krygier, J. (1996) Geography and Cartographic Design. In C. Wood and C. P. Keller (eds.), *Cartographic Design: Theoretical and Practical Perspectives* (pp.19-33). New York: Wiley.

Kwan, M. P. (2002a) Feminist Visualization: Re-Envisioning GIS as a Method in

지도 패러독스

Feminist Geographic Research. *Annals of the Association of American Geographers* 92(4): 645-61.

Kwan, M. P. (2002b) Is GIS for Women? Reflections on the Critical Discourse of the 1990s. *Gender, Place and Culture* 9(3): 271-9.

Kwan, M. P. (2007) Affecting Geospatial Technologies: Toward a Feminist Politics of Emotion. *Professional Geographer* 59(1): 22-34.

Kwan, M. P., and Ding, G. (2008) Geo-Narrative: Extending Geographic Information System for Narrative Analysis in Qualitative and Mixed-Method Research. *The Professional Geographer* 60(4): 443-65.

Kwan, M. P., and Schuurman, N. (2004) Introduction: Issues of Privacy Protection and Analysis of Public Health Data. *Cartographica* 39(2): 1-4.

Lagos, M. (2006) Diverted Flight Arrives in S.F. *San Francisco Chronicle*, September 11.

Latour, B. (2004) Why Has Critique Run out of Steam? From Matters of Fact to Matters of Concern. *Critical Inquiry* 30: 225-48.

Leszczynski, A. (2009a) Poststructuralism and GIS: Is There a "Disconnect". *Environment and Planning D: Society and Space* 27(4): 581-602.

Leszczynski, A. (2009b) Quantitative Limits to Qualitative Discussions: GIS, Its Critics, and the Philosophical Divide. *The Professional Geographer* 61(3): 350-65.

Lewis, G. M. (1992) Milwaukee and the American Encounter. In *A Celebration of the Life and Work of J. B. Harley 1932-1991 [17 March 1992]* (pp.16-19). London: Royal Geographical Society.

Lewis, P. (1992) Introducing a Cartographic Masterpiece: A Review of the U.S. Geological Survey's Digital Terrain Map of the United States, by Gail Thelin and Richard Pike. *Annals of the Association of American Geographers* 82(2): 289-99.

Lewontin, R. C. (1972) The Apportionment of Human Diversity. In M. K. Hecht and W. S. Steere (eds.), *Evolutionary Biology*, Vol. 6 (pp.381-98). New York: Plenum.

Li, W., Yang, C., and Raskin, R. (2008) A Semantic Enhanced Search for Spatial Web Portals. Paper presented at the AAAI Spring Symposium Technical Report, SS-08-05: 47-50.

Liben, L. S., and Downs, R. M. (1989) Understanding Maps as Symbols: The Development of Map Concepts in Children. In H. Reese (ed.), *Advances in Child*

Development and Behavior, Vol. 22 (pp.145-201). New York: Academic Press.

Livingstone, D. N. (1992a) *The Geographical Tradition*. Oxford: Blackwell.

Livingstone, D. N. (1992b) The Preadamite Theory and the Marriage of Science and Religion. *Transactions of the American Philosophical Society* 82(3): v-x, 1- 81.

Livingstone, D. N. (2003) *Putting Science in Its Place: Geographies of Scientific Knowledge*. Chicago: University of Chicago Press.

Livingstone, D. N. (2008) *Adam's Ancestors*. Baltimore: The Johns Hopkins University Press.

Lorimer, H. (2008) Cultural Geography: Non-Representational Conditions and Concerns. *Progress in Human Geography* 32(4): 551-9.

Lyell, C. (1863) *The Geological Evidences of the Antiquity of Man with Remarks on Theories of the Origin of Species by Variation*. London: John Murray.

Lyman, P., and Varian, H. R. (2003) How Much Information. Retrieved March 14, 2008, from http://www.sims.berkeley.edu/research/projects /how-much-info-2003.

Lyon, D. (1994) *The Electronic Eye. The Rise of the Surveillance Society*. Minneapolis, MN: University of Minnesota Press.

Lyon, D. (2003) Surveillance Technology and Surveillance Society. In T. J. Misa, P. Brey and A. Feenberg (eds.), *Modernity and Technology* (pp.161-83). Cambridge, MA: MIT Press.

MacEachren, A. M. (1998) Cartography, GIS and the World Wide Web. *Progress in Human Geography* 22(4): 575-85.

MacEachren, A. M., and Brewer, I. (2004) Developing a Conceptual Framework for Visually-Enabled Geocollaboration. *International Journal of Geographical Information Science* 18(1): 1-34.

MacEachren, A. M., Cai, G., Sharma, R., Rauschert, I., Brewer, I., Bolelli, L., Shaparenko, B., Fuhrmann, S., and Wang, H. (2005) Enabling Collaborative Geoinformation Access and Decision-Making through a Natural, Multimodal Interface. *International Journal of Geographical Information Science* 19(3): 293-317.

MacEachren, A. M., Pike, W., Yu, C., Brewer, I., Gahegan, M., Weaver, S. D., and Yarnal, B. (2006) Building a Geocollaboratory: Supporting Human-Environment Regional Observatory (Hero) Collaborative Science Activities. *Computers, Environment and Urban Systems* 30(2): 201-25.

Mackinder, H. J. (1904) The Geographical Pivot of History. *The Geographical Journal* 23(4): 421-37.

MAPPS. (2007) QBS Litigation Update. Retrieved June 15, 2007, from http://www.mapps.org/QBSlawsuit.asp.

Mark, D., and Turk, A. G. (2003) Landscape Categories in Yindjibarndi: Ontology, Environment, and Language. *Lecture Notes in Computer Science (including subseries Lecture Notes in Artificial Intelligence and Lecture Notes in Bioinformatics)* 2825: 28-45.

Mark, D., Turk, A. G., and Stea, D. (2007) Progress on Yindjibarndi Ethnophysiography. *Lecture Notes in Computer Science (including subseries Lecture Notes in Artificial Intelligence and Lecture Notes in Bioinformatics)*, 4736: 1-19.

Marks, J. (1995) *Human Biodiversity*. Hawthorne, NY: Aldine de Gruyter.

Marks, J. (2006) The Realities of Races. Retrieved March 15, 2008, from http://race-andgenomics.ssrc.org/Marks.

Martin, G. J. (1968) *Mark Jefferson, Geographer*. Ypsilanti, MI: Eastern Michigan University Press.

Martin, L. (1946/2005) Arthur Robinson and the OSS. *Cartographic Perspectives* (51): 67.

Massey, R. (2007) Fifty Per Cent of Drivers Cannot Read a Map. *Daily Mail*, 6 August.

McAuliffe, B., and Simons, A. (2008) Police Raids Enrage Activists, Alarm Others. *Minneapolis Star Tribune*, August 31, 2008.

Merton, R. K. (1968) The Matthew Effect in Science. *Science*, 159(3819): 56-63.

Mindell, D., Segal, J., and Gerovitch, S. (2003) From Communications Engineering to Communications Science. In M. Walker (ed.), *Science and Ideology. A Comparative History* (pp.66-96). London and New York: Routledge.

Miller, C. C. (2006) A Beast in the Field: The Google Maps Mashup as GIS/2. *Cartographica* 41(3): 187-99.

Misa, T. J., Brey, P., and Feenberg, A. (eds.). (2003) *Modernity and Technology*. Cambridge, MA: The MIT Press.

Mitchell, D. (2000) *Cultural Geography: A Critical Introduction*. Malden, MA: Blackwell Publishing.

Monmonier, M. (1985) *Technological Transition in Cartography*. Madison, WI: University of Wisconsin Press.

Monmonier, M. (1989) *Maps with the News: The Development of American Journalistic Cartography*. Chicago: University of Chicago Press.

Monmonier, M. (1991) *How to Lie with Maps*. Chicago: University of Chicago Press.

Monmonier, M. (1995) *Drawing the Line: Tales of Maps and Cartocontroversy* (1st edn.). New York: H. Holt.

Monmonier, M. (1997) *Cartographies of Danger: Mapping Hazards in America*. Chicago: University of Chicago Press.

Monmonier, M. (2001) *Bushmanders and Bullwinkles: How Politicians Manipulate Electronic Maps and Census Data to Win Elections*. Chicago: University of Chicago Press.

Monmonier, M. (2002a) Maps, Politics, and History. An Interview with Mark Monmonier Conducted by Jeremy W. Crampton. *Environment and Planning D-Society and Space* 20(6): 637-46.

Monmonier, M. (2002b) *Spying with Maps: Surveillance Technologies and the Future of Privacy*. Chicago: University of Chicago Press.

Montello, D. R. (2002) Cognitive Map-Design Research in the Twentieth Century: Theoretical and Empirical Approaches. *Cartography and Geographic Information Science* 29(3): 283-304.

Morris, J. A. (1973) Dr Peters' Brave New World. *The Guardian*, June 5, p.15.

Morris, N. (2007) Fewer Than One in 20 Held Under Anti-Terror Laws Is Charged. *The Independent*, March 6, p.10.

Newsweek. (2007) Newsweek Poll Conducted by Princeton Survey Research Associates. Retrieved August 31, 2008, from http://pollingreport.com/terror.htm.

Nietschmann, B. (1995) Defending the Miskito Reefs with Maps and GPS: Mapping with Sail, Scuba and Satellite. *Cultural Survival Quarterly* 18: 34-7.

NitroMed Inc. (2005) Bidil Named to American Heart Association's 2004 "Top 10 Advances" List; Only Cariovascular Drug Recognized by Aha for Dramatically Improving Survivial in African American Hearth Failure Patients. *PR Newswire US*, 11 January.

Nobles, M. (2000) *Shades of Citizenship: Race and the Censusin Modern Politics*. Stanford, CA: Stanford University Press.

Noyes, J. K. (1994) The Natives in Their Places: "Ethnographic Cartography" and the Representation of Autonomous Spaces in Ovamboland, German South West Africa. *History and Anthropology* 8(1-4): 237-64.

O' Tuathail, G. (1996) *Critical Geopolitics: The Politics of Writing Global Space.* Minneapolis: University of Minnesota Press.

ODT Inc. (Writer) (2008) Arno Peters: Radical Map, Remarkable Man [DVD]. B. Abramms (Producer). USA: ODT Maps.

Openshaw, S. (1991) A View on the GIS Crisis in Geography, or Using GIS to Put Humpty Dumpty Back Together Again. *Environment and Planning A* 23: 621-8.

Openshaw, S. (1992) Further Thoughts on Geography and GIS - a Reply. *Environment and Planning A* 24(4): 463-6.

Openshaw, S. (1997) The Truth About Ground Truth. *Transactions in GIS* 2(1): 7-24.

Ormeling, F. (1992) The Influence of Brian Harley on Modern Cartography. *Caert-Tresoor* 11(1): 2-6.

Orwell, G. (2003) *Nineteen Eighty-Four.* New York: Plume.

Oxford English Dictionary. (1989) *Oxford English Dictionary* (2nd edn.). Oxford: Oxford University Press.

Paglen, T. (2007) Unmarked Planes and Hidden Geographies. Retrieved March 15, 2007, from http://vectors.usc.edu/index.php?page=7&projectId=59.

Paglen, T., and Thompson, A. C. (2006) *Torture Taxi. On the Trail of the CIA's Rendition Flights.* Hoboken, NJ: Melville House Publishing.

Painter, J. (2006) Cartophilias and Cartoneuroses. *Area* 38(3): 345-7.

Painter, J. (2008) Cartographic Anxiety and the Search for Regionality. *Environment and Planning A* 40: 342- 61.

Pavlovskaya, M. (2006) Theorizing with GIS: A Tool for Critical Geographies? *Environment and Planning A* 38(11): 2003-20.

Pavlovskaya, M. (2009) Critical GIS and Its Positionality. *Cartographica* 44(1): 8-10.

Pearce, M. (2006) Narrative Structures for Cartographic Design. Paper presented at the Association of American Geographers Annual Conference, Chicago.

Perec, G. (1974/1997) *Species of Spaces and Other Pieces* (J. Sturrock, trans.). London: Penguin Books.

Perkins, C. (2003) Cartography: Mapping Theory. *Progress in Human Geography* 27(3): 341-51.

Perlmutter, D. D. (2006) Are Bloggers "The People"? Retrieved January 27, 2007, from http://policybyblog.squarespace.com/are-bloggers-the-people.

Perlmutter, D. D. (2008) *Blogwars. The New Political Battleground*. Oxford: Oxford University Press.

Peters, A. (1974) The Europe-Centered Character of Our Geographic View of the World and Its Correction. Retrieved February 11, 2006, from http://www.heliheyn.de/Maps/Lect02_E.html.

Peters, A. (1983) *The New Cartography*. New York: Friendship Press.

Petto, C. M. (2005) From l'état, c'est moi to l'état, c'est l'état: Mapping in Early Modern France. *Cartographica* 40(3): 53-78.

Pickens, W. (1991/1923) *Bursting Bonds* (enlarged edn.). Bloomington, IN: Indiana University Press.

Pickles, J. (1991) Geography, GIS, and the Surveillant Society. *Papers and Proceedings of Applied Geography Conferences* 14: 80-91.

Pickles, J. (1995) *Ground Truth*. New York: Guilford.

Pickles, J. (1999) Arguments, Debates, and Dialogues: The GIS-Social Theory Debate and the Concern for Alternatives. In P. A. Longley, M. F. Goodchild, D. J. Maguire, and D. W. Rhind (eds.), *Geographical Information Systems*, Vol. 1 (pp. 49-60). New York: John Wiley.

Pickles, J. (2004) *A History of Spaces. Cartographic Reason, Mapping and the Geo-Coded World*. London: Routledge.

Pickles, J. (2006) On the Social Lives of Maps and the Politics of Diagrams: A Story of Power, Seduction, and Disappearance. *Area* 38(3): 347-50.

Pinder, D. (1996) Subverting Cartography: The Situationists and Maps of the City. *Environment and Planning A* 28(3): 405-27.

Pinder, D. (2003) Mapping Worlds. Cartography and the Politics of Representation. In A. Blunt, P. Gruffudd, J. May, M. Ogborn, and D. Pinder (eds.), *Cultural Geography in Practice* (pp.172-87). London: Arnold.

Pinder, D. (2005) *Visions of the City. Utopianism, Power and Politics in Twentieth-Century Urbanism*. Edinburgh: University of Edinburgh Press.

Pliny the Elder. (1938-63) *Natural History* (H. Rackham, trans.). Cambridge, MA: Harvard University Press.

Polt, R. F. H. (1999) *Heidegger: An Introduction*. Ithaca, NY: Cornell University

Press.

Priest, C. (1978 /1999) The Watched. In *The Dream Archipelago* (pp.186-264). London: Earthlight Books.

Rainie, L., and Horrigan, J. (2007) Election 2006 Online. Retrieved February 20, 2008, from http://www.pewinternet.org/pdfs/PIP_Politics_2006.pdf.

Raisz, E. (1938) *General Cartography*. New York: McGraw-Hill.

Raskin, R. (2005) Knowledge Representation in the Semantic Web for Earth and Environmental Terminology (Sweet). *Computers and Geosciences* 31(9): 1119-25.

Ratajski, L. (1974) Commission V of the ICA: The Tasks It Faces. *International Yearbook of Cartography* 14: 140-4.

Ratliff, E. (2007) The Whole Earth, Catalogued. How Google Maps Is Changing the Way We See the World. *Wired* 15(7): 154-9.

Raymond, E. (2001) *The Cathedral and the Bazaar: Musings on Linux and Open Source by an Accidental Revolutionary* (rev. edn.). Cambridge, MA: O'Reilly Media Inc.

Read, B. (2007) Middlebury College History Department Limits Students' Use of Wikipedia. *The Chronicle of Higher Education*, February 16.

Robinson, A. H. (1952) *The Look of Maps: An Examination of Cartographic Design*. Madison: University of Wisconsin Press.

Robinson, A. H. (1953) *Elements of Cartography*. New York: John Wiley and Sons.

Robinson, A. H. (1967) The Thematic Maps of Charles Joseph Minard. *Imago Mundi* 21: 95-108.

Robinson, A. H. (1979) Geography and Cartography Then and Now. *Annals of the Association of American Geographers* 69(1): 97-102.

Robinson, A. H. (1982) *Early Thematic Mapping in the History of Cartography*. Chicago: University of Chicago Press.

Robinson, A. H. (1985) Arno Peters and His New Cartography. *The American Cartographer* 12: 103-11.

Robinson, A. H. (1991) The Development of Cartography at the University of Wisconsin-Madison. *Cartography and Geographic Information Systems* 18(3): 156-7.

Robinson, A. H. (1997) The President's Globe. *Imago Mundi* 49: 143-52.

Robinson, A. H., Morrison, J. L., and Muehrcke, P. C. (1977) Cartography 1950-

2000. *Transactions of the Institute of British Geographers* NS 2(1): 3-18.

Robinson, A. H., and Petchenik, B. B. (1976) *The Nature of Maps: Essays Toward Understanding Maps and Mapping.* Chicago: University of Chicago Press.

Robinson, A. H., and Wallis, H. M. (1967) Humboldt's Map of Isothermal Lines: A Milestone in Thematic Cartography. *The Cartographic Journal* 4: 119-23.

Rorty, R. (1979) *Philosophy and the Mirror of Nature.* Princeton: Princeton University Press.

Rose, G. (2001) *Visual Methodologies: An Introduction to the Interpretation of Visual Materials.* London: Sage.

Roush, W. (2005) Killer Maps. *Technology Review* 108(10): 54-60.

Royal Geographical Society. (1992) *A Celebration of the Life and Work of J. B. Harley, 1932-1991.* RGS: London.

Rundstrom, R. A. (1995) GIS, Indigenous Peoples, and Epistemological Diversity. *Cartography and Geographic Information Systems* 22: 45-57.

Sacks, O. W. (1985) *The Man Who Mistook His Wife for a Hat and Other Clinical Tales.* New York: Summit Books.

Said, E. W. (2000) *Reflections on Exile and Other Essays.* Cambridge, MA: Harvard University Press.

Sankar, P., and Kahn, J. (2005) Bidil: Race Medicine or Race Marketing? *Health Affairs*, October 11: 455-63.

Scharl, A., and Tochtermann, K. (2007) *The Geospatial Web. How Geobrowsers, Social Software and the Web 2.0 Are Shaping the Network Society.* London: Springer.

Schuurman, N. (1999a) Critical GIS: Theorizing an Emerging Science. *Cartographica* 36(4): 1-107.

Schuurman, N. (1999b) Speaking with the Enemy? A Conversation with Michael Goodchild. *Environment and Planning D-Society and Space* 17(1): 1-2.

Schuurman, N. (2000) Trouble in the Heartland: GIS and Its Critics in the 1990s. *Progress in Human Geography* 24(4): 569-90.

Schuurman, N. (2002) Care of the Subject: Feminism and Critiques of GIS. *Gender, Place and Culture* 9(3): 291-9.

Schuurman, N. (2004) *GIS: A Short Introduction.* Malden, MA: Blackwell Publishers.

Schuurman, N., and Kwan, M. P. (2004) Guest Editorial: Taking a Walk on the Social Side of GIS. *Cartographica* 39(1): 1-3.

Science Daily. (2006) New Technology Helping Foster the "Democratization of Cartography." Retrieved March 24, 2007, from http://www.sciencedaily.com/releases/2006/09/060920192549.htm.

Scott, J. C. (1998) *Seeing Like a State: How Certain Schemes to Improve the Human Condition Have Failed*. New Haven: Yale University Press.

Shadbolt, N., and Berners-Lee, T. (2008) Web Science Emerges. *Scientific American* 299(4): 76-81.

Shannon, C. (1948) A Mathematical Theory of Communication. *The Bell System Technical Journal* 27: 379-423, 623-56.

Shaw, M., and Miles, I. (1979) The Social Roots of Statistical Knowledge. In J. Irvine, I. Miles and J. Evans (eds.), *Demystifying Social Statistics*. London: Pluto Press.

Sheppard, E. (1995) GIS and Society: Towards a Research Agenda. *Cartography and Geographic Information Systems* 22(1): 5-16.

Sheppard, E. (2005) Knowledge Production through Critical GIS: Genealogy and Prospects. *Cartographica* 40(4): 5-21.

Sheppard, E. (2009) Branding GIS: What's "Critical"? *Cartographica* 44(1): 13-14.

Siegel, M. (2005) *False Alarm. The Truth About the Epidemic of Fear*. Hoboken, NJ: John Wiley & Sons, Inc.

Slocum, T., McMaster, R., Kessler, F. C., and Howard, H. H. (2009) *Thematic Cartography and Visualization* (3rd edn.). Upper Saddle River: Prentice Hall.

Sluga, G. (2005) What Is National Self-Determination? Nationality and Psychology During the Apogee of Nationalism. *Nations and Nationalism* 11(1): 1-20.

Smith, A. (2009) *The Internet's Role in Campaign 2008*. Washington, DC: Pew Internet and American Life Project.

Smith, A., and Rainie, L. (2008) *The Internet and the 2008 Election*. Washington, DC: Pew Internet and American Life.

Smith, C. D. (1987) Cartography in the Prehistoric Period in the Old World: Europe, the Middle East, and North Africa. In J. B. Harley and D. Woodward (eds.), *The History of Cartography Vol. 1: Cartography in Prehistoric, Ancient, and Medieval Europe and the Mediterranean* (pp.54-102). Chicago: University of Chicago Press.

Smith, N. (1992) Real Wars, Theory Wars. *Progress in Human Geography* 16: 257-71.

Smith, N. (2003) *American Empire: Roosevelt's Geographer and the Prelude to Globalization*. Berkeley: University of California Press.

Snobelen, S. D. (2001) Of Stones, Men and Angels: The Competing Myth of Isabelle Duncan's Pre-Adamite Man (1860). *Studies in the History of Philosophy C: Biological and Medical Sciences* 32(1): 59-104.

Sparke, M. (1995) Between Demythologizing and Deconstructing the Map: Shawnadithit's New-Found-Land and the Alienation of Canada. *Cartographica* 32(1): 1-21.

Sparke, M. (1998) A Map That Roared and an Original Atlas: Canada, Cartography, and the Narration of Nation. *Annals of the Association of American Geographers* 88(3): 463-95.

Sparke, M. (2005) *In the Space of Theory: Postfoundational Geographies of the Nation-State*. Minneapolis: University of Minnesota Press.

Sparke, M. (2008) Political Geography - Political Geographies of Globalization III: Resistance. *Progress in Human Geography* 32(3): 423-40.

St. Martin, K., and Wing, J. (2007) The Discourse and Discipline of GIS. *Cartographica* 42(3): 235-48.

Stallman, R. (1999) The Gnu Operating System and the Free Software Movement. In C. DiBona, S. Ockman and M. Stone (eds.), *Open Sources: Voices from the Open Source Revolution* (pp.53-70). Sebastopol, CA: O'Reilly Media Inc.

Stoller, M. (2007) What Is Openleft.Com? Retrieved February 23, 2008, from http://www.openleft.com/showDiary.do?diaryId=17.

Stoller, M. (2008) Dems Get New Tools, New Talent. *The Nation* 286(5): 20-4.

Stone, K. H. (1979) Geography's Wartime Service. *Annals of the Association of American Geographers* 69(1): 89-96.

Stone, M. (1998) Map or Be Mapped. *Whole Earth* 94(Fall): 54-5.

Surowiecki, J. (2004) *The Wisdom of Crowds. Why the Many Are Smarter Than the Few and How Collective Wisdom Shapes Business, Economies, Societies, and Nations*. New York City: Doubleday.

Surveillance Camera Players. (2006) *We Know You Are Watching: Surveillance Camera Players*. San Diego: Factory School.

Talen, E. (2000) Bottom-up GIS: A New Tool for Individual and Group Expression in Participatory Planning. *Journal of the American Planning Association* 66(3): 279-94.

Taylor, D. R. F. (ed.). (2005) *Cybercartography: Theory and Practice* (1st edn.). Amsterdam: Boston.

Taylor, P. (1990) Editorial Comment: Gks. *Political Geography Quarterly* 9: 211-12.

Taylor, P. J. (1992) Politics in Maps, Maps in Politics: A Tribute to Brian Harley. *Political Geography* 11(2): 127-9.

Teeters, N. K. (1957) *The Prison at Philadelphia, Cherry Hill. The Separate System of Penal Discipline 1829-1913*. New York: Temple University Publications by Columbia University Press.

Thompson, B. (2006) His Bottom Line: Educating the World's Kids. *The Washington Post*, September 9.

Thrift, N. (2006) *Non-Representational Theories*. London: Routledge.

Toledo Maya Cultural Council, and Toledo Alcaldes Association. (1997) *Maya Atlas*. Berkeley, CA: North Atlantic Books.

Tozzi, J. (2007) How Top Bloggers Earn Money. *Business Week*, July 13.

Turnbull, D. (1993) *Maps Are Territories: Science Is an Atlas: A Portfolio of Exhibits*. Chicago: University of Chicago Press.

Turnbull, D. (2003) *Masons, Tricksters and Cartographers: Comparative Studies in the Sociology of Scientific and Indigenous Knowledge*. London and New York: Routledge.

Turner, A. J. (2006) *Introduction to Neogeography*. Sebastopol, CA: O'Reilly Media Inc.

Tversky, A., and Kahneman, D. (1974) Judgment under Uncertainty: Heuristics and Biases. *Science* 185(September 27): 1124-31.

United Nations Development Program. (2006) *Human Development Report 2006. Beyond Scarcity: Power, Poverty and the Global Water Crisis*. Basingstoke and New York: Palgrave Macmillan.

United Nations Development Program. (2007) *Human Development Report 2007/2008. Fighting Climate Change: Human Solidarity in a Divided World*. New York: Palgrave Macmillan.

United States Joint Forces Command. (2007) *Geospatial Intelligence Support to Joint Operations*. Washington, DC.

Vasiliev, I., McAvoy, J., Freundschuh, S., Mark, D. M., and Theisen, G. D. (1990) What Is a Map? *Cartographic Journal* 27(2): 119-23.

Vinge, V. (2001) *True Names by Vernor Vinge and the Opening of the Cyberspace Frontier* (1st edn.). New York: Tor.

Vujakovic, P. (2002) From North-South to West Wing: Why the "Peters Phenomena" Will Simply Not Go Away. *The Cartographic Journal* 39: 177-9.

Wainer, H. (2003) Visual Revelations - a Graphical Legacy of Charles Joseph Minard: Two Jewels from the Past. *Chance* 16(1): 58-63.

Wainwright, J., and Bryan, J. (2009) Cartography, Territory, Property: Postcolonial Reflections on the Indigenous Counter-Mapping in Nicaragua and Belize. *Cultural Geographies* 16: 153-78.

Waldberg, P. (1997) *Surrealism*. London: Thames and Hudson.

Walker, F. A. (1874) *Statistical Atlas of the United States*. New York: J. Bien.

Walker, F. A. (1896) Restriction of Immigration. *The Atlantic Monthly* 77(464): 822-9.

Wallace, T. (2009, March 2009) Has Google Homogenized Our Landscape? Paper presented at the Association of American Geographers Annual Conference, Las Vegas, NV.

Wallis, H. M., and Robinson, A. H. (eds.). (1987) *Cartographical Innovations: An International Handbook of Mapping Terms to 1900*. London: Map Collector Publications for the International Cartographic Association.

Ward, R. D. (1922a) Some Thoughts on Immigration Restriction. *The Scientific Monthly* 15(4): 313-19.

Ward, R. D. (1922b) What Next in Immigration Legislation? *The Scientific Monthly* 15(6): 561-9.

Weber, S. (2004) *The Success of Open Source*. Cambridge, MA: Harvard University Press.

Wikipedia. (2007) Mashup. Retrieved June 26, 2007, from http://en.wikipedia.org/wiki/Mashup_%28web_application_hybrid%29.

Wilkinson, A. (2007) Remember This? A Project to Record Everything We Do in Life. *The New Yorker* 83(14): 38.

Wilkinson, S., Mackinder, H., and Lyde, L. W. (1915) Types of Political Frontiers: Discussion. *The Geographical Journal* 45(2): 139-45.

Wilson, L. S. (1949) Lessons from the Experience of the Map Information Section, OSS. *Geographical Review* 39(2): 298-310.

Winlow, H. (2006) Mapping Moral Geographies: W. Z. Ripley's Races of Europe and the United States. *Annals of the Association of American Geographers* 96(1): 119-41.

Winlow, H. (2009) Mapping Race and Ethnicity. In N. Thrift and R. Kitchen (eds.), *The International Encyclopedia of Human Geography*. Oxford: Elsevier.

Wood, D. (1992) *The Power of Maps*. New York: Guilford Press.

Wood, D. (2003) Cartography Is Dead (Thank God!). *Cartographic Perspectives* 45(45): 4-7.

Wood, D. (2006) Map Art. *Cartographic Perspectives* 53(Winter): 5-14.

Wood, D. (2007a) Lynch Debord About Two Psychogeographies, Retrieved August 15, 2007, from www.arika.org.uk/shadowedspaces/2007/lynch-debord.

Wood, D. (2007b) A Map Is an Image Proclaiming Its Objective Neutrality: A Response to Denil. *Cartographic Perspectives* (56): 4-16.

Wood, D. (2008) The History of Map Art. *Counter Cartographies Convergence*. Talk given in Chapel Hill, NC, September 2008.

Wood, D., and Beck, R. J. (1994) *Home Rules*. Baltimore: Johns Hopkins University Press.

Wood, D., and Fels, J. (2009) *The Natures of Maps: Cartographic Constructions of the Natural World*. Chicago: University of Chicago Press.

Wood, D., and Krygier, J. (2009) Critical Cartography. In N. Thrift and R. Kitchen (eds.), *The International Encyclopedia of Human Geography*. New York and London: Elsevier.

Wood, P. (2003) Art of the Twentieth Century. In J. Gaiger (ed.), *Frameworks for Modern Art* (pp.5-55). New Haven and London: Yale University Press.

Woodward, D. (ed.). (1987) *Art and Cartography: Six Historical Essays*. Chicago: University of Chicago Press.

Woodward, D. (1992a) A Devon Walk: The History of Cartography. In *A Celebration of the Life and Work of J. B. Harley, 1932-1991 [17 March 1992]* (pp.13-15). London: Royal Geographical Society.

Woodward, D. (1992b) J. B. Harley (1932-1991). *Imago Mundi* 44: 120-5.

Woodward, D. (2001) Origin and History of the History of Cartography. In D.

Woodward, C. D. Smith, and C. Yee (eds.), *Plantejaments I Objectius D'una Historia Universal de La Cartografia/Approaches and Challenges in a Worldwide History of Cartography* (pp.23-9). Barcelona: Institut Cartografic de Catalunya.

Woodward, D. (2004) History of Cartography Project Broadsheet #12: The Map as Repository of Memory. Retrieved July, 2008, from http://www.geography.wisc.edu/histcart/broadsht/brdsht12c.html.

Woodward, D. (ed.). (2007) *Cartography in the European Renaissance* (Vol. 3). Chicago: University of Chicago Press.

Woodward, D., Smith, C. D., and Yee, C. (2001) *Plantejaments I Objectius D'una Historia Universal de La Cartografia/Approaches and Challenges in a Worldwide History of Cartography*. Barcelona: Institut Cartografic de Catalunya.

Wright, J. K. (1930) Density of Population of Belgium, Luxembourg, and the Netherlands. *Geographical Review* 20(1): 157-8.

Wright, J. K. (1942) Map Makers Are Human: Comments on the Subjective in Maps. *Geographical Review* 32: 527-44.

WSOCTV.com. (2006) Suspicious Liquid on Plane Identified as Water. Retrieved March 15, from http://www.wsoctv.com/news/9780677/ detail.html.

Zetter, K. (2007) Eyes in the Skies Document Human Rights Violations in Burma. Retrieved October 1, 2007, from http://blog.wired.com/27bstroke6/2007/09/eyes-in-the-ski.html.

Zook, M. A. (2005) *The Geography of the Internet Industry: Venture Capital, Dot-Coms, and Local Knowledge*. Malden, MA: Blackwell Publishers.

Zook, M. A., and Dodge, M. (2009) Mapping Cyberspace. In N. Thrift and R. Kitchen (eds.), *The International Encyclopedia of Human Geography* (pp.356-67). New York and London: Elsevier.

Zook, M. A., and Graham, M. (2007a) The Creative Reconstruction of the Internet: Google and the Privatization of Cyberspace and Digiplace. *Geoforum* 38(6): 1322-43.

Zook, M. A., and Graham, M. (2007b) Mapping Digiplace: Geocoded Internet Data and the Representation of Place. *Environment and Planning B: Planning and Design* 34(3): 466-82.

찾아보기

지도 패러독스

지도 패러독스